新知
文库

17

XINZHI

The Fruits of War:
How Military Conflict
Accelerates Technology

Copyright © Michael White, 2005

This edition arranged with Blake Friedmann Literary, TV and Film Agency

through Andrew Nurnberg Associates International Limited

战争的果实

军事冲突如何加速科技创新

[美]迈克尔·怀特 著 卢欣渝 译

生活·讀書·新知 三联书店

Simplified Chinese Copyright © 2016 by SDX Joint Publishing Company.
All Rights Reserved.

本作品简体中文版权由生活·读书·新知三联书店所有。
未经许可，不得翻印。

图书在版编目（CIP）数据

战争的果实：军事冲突如何加速科技创新／（美）怀特（Michael White）著；卢欣渝译．—2版．—北京：生活·读书·新知三联书店，2016.9
（2021.4重印）
（新知文库）
ISBN 978-7-108-05723-5

Ⅰ.①战⋯　Ⅱ.①怀⋯②卢⋯　Ⅲ.①高技术战争-通俗读物　Ⅳ.①E919-49

中国版本图书馆 CIP 数据核字（2016）第 133980 号

特邀编辑	黄　华	
责任编辑	徐国强	
装帧设计	陆智昌　康　健	
责任印制	董　欢	

出版发行　生活·讀書·新知 三联书店
　　　　　（北京市东城区美术馆东街 22 号 100010）
网　　址　www.sdxjpc.com
图　　字　01-2008-1289
经　　销　新华书店
印　　刷　北京隆昌伟业印刷有限公司
版　　次　2009 年 6 月北京第 1 版
　　　　　2016 年 9 月北京第 2 版
　　　　　2021 年 4 月北京第 5 次印刷
开　　本　635 毫米×965 毫米　1/16　印张 19
字　　数　250 千字
印　　数　23,001-26,000 册
定　　价　36.00 元

（印装查询：01064002715；邮购查询：01084010542）

新知文库

出版说明

在今天三联书店的前身——生活书店、读书出版社和新知书店的出版史上，介绍新知识和新观念的图书曾占有很大比重。熟悉三联的读者也都会记得，20世纪80年代后期，我们曾以"新知文库"的名义，出版过一批译介西方现代人文社会科学知识的图书。今年是生活·读书·新知三联书店恢复独立建制20周年，我们再次推出"新知文库"，正是为了接续这一传统。

近半个世纪以来，无论在自然科学方面，还是在人文社会科学方面，知识都在以前所未有的速度更新。涉及自然环境、社会文化等领域的新发现、新探索和新成果层出不穷，并以同样前所未有的深度和广度影响人类的社会和生活。了解这种知识成果的内容，思考其与我们生活的关系，固然是明了社会变迁趋势的必需，但更为重要的，乃是通过知识演进的背景和过程，领悟和体会隐藏其中的理性精神和科学规律。

"新知文库"拟选编一些介绍人文社会科学和自然科学新知识及其如何被发现和传播的图书，陆续出版。希望读者能在愉悦的阅读中获取新知，开阔视野，启迪思维，激发好奇心和想象力。

生活·讀書·新知三联书店
2006年3月

以更多的爱,献给丽莎。

——原作者

目　录

1　　导言　科技是双刃剑

10　　第一章　从古希腊战神到激光手术刀
56　　第二章　从古代兵器到核威慑力
103　　第三章　从楔形文字到信用卡
131　　第四章　从双轮马车到子弹头列车
155　　第五章　从热气球到航天飞机
196　　第六章　从木桨船到跨海巨轮
233　　第七章　从部落信息鼓到因特网
276　　尾声　不得不说的话

281　　参考书目
289　　修订版译后记

导　言
科技是双刃剑

捧读此书时，你不妨环顾一下四周。

眼下你身在何方？或许，你正在行驶的列车上？抑或你正在某个航班上，翱翔于万米晴空？再不然，你正手托一杯葡萄酒，慵懒地瘫坐在客厅的沙发上？无论你身在何处，周边都是21世纪的军事装备：技术无处不在。

近在咫尺就有各种机器、汽车、电视、空中管制系统，还有各种卫星从高空掠过。说不定你衣兜里还有移动电话、掌上计算机，或者，你胃里有个正处于缓释过程中的抗生素药片。所有这一切都有个共同特点，无形中的线索将它们衔接和连接到创造它们的出处。它们都是从一个共同的来源衍生的。

读者你也不能例外。

你是技术年代的产品，你是许许多多钢铁以及硅片，汗水以及鲜血制造的东西的产品，是技术的孩子、战争的孩子。

正如医学史教授罗伊·波特（Roy Porter）曾经描述的那样："对医学来说，战争往往是件好事。它让医学得到超多的机遇提升技艺，在实践中得到磨砺。而且，在战后，人们往往渴望化利剑为手术刀。"虽然这么说未免刻薄，却也精辟，将其推而广之，这一说法还真的可以囊括多种学科，以及各个门类的技术。

伴随军事冲突一同到来的恐惧和癫狂与人类可谓如影随形，并且挥之不去。许多心理学家坚信，人类的攻击性和人类的创造力原本是一对冤家。它们就像同卵双胞胎，邪恶与创造性冲动——难以遏止的学习冲动和探索冲动——共生。历史告诉我们，人类对战争的需求，人类对冲突的狂热，戏剧性地产生了许许多多正面的东西。例如，在已然逝去的历史进程中，人类在战场上遭受的各种磨难，反过来在相当程度上促进了人类的文明。正如美国历史学家威廉·麦克尼尔（William H. McNeill）所说："作为21世纪后期主权国家的成员，当你环视现代化居室里装备的那些在近乎惊恐中诞生的，经过数不胜数的炮弹、炸药、子弹的洗礼，尔后由产业变革带给人们的装置时，显而易见的是，人们在相当程度上应当有感恩之心，这是人类为生存必须付出的代价。"

为备战而加速科技创新，其方法不一而足。有时候，某一发现会诞生于战场纷乱中孤立的偶发事件里转瞬即逝的某种想法，没准儿这一想法随后会历经磨难，才得以发展。发展方向之一是，几所大学或几个商业中心对其进行公开研究，由此引起军方关注和大力资助，将其作为项目大力开发。其最终成果首先由军方占有，继之才会通过某种途径转为民用。

位于伦敦的穆尔菲尔兹眼科医院（Moorfields Eye Hospital）正在研究的眼球结构课题，恰好可以佐证这一点。一段时期以来，伦敦商业区的某些诊所一直在推销一种所谓的"激光辅助角膜原位再造术"（LASIK），即眼科医生利用专门设计的激光束对角膜表层进行再造，以抵消视觉中轻微的失准现象。穆尔菲尔兹眼科医院的研究小组正在对此项技术进行更为超前的研究，以便掌握对角膜分子层进行切片的技术。该小组同时还在研究对角膜进行植入的技术，以便拓宽视觉的"正常值"。这些技术不仅有助于修复视觉失准（LASIK技术已经可以实现这一点），或许还能制造出人们盼望已久的"超级视觉"。通过对角膜进行精心的再造，被施以手术的人没准儿可以获得超乎寻常的视觉，有能力看见正常人在电磁光谱仪上看不见的频谱，甚至还能享受人类迄今为止从未享受过的视觉清晰度。

在军事领域，这项新研究的潜在用途不言自明，英国国防部立刻意识到了这一点，进而对穆尔菲尔兹眼科医院的这一项目给予资助。作为回报，军方可以优先从研究中得到实惠，并且有权获取相关信息，将技术转让给其他课题组，改作军事用途。尔后，经过相应授权，同一课题的民用版本才能进入民间研究领域，广大民众才得以享受 LASIK 的前沿技术。

上述军用和民用部门之间的回报方式奠定了大规模技术研发的基础，长期以来，这种合作方式被冠以"军民两用技术"的头衔。在冷战达到巅峰时期的1958年，作为苏联发射"斯普特尼克1号"（Sputnik 1）人造卫星的直接反应，美国的军民两用技术由当年新设立的国防高等科技项目署（Defense Advanced Research Projects Agency，简称国科署）统一进行管理。与其对应的民间机构是计算机狂人万尼瓦尔·布什（Vannevar Bush）创立的科学研究与发展局（Office of Scientific Research and Development），它的任务是为华盛顿的国防部开发实用的前沿技术，而它在实现既定目标方面始终表现得相当出色。类似于国科署的英国机构是隶属于英国国防部的国防评估与研究局（Defence Evaluation and Research Agency）。

如果我们认真审视一下国科署以往的成就，立刻就能清楚地看出，自创立以来，在近半个世纪时间里，如今每年都能获得30亿美元预算的国科署，曾经负责过一大批令人瞠目的技术创新。它最显赫的贡献是互联网。当初，五角大楼点名想要一种能够在核战争中生存的通信网络，因此便有了这一网络。不过，国科署为社会贡献的远不止这些，它所做的研究让人类对各学科更为广阔的领域增进了了解，包括对行为科学、前沿材料技术、预警技术、雷达多领域应用、远红外感应、X射线和伽马射线探测系统、卫星通信、高能激光技术、超微电子技术（包括最新的微处理器），以及为陆海空交通工具开发的先进的燃油系统等。如今，国科署正致力于开发未来数十年全人类将要应用的技术，其中涉及许多奇思妙想，包括新型计算机（特别是生物控制系统），用于机器人设备的控制感应器，以及为喷气式战斗机开发的高清等离子显示屏（这一技术也应用到家用电视系统上）。与此同时，国科署也在开发速度更快和效率更高的军事设备制造方法。将来某一天，该方法可以应用到第三世界的民间工业领域。眼下这一方法还停留在绘图板上，不过，在商业领域，它很快即可成为现实，其产品线包括用于计算机的成熟的语音识别软件，甚至还有纳米技术（不久的将来能够使微型机器人进入人体，修复损坏和生病的人体组织）。

如何才能加速以上所列的科技开发？最有效的方法是同时涉足多种学科。直到20世纪70年代，人们才认识到，科学史上一些最伟大的成就，往往来自于毫不相干的学科的融合。在纯理论领域，查尔斯·达尔文（Charles Darwin）结合了生物学、地质学、社会学三种学科的知识，正是基于此，他的进化论才卓尔不群。时至今日，斯蒂芬·霍金（Stephen Hawking）和其他一些物理学家正在追求他们称为"大一统理论"的形态，这是在探索数学、宇宙学、量子物理学的不可思议的结合。也正是基于此，应用科学家和工程师若想洞悉事物的本源，就必须结合最尖端的科技，以达到最多样化的、最具说服力的技术形态的完美融合。

"电子感应技术公司"（Telesensory）位于美国加利福尼亚州。该公司主导着将虚拟现实技术（VR）研究融入医学研究的项目，该项目得到了国科署的资助。其研究成果为一台原型设备，该设备能让空军飞行员"看见"肉眼视距以外的东西。其原理为，利用安装在机身外侧的一些感应器，将接收到的信息传输到专门设计的头盔里，通过头盔将信号直接投影到飞行员的视网膜上，或传输到飞行员的大脑里。对安装有这种设备的飞机而言，窗户成了纯粹的摆设。如今，日本、美国和欧洲的研究人员正在利用此项技术为失明者"恢复"视力。

当然，军队出资金，科学家出智慧，此二者的结合古已有之。文字记录中最早的此种案例（事实上，这也是军备竞赛的第一宗案例）也许可追溯到公元前3世纪，当时，阿基米德（Archimedes）参与了由政府资助的一种竞赛，为政府的军队设计一种全新的抛石装置。这种装置曾用于公元前265年古希腊的叙拉古之战，并在实战中取得了摧枯拉朽的效果。同一时期，在远离希腊的中国，为满足军队首领们的要求，汉朝的炼金术士们正在全力以赴地鼓捣火药。

历史上，对许多伟大的思想家来说，军方的资助是他们至关重要的生存手段。布鲁内莱斯基（Brunelleschi）、利昂·巴蒂斯塔·阿尔贝蒂（Leon Battista Alberti），以及后来的伽利略（Galileo），全都将生存的希望寄托在他们富裕的东家好战的倾向上。实际上，米兰公爵卢多维科·斯福尔扎（Ludovico Sforza），以及因残忍而臭名远扬的切萨雷·博尔贾（Cesare Borgia），曾经将和平主义者列奥纳多·达·芬奇（Leonardo da Vinci）当作军事工程师雇用了好多年。在致斯福尔扎的自荐信里，达·芬奇这样写道："本人诚惶诚恐致信阁下：此举绝无妒贤之意。在充分考虑那些自称技术精湛的战争机器发明人的经验，及判明前述装备与在用装备并无二致后，本人斗胆荐言尊敬的阁下，在阁下方便之时，本人愿将深藏之器物敬献阁下。同时奉上清单如下。"尔后，他进一步描述了自己设计的一些攻城器械，例如，新配方火药、各种火炮、运输工具等。对于臼炮，他是这样描述的："……极为实用，易于搬运，抛石如雨，烟火之壮观，足以吓破敌胆，使敌弃城落荒而去。"

王公贵族们愿意出资，他们的主要着眼点在于，从军事上形成对邻国的优势。这也导致了最早的地图的诞生，以及绘图学的诞生。事实上，可以毫不夸张地说，人类对战略优势的贪婪程度，足以和人类对黄金的贪婪程度相提并论。于是便有了西班牙、葡萄牙、法国、英国等由国家出资的寻找世界尽头的远洋探险。

世事迁移，19世纪即将结束之际，又出现了一位科技另类，由于其革命性的设想始终无法得到认同，他不得已接受了军方的资助。此人即是古列尔莫·马可尼（Guglielmo Marconi）。1894年，意大利政府拒绝资助马可尼研究无线电传输和接收。不过，两年后，当年的英国政府正在积极寻求一种更好的舰对舰联络方式，因此，英国政府资助马可尼获得了第一个无线电专利。在新旧世纪交替之际，英国的铁皮战舰全都装备了马可尼的装置。后来，无线电从军用装备延伸到了世界各国人民的日常生活中。时至20世纪30年代，发达国家的每个家庭都拥有一台收音机。

雷达问世所行经的道路与此相同。大约在马可尼潜心研究无线电的同一时期，一位名叫克里斯蒂安·侯斯麦尔（Christian Huelsmeyer）的德国人对他的同胞海因里希·赫兹（Heinrich Hertz）的研究产生了浓厚的兴趣。后者二十年前发现，某一波长的电磁辐射会被固体反射。侯斯麦尔研制出一台可以测量此种效果的仪器。1925年，美国人布雷特（Gregory Breit）和图夫（Merle Tuve）向世人证实，电脉冲可被电离层反射。当时，那些掌管各国政府财政的人，个个都捂紧了钱袋子，这些研发并没有引起他们当中任何人的兴趣。直到1939年，当欧洲战场日益扩大之际，英国政府才开始认真对待一位名叫罗伯特·沃森－瓦特（Robert Watson-Watt）的青年研究员。他设计的雷达系统已经很完善，及时帮助皇家空军在英国本土上空的作战中打败了纳粹空军。

军方资助的项目将整个民族从失败中拯救出来，历史上曾经有过一些实例——虽然只产生了短期效应。最著名的案例发生在1915年的德国。那时德国政府意识到，氨的储备正在迅速减少，而大规模生产高爆炸药离不开氨。当年用于生产氨的原料是硝酸钾盐，而它产自南美洲国家智利，由于英国海军的封锁，当时德国已经处于原料断供状态。情急之下，德国人转而求助科学。

距开战还有好几年之际，当时最著名的化学家弗里茨·哈伯

（Fritz Haber）已经有了一套可以在实验室合成氨的方法。不过，对于哈伯以及忙于备战的德国而言，采用当时的合成法，氨的产量极低。当时的德国政府可谓极富远见卓识，官员们意识到，战争的结果可能就取决于这项研究的结果，因此他们将资金和资源用于协助哈伯完善他的系统。1916年年底，正当氨的储备消耗殆尽之际，哈伯已经掌握了提高化学转换率的方法，并且开始大规模合成生产。大战结束之际，德国使用的炸药全都是利用这一技术生产出来的。这一技术的成功如此富于戏剧性，一些人甚至断言，它使第一次世界大战延长了至少一年。

毫无疑问，哈伯的成就导致成千上万人死于非命。但是，他的方法用于军事领域之外，其重要性是不能被低估的。氨已经不仅仅被用于制造高爆炸药，如今它还是多种现代工业产品的主要成分。时至今日，氨的合成仍然在沿用哈伯当年的方法，用它生产的化肥促进农作物生长，养活了数以亿计的人。没有这一方法，这些人只能成为饿死的冤魂。不仅如此，世界各国广泛采用的消毒剂也是以合成氨为主的化合物，它还是工业领域极有价值的制冷剂。

然而，对于生活在当下的几代人来说，哈伯得到军方资助这一范例，其意义既不是最深远的，更谈不上最富戏剧性。此种荣耀应当属于20世纪中叶的两个项目，一个破土于第二次世界大战中血流成河的战场，另一个则来自20世纪50年代冷战时期的全球对峙。

制造原子弹和外太空军备竞赛都属于耗资巨大的工程，而且"曼哈顿计划"直接导致了成千上万日本平民的死亡。不过，可以毫不夸张地说，综合各方面的得与失，人类狂热地投入这两个项目所获得的技术，已经改变了人类世界。新墨西哥州洛斯阿拉莫斯（Los Alamos）国家实验室工作的科学家团队参与了第一颗原子弹的制造，他们在制造原子弹过程中所积累的后来转化为实用科学的知识，脱胎于20世纪初形成的一套理论物理知识。这套体系带给人类的是原子能、激光、光纤、微机——这是一整套支撑起21世纪人类生活的科技成果。

外太空军备竞赛带给人类的是通信卫星、全球通信网络、大气监控系统、资源探测卫星、无重力条件下医药研究的突破性进展、新药、全新智能材料、数字技术、缩微技术等。如果开列一张清单，其长度足以令人瞠目。

长期涉足科学和战争两个写作领域的索利·朱克曼（Solly Zuckerman）爵士曾说过："为发展军事应用科学，从数量上说，各国政府动用的国家资源往往远远高于投入民用领域的资源……对国家的未来安全保障负有责任的人们，可以将耐心和巧舌如簧——还是多方面的巧舌如簧——的鼓噪发挥到极致，他们以国家安全为名，胁迫科学被用于军事领域，几乎不受任何限制。"事实上，显而易见的是，科学领域的探索依赖巨大的资源，若不是有军方的影响，许多科研项目根本就不会开展。这方面两个最鲜明的实例是对核科学应用领域和对航天领域的开发。

诚如美国"曼哈顿计划"和苏联"外太空计划"所昭示的，政府以及军方的影响显而易见，而且，这种影响会通过多种途径彰显出来。"曼哈顿计划"是通过立法实施的第一个大型科学项目。为满足可以预见的军事需求，政府和军方还有另外两种相对简单的参与途径。由于它们数量巨大，需求迫切，与动辄数十亿美元计的大型项目相比，它们的重要性也毫不逊色。

第一种途径为，军方参与大专院校筹措的大部分资金。从20世纪40年代起，西方国家的大专院校筹措了数以百亿计的美元，来自军方的资金占了相当的比例。第二种途径为，军方参与小企业的创新。以良性循环方式资助来自民间的创新想法——想法也许来自某个人或小企业里的某个团队。这样的想法此前一直无缘从商业领域获得资助，虽已基本成形，却处于半死不活状态，直到获得军方投资（时机往往恰如久旱逢甘霖），才得以开发出某种实用装置或实用技术。军方首先摘取成熟的果实，尔后，这些创新的受益对象才会轮到广大民众。这种军方对民间科技的占用，意味着某种新设计、新设备和新技术用于军事领域，总会领先于主流商业化应用十年之久。

必须指出的是，科学的进步并非完全源自军事需求的助推，也并非完全依赖国防委员会资助的一些实验室。然而，来自军方的需求常常是主因，且势不可当。在政界和军界领袖人物们眼中，无时无刻都会有新的敌人，于是，总会有理由开发某种新武器、新药品、新运输系统、新通信网络等。这在过去已经导致，而且在未来也必将导致，某种新形式的战争。接下来还会出现以鲜血为代价的结果。可我仍然希望引以为傲地宣称，沿着充满荆棘的道路，人类已经获得，并将继续获得，许多弥足珍贵的东西。正如历史已然证实过的，从人类灵魂最深处发散出来的不仅有罪恶，也有美好。

第一章
从古希腊战神到激光手术刀

1 外科手术

世界上首先为医疗救护者进行命名的是爱奥尼亚人，正是他们创造了"医生"一词。当时，这一词语的意思为"拔箭者"，那是公元前1000年的事。然而，尽管他们为救护伤员的人取了个专有名词，古代军事领袖们对医生所做的事却几乎不闻不问。对大多数指挥官来说，士兵在战场上受伤是必然的，伤兵的命运往往有赖于战神是否垂顾——战神决定着伤兵的死活；唯有高级官员和贵族才会得到特殊对待。

对古时候的人们来说，医生所做的事往往和祭司所做的事纠缠在一起。这一现象足以解释，为什么装神弄鬼的巫医们总会出现在许多古代文明国度的宗教仪式上和政治场合中；例如，外科手术往往和乡俗仪式以及宗教典礼同时进行。比如天灵盖打孔术——一种在人的头盖骨顶端钻孔的技术（据说这样做是为了让更多空气进入大脑），最初就诞生于古埃及的一种匪夷所思的仪式上，而且是一种由身兼祭司的医生操作的仪式。数千年来，尽管这类操作总是被笼罩在神秘的氛围中，早期的行医者仍然可以从战场上和战场外积累可行的实用知识。

据说，被冠以"医学之父"头衔的罗马神话人物埃斯库拉皮厄斯（Aesculapius）历史上确有其人，其原型是公元前12世纪的一位海军外科医生。他首先倡导了医学高标准，治疗箭伤的好方法也出自他手。

许多古代的医生坚信，他们可以向军队提供及时的帮助，而且他们很有远见，深知战场上的实践对提升医术是无价的。古希腊名医希波克拉底（Hippocrates）曾经用文字表述如下："大凡想成为外科医生的人都应当上战场。"可惜的是，仅有极少数足够英明的军事领袖对此有同感，或能够理解在战斗进行时医疗的存在是何其重要。当年，亚历山大大帝授权医生们随大军远征，然而，他对医生几乎没有任何信任。公元前324年，远征军围攻巴比伦时，他染病发烧。当时他拒绝治疗，不久便去世了。

在古代留存的文献里，人们能找到些许关于医生随军团远征，在被占领土上从事医疗救助的记录。17世纪，撒克逊人以如下描述提示外科医生，治疗剑伤的方法为："鸢尾属植物掐其两头晾干，备用，取2.3克，梨树枝、花楸树皮、孜然芹、月桂树果第四层等各取0.8克，取胡椒6粒，以上药物全部碾碎至粉状，装入两只空蛋壳内，注入酒，给伤员饮用，至痊愈。"

以上记述是远古时期以及欧洲中世纪时期关于医疗救治情况的写照。不过，那一时期的确出现过几位勇于革新的人物，他们以某种方式改善了手术技巧，减轻了伤兵的痛苦。尤其具有创造性的是亨利·德·蒙德维尔（Henri de Mondeville），即《手术》（*Cyrurgia*）一书的作者。他从1306年开始撰写该书，不过，这本书最终成了一部未完成的作品。这一作品几乎满篇都在反对传统医学，是对公元2世纪古罗马医生兼作家盖伦（Galen）的全盘否定。盖伦是那一时期医学领域无所不知的圣贤。其实，蒙德维尔的方法非常先进，他所说的关于治愈伤口的最佳方案经常远远超出他所在的时代。他曾这样描述道："将大肠放回腹腔空穴前，应像皮匠那样将其缝合。"

令人唏嘘的是，他的医术得不到同侪的认可，而且，他的大部分方法随后也失传了，直到19世纪，人们才重新发现了这些方法。不过，第一位将战场上获得的医疗知识用于拯救民生的医生极有可能是蒙德维尔。西班牙城市阿拉贡以及比利时法兰德斯的战事结束后，他返回巴黎，建立了一家外科学院，学院在每个月的第一个星期一向公众开放，从事"普通外伤和瘀伤"治疗。

文艺复兴时期，许多职业医生开始高度重视战场经验，并且将所学用于民生。英国医生威廉·克洛斯（William Clowes）由于其大无畏的精神和高超的外科手术技术拯救了数千名士兵的生命，并因此赢得了美誉。1575年，他被任命为伦敦圣巴多罗买医院的首席外科医生。后来他写了一篇治疗外伤的论文，该论文成了一种标准，且得以沿用了一个多世纪。

随着印刷术的进步，在战场上目睹过大量惨不忍睹的伤势、积累起经验的外科医生们借助纸和笔将所见所闻传播给了更多的人，这种方式前所未有。在欧洲广为传播的有1497年出版的希罗尼穆斯·布伦瑞克（Hieronymus Brunschwig）的《外伤治疗法》（*Buck der Wund Artzney*），以及1517年出版的汉斯·冯·格斯多夫（Hans von Gersdorff）的《战场外伤治疗法》（*Feldbuch der Wundartzney*）。这两本书都生动地记述了作者亲历的战事：随着火药的发展，加农炮的诞生，以及铅弹的使用，伤势恶化的程度比以往更甚。与此同时，这两本书也向那些没有亲历过战场的外科医生提供了为民间伤病员进行治疗的新点子。

历史上最有远见的外科军医当数法国医生安布鲁瓦兹·帕雷（Ambroise Paré）。1536年，学徒期刚刚结束，帕雷立刻奔赴战场。在巴黎受训时，尽管他已经铸就一副铁石心肠，战场上亲眼所见的情景仍然使他惊呆了。帕雷最痛恨的是利用开锅的油脂或烧红的铁条处理外伤。之所以如此，绝不是因为他惧怕那种恐怖场面，而是因为，他深信这一技术弊大于利。与帕雷同时期的一位青年外科医生托马斯·盖尔（Thomas Gale）曾经动情地记述说："烧烫的烙铁烙在伤口上的恐怖情景如此骇人，以至许多伤员心想，反正难逃一死，他们宁肯带着伤死去，也不愿惨遭那可怖的火刑。"

有一次，帕雷的上司下令，让他对某人使用油脂和热烙铁。作为下级战地医生，帕雷除了服从命令，几乎无计可施。然而，某天夜里，帕雷孤身一人留下来处理从战场抬下来的一批伤员。打开储药柜时，他发现，油脂已经用完。考虑了一小会儿，帕雷决定采取一种极端方式，对这些人施用一种他一直在试验的混合剂——蛋黄、玫瑰油、松节油的混合物。

"那天夜里，"帕雷后来的记述如下：

> 我几乎没睡踏实，我心想，那些没用油脂处理的伤员要么会死掉，要么会中毒。所以我一早就爬了起来。出乎意料的是，我发现，敷过愈合剂的人几乎没遭什么罪，伤口既没有烧灼感，也没有肿胀，而且他们夜里也休息好了；按照命令用开锅油处理过的那些人却发着高烧，忍着剧痛，伤口及周边都肿得老高。那时我便下了决心，永远不再用火燎法处理受枪伤的人了……再也不能继续那种尽人事、听天命的办法了。

深受此次成功的鼓舞，帕雷开始转向长期以来困扰战场外科学的另一个问题，以便寻找解决方案。对待四肢严重伤残的人，以前常用的办法是将其丢弃在战场。如果将他们救回来，唯一的办法是静观两天，看看他们能否挨过坏疽病。闯过这一关后，他们还必须忍受在非麻醉状态下截肢的痛苦。毫无疑问，大多数人在手术台上就被吓死了，而许多闯过第二关的人也会因失血过多而毙命。帕雷相信，以当时的火燎法作为标准技术，烧烫的铁条只会加重血管创伤，为伤员截肢后，用此种办法处理创面绝不是最佳方案。在意大利北部的一次战地救护中，帕雷设计了一种方法，他用一种半月形的针来刺穿血管，用一把镊子夹住弯针进行缝合，然后将线的两端系死。由此帕雷发明了缝合术，此种方法沿用至今，几乎没出现什么变化，直到激光手术刀横空出世。激光手术是现代形式的精准火燎法，这种手术在显微镜下实施，可愈合血管和外伤。

虽然采用帕雷的技术有时需要使用多达40块纱布，缝合40针，他的方法通过被施以手术的人得到了验证——经他施以截肢手术的人，存活率是采用传统方法截肢者的三倍。尽管帕雷当年渐渐成为事实上最受欢迎的医生之一，并且连续担任四朝法王的御用外科医生，他却得不到同侪的认可。直到三百年后的19世纪，他当年的激进想法才被世人广为接受。当时声誉卓著的巴黎医师协会的某位成员（帕雷的对手之一）甚至如此贬低他的创新："一个无知的、误入歧途的家伙，由于其知识的贫乏，最近竟如此胆大妄为，拒绝在遭受严重损伤的创面上使用烧红的烙铁为动脉止血。并且违背常识，用一种所谓的新方法代替。殊不知用绷带给动脉止血，绷带本身远比用烧红的烙铁危险许多……事实上，采用这种残忍的方法进行手术，谁要是能在手术后活下来，真得谢天谢地了！"

17世纪和18世纪，抱着上述成见的医生大有人在。那些富于远见的革新者和许多故步自封的"专家"在知识水平方面有着天壤之别。有两篇针锋相对的医学报告可以非常清楚地说明这一点。1689年，某位英国医生在描述他的"治疗外伤新法"时，匿名表述道："将两只乳狗在2磅沸腾的百合油里煮到骨肉分离，用红酒泡少许蚯蚓，然后将红酒过滤，再向过滤的红酒里掺入松节油和1盎司蒸馏过的红酒。"

同年，帕雷的支持者之一、法国外科医生莫雷尔（Theodor Morel）发明了世界上第一种止血带。那是一种能够在战场上和战场外拯救无数生命的发明。关于如何用它在截肢手术中止血，他的记录相当生动："用长度10厘米左右的钢棒压住主动脉，然后将其勒紧，直到纱布压住的血管不再喷血，即可开始截肢。"

诸如帕雷之流创新的医术，需经漫长的等待，医学同侪才会认可。如若不然，经过战场千锤百炼的精湛的手术方法必定会很快传入民间手术室。1824 年，由于其截肢手术可在 20 分钟内完成，著名外科医生阿斯特利·库珀（Astley Cooper）受到同业人士的追捧。库珀的经验也是在战场上练就的。然而，十年后，有个人将此技艺进一步完善了。惠灵顿医院艺高人胆大的首席战地外科医生詹姆斯·赛姆（James Syme）曾经在法国为数千人截肢，他能在 90 秒内完成肌腱、骨头、肌肉等的剥离，将一条腿卸下来。在麻药发明前那些年月，赛姆的手术当然受到人们的热捧。

其他融合了速度和精湛医术的方法以及手法，同样也是从战场上练就的。体壮如牛的罗伯特·利斯顿（Robert Liston）脾气暴躁，常常口出秽言，不过，他做手术快如闪电。摘除肿瘤时，人们常常看见他用牙咬住刀子，双手腕关节以下探入人的胸腔，或深入人的腹腔。值得一提的还有亨利·克莱因（Henry Cline），他对工作如此投入，甚至婚礼当天还在授课。另外，还有一个当代人——许多人认为，这是当代外科医生中最负盛名的人——乔治·詹姆斯·格思里（George James Guthrie），他让人们认识到，只要将受损的关节取出，必须截肢的人即可完整地保住上肢或下肢。他还为股骨受伤的士兵设计了一种夹板。这一发明像莫雷尔的止血带一样，能够出奇制胜，因为它既简单又实用。

在当代人的观念里，手术不施麻药简直无法想象，实在太过恐怖了。不过，19 世纪中叶以前，人们别无选择。19 世纪初期，英国女作家范妮·伯尼（Fanny Burney）强忍疼痛，亲历过一场未经麻醉的乳房肿瘤切除术。对此，她有一段详尽直白的描述。她是这样记述的：

> 杜波依斯先生将我抬到垫子上，用一块薄纱手绢盖住我的脸，不过，手绢是半透明的。因此，透过手绢，我看到，七个大男人和

我的护士立刻围了上来。我拒绝他们按住我。然而，透过白晃晃的薄纱，我看见一道明亮的金属光泽闪过，我赶紧闭上眼睛。没错，当那可怕的金属刺入我的胸部，切割我的静脉、动脉、肌肉、筋腱时，我情不自禁地拼命喊叫起来。

16世纪，一位外科医生也留下了一段令人毛骨悚然的记述：

我正要给一位大约40岁的男人截去大腿。我握紧了锯子和烙铁，摆好了架势。那男人突然发出如雷般的吼声，大家四散而逃，剩下的只有我的大儿子，因为他当时还小。我派给他的任务是按住那人的大腿根，这只是为了防备万一。我老婆当时正怀着孩子，她挺着肚子从隔壁跑过来，按住了病人的胸部。看来我和那男人都要疯了。

麻药在世界上首次使用，并非出自战地外科医生之手，而是出人意料地出自充满纯学术氛围的英国皇家化学学会，出自化学家汉弗莱·戴维（Humphry Davy）用一氧化二氮（又称笑气）进行的多次实验。1880年，他在一本书中描述了他的发现，书名为《从化学和哲学视角重点审视一氧化二氮对于呼吸作用的研究》(Researches, Chemical and Philosophical, Chiefly Concerning Nitrous Oxide and its Respiration)。但是，这些实验对医学几乎没产生什么作用，一氧化二氮后来也极少用于人体实验。

几乎同一时期，美国人首先注意到了氯仿（可以说，它是医学界最先认可的麻药）的威力，欧洲人注意到氯仿则是在1831年。美国人塞缪尔·格思里（Samuel Guthrie）、当时尚未移居海外的德国化学家尤斯图斯·冯·李比希（Justus von Liebig），以及法国人欧任·苏贝朗（Eugene Soubeiran），分别用氯仿反复做过实验，而且对氯仿看似神奇的一些特性做过描述。第一次目睹它作为麻药使用时，医生约翰·迪芬巴赫（Johann Dieffenbach）曾惊叹道："人们长期以来的美梦终成现实，手术终于可以无痛了！"

然而，氯仿的副作用极为明显。曾经试用过氯仿的医生原本为数不多，没过几年，他们也不再用它了。毫无疑问，这种化学物质能对病人起到麻醉作用，不过，它也让他们中的许多人患上了心脏病。

19世纪40年代中期以后，乙醚替代氯仿，成了唯一可用的麻药。时间又过去数年，一种更为有效的物质氯乙烷被人们认可。然而，直到19世纪60年代，这些麻醉品仍然不为世人熟知。由于维多利亚女王在儿子利奥波德（Leopold）出生时授意医生在她身上使用氯仿，氯仿得以名声大噪。后来氯仿的名声一落千丈时，对其他一些麻药，医生们只好秉持一种观望态度。尽管人们尝试过许多补救方法，由于麻药名声不好，形势始终没有得到改观。美国马萨诸塞州牙医霍勒斯·韦尔斯（Horace Wells）最终成了掉进一锅煲好的麻药汤里的耗子。一次在给学生们上课时，他数错了药片，致使全班同学眼睁睁地看着牙科病人大受折磨。韦尔斯因此名誉扫地，一病不起，并患上了抑郁症，服用氯仿成瘾。在一次精神错乱中，他向两个妓女投掷硫酸，因而被捕入狱，在狱中自杀。他的经历在美国广为流传，人类认可麻药也因此推迟了好几年。

伴随美国内战的爆发，人们才彻底转变了对麻醉药的态度。仅在葛底斯堡的一场冲突中，敌对双方的伤亡人数就达到54807。1864年，在格兰特将军对科德哈堡的一次突袭中，伤亡人数1小时就达到了1万。这些人要么死在了他们倒下的地方，要么在临时手术室里进行了救治。在抢救现场，外科医生们个个浑身是血，从一个伤兵走向另一个伤兵，用污浊的围裙擦拭手术刀。他们一会儿卸掉一条胳膊，一会儿缝合一段肠子。值得庆幸的是，部分伤员用上了氯仿和乙醚。可惜的是，麻药储备很快消耗光了，许多伤员因不堪忍受痛苦而身亡。

这场战斗过后，所有参战部队必须配备医疗分队随行，且要携带足够的麻药储备。由于乙醚和氯乙烷的帮助，从战场上撤下来的伤兵们才得以存活。从那往后，即19世纪60年代末以后，无论是在美国还是在欧洲，实施麻醉之后，手术方能进行。

最终，美国内战成了军事医学的一道分水岭。或许，从那场战争中，人类最大的收获是，社会逐渐广为接受了麻醉药。当然，同一时期，还有其他创新拯救了无数生命：从战场上抬送伤员使用的是效率更高的推车和担架；野战医院的管理、供应、人员配置更为合理；战地外科医生发明了弹片探测器——一种为取出深入伤口的弹片专门设计的镊子，所有这些，都使医疗保障得到了跨越式完善。而弹片探测器不久后便在民用医院里得到了应用。

一些人认为，如果将军事分为古代和现代两个阶段，自人类诞生以来，第一次世界大战是跨时代的。与其他所有战争一样，这场战争是丑恶的和肮脏的，它让人类的水准降格到像动物那样自相残杀，而这场战争的规模之大远远出乎人们先前的预料。在法国北方的索姆省，比利时西部的伊帕尔、法兰德斯、帕斯尚尔等地，战争场面之恐怖，超过了人类以往的所有冲突，而伤亡人数则成百倍超过以往同等规模的战事。这场战争中各种新式的、极为致命的武器投入使用，给外科学和医学带来了前所未有的挑战。

第二次世界大战中，随着杀伤力更大的步枪横空出世，更由于地雷的普及和引爆方法愈加多样化，人类面临的麻烦巨增。德国人在非洲北部布下的人员杀伤地雷（anti-personnel mine）成了特别令人伤脑筋的范例。这种地雷大小犹如果酱瓶，一旦有人踩中触发器，它就会弹跳到空中两三米高，从中炸出三百个金属球。

这样的趋势仍在继续。基于越南战争和两次海湾战争中的改进，枪械、炮弹、地雷、反坦克武器等变得更为致命，使得从战场输送到手术台的每位伤兵都带有多处致命伤。沙漠风暴战役后，美国军方的统计资料显示，在这次冲突中送进医院的伤兵们身上，平均每人有一百处创伤。

严重创伤往往会导致战地外科医生采取一些极端方法处理伤口，从而收获意想不到的成果。第二次世界大战期间，柯达胶片公司的研究员哈里·库弗（Harry Coover）利用一系列名为"氰基丙烯酸酯"（cyanocrylate，即502胶水的主要成分）的化学物质开发出一种透明胶水，这种胶水原来的用途是修复枪械瞄准具。越南战争期间，外科医生们尝试将其喷到重伤员们的创口上，用它封堵严重的致命伤，以便伤员们到达野战医院前，为他们赢得一些时间。基于越战的成功实践，这种材料在医学领域得以沿用。作为"超级万能胶"，它进而被应用到更为广阔的领域。

近一时期，美国国防部一直致力于开发一种独一无二的绷带，称为壳多糖绷带（Chitosin bandage）。这种绷带的研发者是陆军医学研究与装备司令部（MRMC），它可以在敷于创口2到4秒内止住严重的动脉出血。这种绷带的黏度特性和强大的结块能力可产生创面压，控制大出血，并避免其转为内出血。在一份致美国政府的报告里，美国军方首席科学家托马斯·基利昂（Thomas Killion）对这一创新赞不绝口。他的评价是：这种绷带可"用于各种外伤，小到枪伤，大到地雷炸伤，均有奇效。它的底线是……至少可拯救生命"。

人类无可避免地将战争致伤的严重程度提升到了可怕的高度。人类开发的那些越来越险恶的武器，通过创伤程度向世人炫耀着它们巨大的破坏力和精准度，让看到它们的人一想到未来更加险恶，立刻就感受到不可名状的恐惧。不过，假如人们还能从乌云密布中窥见一线曙光，那必定会是这样：创伤越复杂，外科医生从中学到的也会越多。军事外科学的第一要义是，减轻各种武器的破坏力，以及由此导致的创伤程度；还有就是，与民用医学分享更多信息。尤其令人惊奇的是，先进武器导致的许多创伤与交通事故中伤员们遭受的面部和四肢创伤十分类似。

在战场救治伤病员方面取得的进展——重量更轻的新型夹板、

更有效的止疼药、透气性更好的绷带，此外还有，外科医术的迅速提升——极大地改善了民用医学的急救水平，因而提高了受害人在意外事故中的存活率。不过，迄今为止，急救领域最重要的进步首推一项技术，它的命运犹如麻药的使用，形成理论并单独试验了许多年，最终借助了战地医院的使用才得以走向前台。

英国皇家化学学会会长塞缪尔·佩皮斯（Samuel Pepys）目睹了早期输血技术的一些尝试。克里斯托弗·雷恩（Christopher Wren）往一只狗的血管里注射多种液体时，他是现场见证人之一。随后不久，他向其他人讲述了法国笨蛋内科医生琼-巴蒂斯特·德尼斯（Jean-Baptiste Denys）将一只狗的血输给另一只狗的经过。还有一次是在1667年，作为英国皇家化学学会会员，他目睹了理查德·洛厄（Richard Lower）将绵羊血输给当时由他关照的一个名叫阿瑟·科伽（Arthur Coga）的神学院学生。后者被描述为患上了"某种癫狂症"。令人肃然起敬的英国皇家化学学会会员们相信，这种换血方式没准儿真会让小伙子免除痛苦。从某种角度说，结果的确如此：在一群旁观者的众目睽睽下，几分钟内，小伙子便一命呜呼了。

在战场上，人们曾多次尝试用健康士兵的血液拯救在手术台上因大出血行将毙命的士兵。第一次这样的尝试发生于1818年，由一位名叫詹姆斯·布伦德尔（James Blundell）的英国医生实施；随后，1870年，在普法战争的圣普里瓦战斗中，据说德国人伤亡惨重，15分钟内伤亡即超过5000人。情急之中，医生们选择了在泥泞中尝试输血。其结果是，没有一个士兵经过这种无奈的尝试得以生还。

许多原因注定会导致上述各种实验的失败，这在当代人眼里是显而易见的。不过，当时人们对血型一事还一无所知。事实上，佩皮斯所见所闻的事发生后，又过了两个半世纪，研究人员才逐渐认识到血液扮演的多种角色，以及血液成分的复杂性。这一领域的先驱人物是美籍奥地利裔医学家卡尔·兰德施泰纳（Karl Landsteiner）。

他费时多年，潜心研究了上千次输血试验失败后记录的信息，后来他逐渐意识到，人类的血液不尽相同。他指出，血液具有不同类型的载体，称作抗原（一种可产生排异载体的化学物质，也称抗体，可协助人体抵抗感染）。兰德施泰纳发现，将载有不同抗原的血液混合，血液中的红细胞就会凝结，致人死亡。唯有抗原相同的血液才能混合，也唯有抗原相同的人才能互相输血。在此研究基础上，兰德施泰纳总结出，基本血型可分为四大类，他将其称为A型、B型、O型、AB型。他的这一发现顺理成章解释了为什么从前曾有极少数输血试验获得过成功：试验者碰巧采用了同一类型的血源。

由于欧洲战事看起来无法避免，英美两国政府开始为即将到来的冲突做准备，一些具有超前洞察力的军医们将思路转向了研究血液的特征和输血的可行性。其时，兰德施泰纳已经在坐落于纽约的洛克菲勒医学研究院工作。在生命晚期（兰德施泰纳卒于1943年，时年75岁），他带头发起了建立血库的尝试，并参与制定了将志愿者所献的血液输送到前线的管理办法。

自输血方法诞生以来，无论是在战场上还是在民间，人们无法估算的是，就数量而言，这一方法拯救的生命究竟是什么量级。为战事供应血浆，这方面做得最好的组织莫过于红十字会。据估计，"二战"期间，红十字会组织往战斗前线输送了1300万品脱（相当于738万升）血浆。不仅如此，"二战"后，红十字会总是不失时机地提醒公众，为血库做贡献意义重大。

如今，战场全科医生和外科医生们的报告以及医学创新的专业组织深受社会欢迎。从战区归来的外科医生们常常会发表论文或著书立说，描述他们为伤员们做手术时偶然采用的新技术或新方法。这些新的认知很快会流传到民用医疗领域。

过去数百年间，人们总是忽视具有创新精神的外科医生们在战争环境里的发现，这样的事如今几乎不太可能发生了。对军事外科医生们来说，重要的创新会为他们赢得崇高的声誉。而且，如今人们有理由相信，大凡能够经受战场考验的东西，经过完善，一定会在民用领域创造价值。

2　对抗细菌

如果刀光剑影带来的伤害会让人立刻感到疼痛，让人意识到死亡会接踵而至，那么在飞沙走石和血肉横飞的战场感染疾病，虽可苟延残喘一时，却同样在劫难逃。

甚至在不久前的20世纪20年代，疾病、缺粮、露宿等原因导致的非战斗减员远远多于战斗减员。美国南北战争时期，南方军有186216人死于疾病，两倍于作战中死去的人。仅就死于痢疾的人来说，数量就高达4.5万。第一次世界大战期间，伤寒是个大杀手。战争初期六个月，这种疾病仅在塞尔维亚就夺去了15万名士兵的生命。战争结束时，仅俄罗斯就有300万条生命被它吞噬。列宁曾对这场灾难作过精辟的论述："如果社会主义无法战胜这一疾病，它将反过来战胜社会主义。"

中世纪前，发生战争的地方通常远离人们日常生活的地方。上达贵胄，下至平民，人人都要送别亲友，他们要背井离乡，跋涉月余，前往遥远的地方为国王和王后而战。故乡人常常会无望地期盼亲人早日归来。中世纪早期，伤兵们通常被送进修道院进行康复，因此，修女和修士成了最早的护士。这些善男信女自己总结出了一套对付伤病的方法。经历过一场接一场战斗，死去的人们长眠在修道院的地下，活着的人们则投入到新的战斗中，修女修士们学到手的医术随后被用于造福周边的民众。

在以上人际关系中，有一种怪异而流行的现象，即大多数人（包括修女修士们）总会认为，与战场上受伤的士兵相比，疾病缠身的士兵总有点"不那么光彩"。这一奇怪的观点源自当年的思维方式，即这是对偷偷犯下罪孽的人的报应，为惩罚这些可怜虫，上帝才使其疾病缠身。相反，谁要在刀光剑影中受伤，会被看作是"正当的"，伤员因此会受人们尊敬。这种思维方式带来的结果之不幸可想而知，尽管因感染瘟疫、卫生条件恶劣、营养不良等失去生命的士兵人数远多于倒在战场上的士兵人数，人们在最佳疗伤方案方面的知识却远超处理感染方面的积累。

士兵们的磨难往往始于受伤。如果某人因中箭或中弹不幸受伤，唯一的生存希望是借助外科医生的医术，将进入人体的异物取出来，而多数场合异物会进入人体。1199年，在沙吕堡（Châlus）围城战中，由于皇家外科医生在拔除剑头时无法保证不伤及动脉，仅仅因为这一小小的难题，"狮心王"理查一世便未能生还。然而，侥幸闯过手术关的士兵还要仰仗自然环境不过分恶劣，才能躲过无处不在的细菌和病毒。杀菌剂和抗生素问世前，相对较小的破口也会导致感染，甚至死亡。

说到对军队的摧残，很少有哪种疾病能超过梅毒。当年，这种细菌杀人数以亿计，它的传播能力犹如当今的艾滋病，并且延缓人类社会发展约五百年。哥伦布将这一疾病从新大陆带到了欧洲。在相当长一个时期，人们没有意识到，这一灾难已经迅速扩张。事实上，王后伊莎贝拉一世和国王费迪南二世统治时期，这一隐形的疾病已经通过其载体在西班牙的客栈和妓院里展开了攻势。两年后，人们对梅毒的恐惧已等同于对瘟疫的恐惧；它的破坏之严重，也等同于瘟疫。

哥伦布返回欧洲一年后的1494年，法王查理八世出征意大利半岛。他的军队是一支泛欧洲大军，一帮乌合之众，由1.8万法国骑兵和2万来自十多个国家的步兵组成，其中包括3000名瑞士长矛兵。他们几乎没遭遇阻拦，就翻越阿尔卑斯山，进入了意大利本土。两个月内，米兰、佛罗伦萨、罗马等地相继陷落。侵略者们有充足的理由像过节一样为胜利纵情狂欢。正是这样，他们长时间耽溺于吃喝嫖赌中。

第一轮纵情过后，除一个例外，兴高采烈和信心十足的查理八世大军继续向那不勒斯推进，如入无人之境。那个例外发生在退守城郊军营里的一帮战士中，他们是一帮下等那不勒斯人，原本他们对战斗已不抱任何希望，一队赶过来支援的西班牙士兵帮助了他们。后者刚刚还在马德里和塞维利亚的客栈里纵情声色，他们不仅带来了急需的武器和物资，同时也带来了梅毒。

完成对上述军营的包围后，法军和追随他们的乌合之众采取的策略是围而不攻。他们整日饮酒作乐，满心希望被围困的意大利人和西班牙人要么投降，要么饿死。对驻扎在军营里的守军来说，形势的确不容乐观。粮食和饮用水已经不足，随着天气转暖，拥挤和肮脏的环境必然会引起疾病。然而，当形势到了最紧要关头，被围困的部队却出人意料地在法军眼皮底下溜走了。而且，在规划出逃行动时，这些人还做出了置大多数敌人于死地的决定。随着时间的推移，这一决定反过来又贻害于他们自己的同胞。

意大利解剖学家加布里埃洛·法洛皮乌斯（Gabriello Fallopio）的父亲是这群人里的一员，他这样记述了被围困的最后几天：

> 由于他们人数不多，法国人的数量远远超出他们，他们唯有悄悄潜行才能逃出被围困的营地。逃离之前，他们留下一支守军，在水井里下了毒。这还不够，他们收买了向敌军供应粮食的意大利磨坊主，让他们往粮食里掺石膏。更有甚者，他们借口军营里粮食短缺，将妓女和女人们赶出军营，尤其是染病的美丽的女人们。法国人抓住了她们，被她们的美丽所吸引，以慈悲之心收留了她们。

这一诡计最终得逞了：法国人理所当然放松了警惕，而且还相信，军营里的老百姓都已经死去，成功出逃的意大利士兵和西班牙士兵暂时还无法重组。然而，实际情况是，军事和政治形势均已发生不利于入侵者的逆转。由于不满查理八世的暴虐，西班牙人和德国人放弃了中立,威胁要攻打法国。与此同时,决心将敌人赶出亚平宁半岛的威尼斯人已经建立了威尼斯联盟,并开始向米兰城供应军事装备。

从前的盟友们采取了数次军事行动,迫于压力,查理八世决定撤军。然而,威尼斯联盟的4万大军倚仗强势,正集结在帕尔马,恭候查理八世和他的远征军。骄奢淫逸和过分自信的法国骑兵和步兵习惯了那不勒斯的阳光,此时多数人已经染病,几乎没有机会获胜。法国大军被冲散了,而且溃不成军,仅剩的一小股幸存者穿过欧洲大陆,疲惫不堪地逃回了法国、瑞士和奥地利。

在缓慢的、受尽磨难的逃亡途中,这些人几乎没得到什么慰藉。许多士兵在路上染病,在行军途中倒地而亡,剩下的人则步履蹒跚,脸上和手上长满了像麻风病人一样的、由梅毒引起的斑块。在阿尔卑斯山的村庄里,沿着炙热的瑞士乡间土路,昔日曾扬扬得意的法国士兵们要么成了瞎子,要么精神错乱,唯有死亡能带给他们安逸。

其他一些人的症状不那么明显,而且发展迟缓。返回故乡的数千人不过是表皮带着些外伤,口腔和鼻腔有些许轻微的痛感而已,这些表象常常被人们误以为感冒引起的疼痛和溃疡。在晚期病症显现前,平安返回故里的幸存者们已经把致命的传染病传播出去。

对于梅毒在人间的肆虐,医生们束手无策好几个世纪。曾经广为流传的是,严格控制用量地服用砒霜,可减轻这种病的性状。有些江湖骗子采用水蛭疗法、放血疗法,以及一些自创的不可告人的土法治疗此病。当时没有人知道疾病是如何传播的,而"传染"这一概念则闻所未闻。外科医生们常常是刚解剖完尸体,连手都不洗,就进入产房接生。但凡听到他人提起消毒剂,许多人会立刻皱起眉头。

19世纪30年代,许多医生逐渐意识到,某种程度上,"污物"会帮助疾病传播,然而,每位医生和每名护士都有自己的一套标准。也是在19世纪30年代,一位在美国中西部工作的名叫爱德华·贾维斯（Edward Jarvis）的医生在他的论文集里记述了他的一次经历，向人们生动地展现了当年的混乱。当时，他正在帮助一位同事监督学生包扎病人的一条伤腿，他扭头吩咐一位医科学生帮忙取一块石膏板过来。"我还真不知道抽屉里有没有你要的东西。"说完，那年轻人拉开了柜门。让贾维斯不寒而栗的是，柜子里有一大摞从瘀伤、溃疡面、刀口等创面拆解下来的石膏板和包扎用品，许多东西还带着脓血结成的痂皮。显然，这些放在柜子里的东西是备用的，而不是丢弃的。

当年，虽然人们对许多事还无法做出解释，19世纪50年代中期，克里米亚战争期间，事情已经变得很明显，战场以及野战医院是一些致死疾病的传染源。人们清楚地认识到，由于受"梅毒问题"的威胁，英国在那场战争中差点战败。无论原因何在，医生们已经很清楚，梅毒在妓女中最为普遍，这种病肯定是通过妓女传播给战斗部队的。因此，当时的英国政府采取了果断措施，禁止妓女从英国赶赴前线，同时阻止境外妓女或已知有这种病的人入境英国。战后，相同的措施一直延续下来。作为控制梅毒的一项措施，伦敦、曼彻斯特，以及其他大城市强制妓女们定期接受体检，查出的患者会立即被关押。

殊途同归，从美国南北战争的教训中，人们对疾病的成因取得了相同的认识。在死于内战的60万人里，三分之二死于疾病。这一统计数字震惊了美国政府，因此有了美国民事卫生委员会（Civil Sanitary Commission），同时还任命纽约内科医生伊莱沙·哈里斯（Elisha Harris）担任该机构的领导。这一革命性的机构甫一设立，立即着手对医疗系统进行改革，更新了医院的医疗设施，改善了穷人的营养状况。

19世纪后期，医生和科学家们逐渐发现了疾病、卫生、营养之间的确切关系。借助生物化学以及其他生命科学等新学科的帮助，研究人员逐渐揭示出，感染源实际上是细菌和病毒。与此同时，社会公众对生病和治病的态度也发生了变化。生病是上帝报复的结果，或是肮脏的灵魂所招致的祸水，这样的想法正迅速失去市场，科学发现带给人们的光明前景广受社会的欢迎和鼓励。

苏格兰教友派信徒约瑟夫·利斯特（Joseph Lister）就是受到此种鼓舞的典型。他父亲是一位成功的学院派人物，曾参与显微镜的开发。正是源于此，利斯特被送往伦敦大学学院主修医学。1854年，完成学业后，他受命担任爱丁堡著名外科医生詹姆斯·赛姆的助理。尔后，他娶了后者的女儿为妻。作为外科医生，利斯特很快认识到感染带给人类的毁灭。

当年，徘徊在各医院的最大杀手是脓毒血症。在某些医学院，因脓毒血症感染导致的初生婴儿死亡率竟然高达30%，将近80%截肢病人在术后几天内死于同一疾病。这些令人恐怖的统计数字让当年的一位外科医生直率地说出这样的话："来医院做手术的人面临的死亡风险比奔赴滑铁卢战场的英国士兵还要高！"

在克里米亚战争期间，患病死亡的士兵人数同样震撼了医学界。对于如此众多年轻人走向死亡并非因为敌人的枪弹，而是因为疾病，当年的报章编辑们表示了极大的愤怒。

由于利斯特才华横溢，善于吐故纳新，在校期间，他已经小有名气。在学生时代，他已经对医学史着了迷。所以，他对此前人们在感染机制方面的研究了如指掌。法国化学家路易·巴斯德（Louis Pasteur）阐述了细菌在腐烂和发酵过程中扮演的角色，对此他赞誉有加。他的评论如下："那个法国人干得漂亮。"19世纪50年代，有了巴斯德的研究基础，利斯特已经非常确信，在手术过程和术后恢复过程中，细菌导致了绝大多数的感染。因此他将研究方向集中到开发杀菌剂以及无菌技术方面。

他包扎伤口的方法是：用碳酸液浸泡专用绷带，敷于伤口，然后在其上盖一块金属片，或盖一块他称之为"橡皮布"（Macintosh）的东西，最后将伤口扎紧。凭借一层无渗透薄膜，这种包扎可有效地将细菌隔绝在外。不仅如此,他还进一步采取当时颇具争议的措施,在手术过程中不断地在手术室内喷洒碳酸液,还要极尽所能,将手术器械、绷带、外科医生的双手等小心翼翼地清洗干净。

这些措施立即产生了明显的效果。利斯特的记录显示,1866年以前,即开始采用消毒和防腐措施以前,1864—1866年,35位病人做了截肢手术,其中19位活了下来,16位死了,死亡率为45.7%。采用他的技术后,在三年时间里,40位手术病人中有34位存活,仅6位死于感染,死亡率仅为15%。

然而,医学界多数人对利斯特的成就要么视而不见,要么极尽诋毁。他们无法接受的是,医生居然要对病人的感染负责,那些小东西居然会有那么大能耐。一位久负盛名的外科教授约翰·休斯·贝内特(John Hughes Bennett)甚至宣称:"那些小个子野兽在哪儿呢?拿出来给我们看看,眼见为实嘛。有人看见过它们吗?"

民用医学界在认可麻药的重要性,接受蒙德维尔、帕雷、格思里等人的革命性方法时,为什么总是拖拖沓沓,由此看来,也就不难理解了。所以,唯有借助军事上的强制性命令,利斯特那些激进的科学方法才得以推广。

然而,对卷入1870年普法战争的大多数士兵来说,利斯特的方法未免来得太迟。在1.32万被截肢的人里,1万人死于坏疽病和其他感染,死亡率几乎达到76%。直到那时,许多目睹那场战争之恐怖的外科医生才理解了利斯特,进而向他那些长期以来游离于医学边缘的革命性措施敞开了胸怀。一位年轻的德国人约翰·里特尔·冯·努斯鲍姆(Johann Ritter von Nussbaum)试图降低术后死亡率,从前线返回后,他迫不及待地前往苏格兰拜见了利斯特。回国后,他对利斯特思想中的那些闪光点赞不绝口。他热心地宣传说:"来看看我的病房吧……不久前它们还被死亡笼罩。如今我和我的助手以及护士们引以为傲的是,尽管这种治疗方法有缺陷,它仍然让我们心服口服。"

其他人也同样心服口服了，并且心悦诚服地在自己的医院里开始试验。在整个欧洲，按照"利斯特主义"行事的医生们很快就目睹了医院的死亡率显著地直线下降。普法战争结束后不久，1878年，巴斯德向法国卫生部官员们出示了微生物导致感染的理论依据。随后不久，他发表了具有里程碑意义的论文，为利斯特的实践经验提供了理论支持。在结合了实践和理论的基础上，战场大屠杀促进了独辟蹊径的探索，在十年时间里，外科学因此得到了彻底的改观。

即便如此，在手术室以外，外科学仍然存在着巨大的改进余地。仍然有15%的病人于术后三天内死亡，每年仍有数量可观的人受到细菌和病毒感染，咽喉疼痛和伤口感染仍然可置人于死地。显而易见的是，喷洒化学药剂，在碳酸液里浸泡绷带还远远不够，必须找到一种能够有效抗击感染的物质。

人们总是将发现第一种抗生素——青霉素（盘尼西林）的主要功劳记在英国医生亚历山大·弗莱明（Alexander Fleming）的名下。然而，从某种程度上说，这是一种误导。弗莱明是上层社会的医生，他极具个人魅力，在马球场上以及外出打猎的同时，他贡献过许多聪明才智。在这一突破性成果中，他确实起了主导作用。不过，像他一样优秀的人多得是，他们做出的贡献同样功不可没。

1900年，19岁的弗莱明自愿参军，随英军远征南非，与布尔人作战。在那里，他目睹了他那个年代或者说有史以来人类最为野蛮的战斗。回国后，他以一笔遗产做支柱，进入医学院深造。然而，几年后，他再次参战，这次他是作为皇家陆军医疗部队（Army Medical Corp）的成员参加第一次世界大战。在那场军事冲突中，弗莱明第一次意识到，当时采用的一些消毒技术存在多方面的缺陷。他注意到，用于抗击感染的一些化学物质常常会降低人体自身的抵抗力，有些甚至无法清除引起感染的细菌。进一步说，自利斯特的消毒方法普及以来，它并没有对流行性感冒、伤寒，以及其他许多导致人体衰弱的疾病起到任何作用。

1918—1919年，由于吓人的流感大范围流行（据估算，那场瘟疫两年间夺去了2200万人的生命），回国以后，弗莱明将全副身心集中到他的研究，并于1921年获得了第一次重大突破：实验室一个培养基里的鼻腔黏液样本受到了污染，污染物为一种被称作"溶菌酶"的生物酶，它广泛存在于泪水中。当时，致力于搜寻杀菌物质的弗莱明立刻注意到，溶菌酶所到之处，鼻腔黏液均被溶解了。他由此得出结论，溶菌酶或许是人体用于抵抗外来感染的物质之一。

这是朝正确方向迈出的重要一步。不过，溶菌酶不攻击有害细菌，它仅仅作为人体自然免疫系统的组成部分，同步参与其他物质的活动。接下来六年，弗莱明研究了多种类型的细菌，尤其是"葡萄球菌"。他认为，这种类型的细菌可以引起疖子、脓肿、肺炎、败血症。1928年8月，完成休假返回实验室后，弗莱明发现，盛有葡萄球菌菌株的一个培养基表面长出一层霉，凡是长霉的地方，菌株都被消灭了。

弗莱明将发现的霉菌称为"红色青霉"（*Penicillin rubrum*）——在此他犯了个小错误，事实上，他发现的是红色青霉的近亲"特异青霉"（*Penicillin notatum*）。这种霉菌产生的一种化学物质对许多细菌是致命的，包括链球菌、淋病球菌、脑膜炎球菌、肺炎球菌。同时，它不会加害正常细胞，也不会妨碍白细胞的抵抗作用。

弗莱明当时非常明白，他的这一发现意义重大，因此他写了一篇论文，阐述这一发现。不幸的是，他的研究和他的论文一起寿终正寝了。原因是，他接下来的研究——他试图提纯从霉菌里采集到的某种形态的青霉素——证明，这种物质不仅化学特性不稳定，而且，产出数量小到可以忽略不计。由于弗莱明意识到了这一点，他放弃了继续研究，而且再也没有重操此业。

如上所述，青霉素的故事原本已经终止，不过，它悄无声息沉睡整整十年后，一个由澳大利亚人霍华德·弗洛里（Howard Florey）、名声显赫的德国移民恩斯特·钱恩（Ernst Chain），以及诺曼·希特利

（Norman Heatley）领导的小组偶然看见了长期以来无人问津的弗莱明的论文，并且采用他用过的同一种霉菌提取出了青霉素样本。

数周内，他们同样碰上了弗莱明当年无法绕过的坎儿——他们仅能从霉里提取到两百万分之一有效物质。与弗莱明不同，他们坚持了下去，而且还考虑利用其他形态的霉菌，以便收获更多有效物质。利用从"特异青霉菌"近亲那里得到的物质，足够他们在人为感染链球菌的几只老鼠身上做试验了。

1940年5月25日，他们进行的最初几次试验取得了圆满成功。他们在四只老鼠身上注射了青霉素，对另外四只（同样人为感染了链球菌）没采取任何措施。第二天一早，注射过药物的四只老鼠全都存活下来，而另外四只全都死了。

在这次成功的试验鼓舞下，小组成员们开始拼尽全力多生产青霉素。与此同时，他们在寻找一位合适的人体试验志愿者。几个月内，他们已经用各种家庭设备——盛满霉菌和溶液的大桶、钢盆、搅奶器——生产出足够数量的抗生素。没过多久，他们得到了机会，首次在病人身上试验药效。

一位名叫阿尔伯特·亚历山大（Albert Alexander）的伦敦警察在修剪玫瑰枝时划破了手指，伤口感染非常厉害，以至第三天就高烧到40.6℃，而且已经濒临死亡。他的症状是葡萄球菌引起的败血症。阿尔伯特·亚历山大被注射了青霉素，他的病情立刻有了起色。这一过程持续了三天。就在这位警察恢复意识，显示出康复迹象时，药品供应中断了。细菌24小时内占据了主动，病人重新陷入昏迷状态，不久便死了。

这一结果使医学界感到悲哀和失望。不过，它为一次重大的成功夯实了基础。虽然阿尔伯特·亚历山大死了，但这种药品的作用是确切无疑的。这一事件激发了人们对死亡的冷幽默，俨然成了战争时期一个鲜活的例子，并且很快成了众多医生的口头禅："……疗效显著，不过，病人却死了。"

当时是 1941 年，被战争蹂躏的欧洲正处于两线作战的态势中。弗洛里明白，若想让青霉素成为一种疗效显著的药品，唯一的出路是找到一种可以大规模生产的方法。他去找英国政府和一些医药公司。但是，由于战争物资已经匮乏到一无所有的边缘，没有人愿意向他伸出援手。

可是，弗洛里仍然信心十足。他明白，自己正在做一件惊天动地的大事，所以，他义无反顾地向前闯去。这群牛津干将说服了美国政府，使其相信，他们做的研究重要至极。后者将他们分别安置到两处地方，一批人去了美国农业部下设的聚集了各种实验室的一个建筑群，地点在华盛顿特区郊外；另一批人去了国家区域项目研究局（National Regional Research）的一个实验室，地点在伊利诺伊州皮奥里亚（Peoria）。数百位生化学家和数千位工程师应召寻找一种能够增加青霉菌产量的方法，全力以赴地投入了研究。美国政府将之列入了战时国家重点开发项目名录，并将其列为最优先项目。

多次误入令人绝望的死胡同，无数次品尝失败的苦果后，这一团队终于找到一种被称作"产黄青霉"（*Penicillin chrysogeum*）的霉菌，它的提取物超出"特异青霉"200 倍之多。即便这样，其产量仍然远不能满足战时需求，因此，这一团队接着试验了数万种形态的霉菌。美国参战初期的 1942 年，研究员们决定采取一项极端措施，对霉菌进行放射性物质照射，以期得到一种更为高产的变异菌类。这一步骤的成效大大超出所有人的预料。几周后，位于皮奥里亚的实验室生产的提纯青霉素，其产量已经数万倍于原有的方法。

那时候，竞赛已经变成了与时间赛跑。贯穿整个 1942 年的是，美国和英国（当时一些英国公司也开始生产经过放射性物质照射的霉菌）的研究人员每天都眼睁睁地看着数以万计受感染的士兵和平民相继死去而束手无策，如果手头的青霉素供应充足，他们原本可以被治愈。1944 年初，此时青霉素的生产已经由辉瑞制药公司（Pfizer）建立的专业工厂接手，这种药已经可以快速和大批量生产。

因此，1944年6月，诺曼底登陆开始时，参战的所有野战医院和医疗小分队都已得到数量充足的青霉素。"二战"后，青霉素被冠以"救命药"的美名，誉满天下。名副其实的是，它已经拯救了数百万人的生命。今后，随着时日的迁延，情况仍将如此。

有迹象表明，在刚刚过去的十年里，多种细菌对一些抗生素产生了抗药性。作为对这一问题的补救，病人们被施以多种强力抗生素。

青霉素、杀菌剂，以及人们对卫生学不断增长的认识，无论在战时还是在日常生活里，其重要性几乎是无法估量的。这些发现已经极大地改变了医学，在很大程度上改变了人类的生活。生命仍然易受伤害，大自然仍然常常向人类发起挑战。不过，我们至少不必依靠战神的意愿来保卫人类不受细菌侵害了。

然而，事情到此并未结束。科学和技术的进步远不止这么简单。人类对微生物的认识过程，以及针对它们的作用开发出相克物质的过程，几乎就是战争和科学共生现象的完美写照。如"二战"期间在洛斯阿拉莫斯国家实验室对原子进行研究所揭示的那样，科学和冲突总会不断地给社会带来回报。

正如我在导言里所述，原子弹的建造，是基于20世纪二三十年代理论学家和实验者们的成果，也是物理学家薛定谔、爱因斯坦、波尔、居里夫人等人的成果。当年，军事战略家和政治家别有用心地利用了他们的成果。结果是对广岛和长崎的那两次轰炸，以及后来的核军备竞赛，原子武器库存的增加。不过，在后边的章节里，我们将看到，从洛斯阿拉莫斯国家实验室得到的科学知识，同时也促进了远离军事目的的核技术应用，给社会带来了一大批先进科技成果，应用领域广泛，横跨激光技术和计算机技术。

与此相同，人们为认识微生物所做的研究给人类带来了杀菌剂和青霉素，但是，这些发现同样也被人们用于制造生化武器了。在了解如何防治感染时，科学家们同样学到了如何使疾病传播出去，学到了如何强化微生物的作用，以及如何提升这一技术，使其具备超强的破坏性。

对人类来说,生物战早已不是什么新鲜事。13世纪的蒙古人将腐烂的尸体弹射进敌人的城堡里,最早到美洲定居的英国人小心翼翼地将毯子染上天花,然后赠送给土著居民。不过,直到完全理解传染机制,人们才开始利用疾病的传播机制不正当地研制极具破坏性的现代生化武器。

即便如此,这一罪恶的做法也有它好的一面:在全世界投入数百亿美元研发生化武器时,科学家们对接触到的生命形态有了更多了解。恰如当年人们通过"曼哈顿计划"学到了知识,充实了战后的技术应用,让这些知识返还到非军事研发项目中,其形式如出一辙。

第一次海湾战争时期,所有参战的美国和英国部队成员都被注射了一种抗生化武器和抗神经毒气合剂(其中有溴化-3、二甲氨基甲酰氧基-1、甲基吡啶等,这些物质是否导致了海湾战争综合征,后来成为人们激辩的核心)。如今,这些化学物质的副作用仍然刺激着人们的愤怒情绪,这一情况仍将持续很长时间。不过,这样的激辩过后,人们至少看到了一点好处:对于抗生化武器和抗神经毒气的药物的效果,大西洋两岸已经展开大规模研究。对人类接种这一合剂之后的肌体反应、单体细胞的细胞核以及细胞质对外来物质大规模的综合反应机制、控制肌体免疫系统运行机制的复杂性,以及诸如此类的信息,这类研究使医学家和生化学家对它们有了极具价值的深入了解。这类知识将我们对传染机理和免疫系统的了解带进了人类此前从未探索过的领域。人们寄希望于,这些研究有朝一日会帮助科学家开发出高效的抗流感和抗感冒疫苗,甚至还可能开发出抗击和治疗艾滋病的疫苗。

由细菌和病毒导致的对人类生存的威胁与人类自身相互攻击的意念共存于世间。具有讽刺意味的是,人类内在的敌人——人们肆无忌惮地相互攻击——过去牵制着并将继续牵制人类抗击外在的敌人。

3　白衣天使

长期以来流传着一种说法,叫作"男人奔赴战场,女人收尸疗伤"。绝大多数情况下,这一说法无疑反映了现实存在。但是,在远古时期,却没有人收尸疗伤。

甚至不久前,在14世纪,扮演护士角色的还包括女仆、女祭司、实习医生等各色人物,不一而足。角色如此复杂,是因为人们确信,医师们掌握着神秘的力量,超越了常规道德范畴。一位历史学家这样说过:"人们曾经相信,提供医疗帮助的人具备凡人所不具备的知识,这样的知识必定会物化在一位超凡脱俗的、理想化的女性身上。骑士会从内心最深处被女性的美所感动,于是深信不疑,这样的女性定会采天地之灵气帮助自己。"

数个世纪内,这种超现实的护士和女医师形象被美化到了极致,因此,有资格护理伤病员的女性必为修女,有资格护理伤病员的场所必为修道院。在修道院高墙以外,护理病人的女性在人们眼里比妓女好不了多少。这种误解之不幸,曾经阻滞护理行业发展长达数个世纪之久。令人遗憾的是,甚至到19世纪50年代,英国作家狄更斯还把护士塑造成贝特西·普里格(Betsy Prig)和莎拉·甘普(Sarah Gamp)那样醉醺醺的巫婆形象。

也是在19世纪,出现了三位女性,她们彻底改变了世人的观念,也改变了护理行业。这三个人有两位美国人、一位英国人。她们所做的贡献均起始于战斗前线。多罗西娅·迪克斯(Dorothea Dix)是个受人尊敬的中产阶级女性。战争刚一开始,她乘坐自家的汽船到了前线,美国南北战争时期的所见所闻深深地触动了她。因此,她竭力倡导建立一支由政府主导的护理部队。1861年,她终于说服政府对她的计划进行资助。她被任命为美国陆军护士团(Army Nurses Corps)团长。多罗西娅·迪克斯是个有抱负、有坚定宗教信仰的女性。对于该如何塑造护士应有的形象,她早已成竹在胸。或许是希望彻底改变人们对这一行业的既有成见,她征召护士的条件是:"……形象非常平淡的女性……不留卷发,不戴首饰,不穿有裙撑的裙子。"然而,在南北战争时期,由于从战场撤下来的伤员数量急剧上升,她被迫将条件稍微放松到符合"形象朴实的漂亮女护士"即可。

她身边有几个最忠于职守的助手,其中之一是克拉拉·巴顿(Clara Barton)。后者或许是美国历史上最出名的护士。在"战场天使"的盛名之下,巴顿过多地目睹了南北战争时期战场的残酷。因此,战争结束后,她大力倡导对民用医疗系统和士兵的伤病诊疗进行改革。不过,随后她发现,在医学界,无论是军方人物还是其他大人物,都没把她放在眼里。于是,她完全依靠自己的努力建立了美国红十字会,而且,1882年,她几乎赤手空拳地迫使政府通过了后人熟知的对1864年签署的《日内瓦公约》条款的"美国修正案",该项修正授权红十字会不仅在战时行使职能,平时在民间亦可行使职能。

美国南北战争开战前几年,英国在欧洲进行了一场同样血腥残酷的战争。1854—1856年,克里米亚战争始于欧亚大陆边界附近的领土争端,战争以结盟的英国、法国、土耳其为一方,俄罗斯为另一方展开。由于这场战争发生在工业化迅猛扩张时期,并由那些对技术进步持开放态度的国家引发,其中的教训对许多领域后来的发展起到了推动作用。

本书前文已经提到,克里米亚战争改变了医生们对治疗和预防梅毒的态度,战场反馈的有关感染和伤病的信息如何促使利斯特医生推行他那套理论。然而,伴随这场战争而来的一个非同寻常的副产品是对女性进入医疗行业的解禁,以及公众对护士职业在观念上的转变。在助推这种转变方面,论及影响力,世界上没有哪个人能超越近乎传奇的人物弗洛伦丝·南丁格尔(Florence Nightingale)。

1820年,弗洛伦丝·南丁格尔出生在一个富裕人家。在欧洲旅行期间,她的母亲在意大利怀上了她,其名字即取自意大利托斯卡纳地区的首府佛罗伦萨。她是在父亲的家庭教育下长大的,因此,她的童年是在与世隔绝的幽闭环境中度过的。那个年代,上等阶级的女性都是如此。家人希望她嫁个好人家,除了指望她做个贤妻良母外,对她再无更多奢望。可是,尽管南丁格尔对家人非常贤惠和顺从,她并没有轻易就范于传统。根据她后来的说法,1837年,她17岁,某次在自家位于伦敦的后花园里散步时,她似乎见到了上帝,当时,有个来自天庭的声音告诉她,她的一生将会扮演救人于病和救人于难的角色。

但是,在随后的岁月里,当初那些严格的社会教义和道德教义让南丁格尔强烈地感受到,若想实现上苍对她的召唤,实实在在做点事,真可谓难上加难。直到30岁出头,她才得以在德国杜塞尔多夫市的一家医院里开始学习护理。

返回英国后,南丁格尔就任新创建的"淑女交流协会"(Establishment for Gentlewomen)会长。该协会位于伦敦哈雷大街。数个月后,也就是1854年初,克里米亚战争爆发,一队护士即将启程前往土耳其参战。英国战争大臣西德尼·赫伯特(Sidney Herbert)是南丁格尔家的世交,一次,他问南丁格尔和她的家人,她是否乐意担任护士队的督导。对南丁格尔的父亲,赫伯特是这样说的:"在我认识的英国人里,找不出第二个能够组织和监督好这一项目的人。"

南丁格尔的家人帮她准备赴任用品时,战争已经升级。不久,伦敦的记者们已经开始就战场和前线医院的恶劣条件大做文章。《泰晤士报》批评政府的调门最高,并且对军事计划制订者置战斗前线英国士兵的健康于不顾痛加挞伐。该报的著名战地记者威廉·霍华德·拉塞尔(William Howard Russell)在报道中痛心疾首地写道:"不仅没有足够的外科医生……不仅没有包扎伤口的人手和护士……甚至连可以当绷带用的干净布片都没有。"

正是在这样的乱局中,南丁格尔和她手下的30位护士来到了位于博斯普鲁斯海峡东岸斯库台地区的战地医院,时间是 1854 年 11 月。最初阶段,医生们拒绝护士伸出援手。他们认为,女护士的到来只会给他们添乱。在土耳其英克曼(Inkerman)发生第一次大规模战斗后,上万名伤兵被运送到斯库台地区,于是,护士们起到了重要作用。那些带着鄙夷目光看待她们的男医生们,从此再也无法忽视她们或对她们咬牙切齿了。

那次战斗过后不久,弗洛伦丝·南丁格尔给家里写了封信,她在信里描述自己的角色为"负责袜子、衬衣、刀叉、木勺、澡盆、桌子、白菜萝卜、毛巾肥皂、手术台等的主管"。然而,她过于谦虚了。由于她对卫生条件的苛求,加上她那不服输的劲头,使医院有了明显的改变。在她管辖的战区医院里,她成功地将因感染引起的死亡率从 40% 降到了 2%。

克里米亚战争使弗洛伦丝·南丁格尔享誉世界,而她则非常善于利用自己的声誉。她最为关心的事莫过于使政界、医疗界,以及广大公众从她所经历的可怕冲突中学到点什么。正如她的美国同行将要做的那样,她不停地大声疾呼,对军队的医疗系统和民间的医疗系统必须进行大刀阔斧的改革。她建立了一些护士学校,募集了资金,建起了一些医院,在英国以及海外担任政府顾问。在大英帝国仍然处于历史巅峰那段时期,她为完善全世界许多国家的卫生系统,施加了强大的影响,人们至今仍然能感受到这种影响。

弗洛伦丝·南丁格尔是她那个时代的杰出女性。如今看来,她的许多想法已经老掉了牙,也没有效果。极具讽刺意味的是,她直言不讳地反对利斯特。她不仅拒绝接受细菌概念,而且笃信,感染本质上是由"污浊的空气"引起的。不过,她却成功地提高了患病人员和受伤人员的生存率。一如 19 世纪 60 年代那样,她关于护理的那些原则,其精神实质和许多理念如今仍然受人尊重。最为重要的是,当年弗洛伦丝·南丁格尔开创的护理革命,后来成了势不可当的力量。

如今，医院和医疗保障长期保持着良好状态。不过，有一点非常重要，人们必须牢记，在维多利亚时代初期，收容所、救济院、医生诊所等地方，多为罪犯和醉鬼们经营的肮脏黑暗的场所。第一次世界大战结束后不久，美国医生罗伯特·莫里斯（Robert Morris）即将退休，在编辑自己的论文集时，他曾经动情地写道："过去五十年，我所看到的最伟大的变革之一是民众对医院的态度彻底改变了。人们曾经普遍对医院感到恐惧……在世界各地，只要提到'医院'，人们立刻会想到瘟疫和精神错乱。无论医院装备得多么符合诊病需要，也无论医院的效率有多高，极少有人愿意去那种地方。如今，人们只要有一点不适，无论严重与否，都愿意去医院。"促成这一变化的最有影响力的人物莫过于弗洛伦丝·南丁格尔、多罗西娅·迪克斯、克拉拉·巴顿三人。

从战争中总结出的教训在很大程度上推动了这一转变。当然，这也得益于那些经历过极为严重的感染和疾病的人们所做的坚持不懈的努力。但是，如果时机把握不当，这些改变也不会出现。冲在医疗领域最前沿的三位女性抓住了改革的核心，不仅是因为她们针对的是自己的专业领域，更因为她们触动了那个时代的社会结构——当时的社会鼓励出人头地和大男子主义，扼杀女性对权利的主张。

美国南北战争甫一结束，主张女性拥有投票权的呼声一浪高过一浪；在英国，同样的主张由哲学家约翰·斯图尔特·米尔（John Stuart Mill）领衔倡导，他向国会提出一项请愿，主张将女性的选举权列入1867年的改革提案。同年，莉迪亚·贝克（Lydia Becker）在英国曼彻斯特建立了世界上第一个妇女选举委员会。

然而，这方面的进展之缓慢，令人难以置信，社会的实际改革犹如蜗牛爬行。不过，一次规模远超克里米亚战争和美国内战的人类冲突一夜之间加速了改革的进程。第一次世界大战是第一次囊括一切的全球规模的军事冲突。战争结束时，男人们已经不能继续无视女人们扮演的重要角色。此前占据人口半数的妇女几乎得不到他人尊重，在社会上几乎没有权利和影响力。在第一次世界大战即将结束的几个月里，美国30岁以上的妇女赢得了选举权。两年后，英国妇女们也赢得了这项权利。

战争对社会变革的作用再一次远远胜过了政治角力对社会变革的作用。战争带来的变化也是各参战国频繁更迭的政权无法做到的。

4　整形技术

与前述事情差不多同一时期，还发生了一项意义同样重大的社会变革，由于战争导致外貌严重受损的人们，同样受到了应有的照顾和关爱。出人意料的是，实际上，复原被毁坏的人类容颜是一项古老的医术。古代印度妇女常常因为通奸败露而被复仇的丈夫们削掉鼻子，早在公元前800年，作为秘不外宣的祖传医术——为被削掉鼻子的妇女安装陶制鼻骨的容颜修复技术——已经在古印度制陶家族中由直系亲属代代相传。这种医术保持得如此完好，西方世界直到15世纪才得知它的存在。转眼又过了一百年，通过意大利外科医生加斯帕雷·塔利亚科齐（Gaspare Tagliacozzi）的著作，人们才广为知晓这一方法。

1794年，在英国驻印军队里服役的两位医生目睹了安装假鼻子的手术，他们将所见所闻刊登在一份报纸上，在伦敦引起了关注。这种手术被冠名为"印度手法"。

当然，历史上还有其他类似的记载。最令人吃惊的当数与塔利亚科齐同时代的另一位意大利先锋派医生克里斯托弗·费奥罗凡蒂（Christopher Fiorovanti）的记述。他亲眼见到一个剑客在决斗场上将对手的鼻子削掉。事后，费奥罗凡蒂当仁不让地走过去，用自己的尿液将其冲洗干净，然后将其缝合到伤者脸上。让他惊讶的是，这一做法相当成功，那鼻子不仅没受感染，竟然在受害人的脸上结结实实地长了回去。

诸如此类的故事不在少数，大多数显然是杜撰的，其他一些肯定也是无中生有的瞎编。说实在的，20世纪以前，容颜修复术不仅在技术上极难实现，其中的许多医学难题也难以逾越，而且，军方和医学界的权威们根本看不出这样的努力有什么价值。

当然会有为数不多的几位实验者将容颜修复作为外科学来研究，并取得了进展。在今人眼里，他们当年的开拓进取在那个时代未免太过超前。法国外科医生纪尧姆·迪皮特朗（Guillaume Dupuytren）生于1777年，父母为农民。他独树一帜，采用皮肤移植和精细缝合法，为面部受过创伤的人进行修复，因此成了当时法国最负盛名的外科医生。不过，他也因为语言粗俗和脾气暴躁臭名远扬。人们送他一个"怪才"的美名，因为他做手术时经常穿着毛毡拖鞋，戴着破布帽子。

迪皮特朗的事例绝无仅有。进入20世纪已经有些年头之际，法国和德国的军医们对整形手术和容颜修复术仍然不闻不问。据说，德国人甚至在担架上为伤残士兵进行一些简单处理，只要他们能站起来，便把他们重新打发回前线。而法国人对英国和美国在容颜修复术方面的进展几乎没表现出任何兴趣。据报道，有个法国医生曾经说过这样的话："整形外科医生们走进手术室时，会觉着病人的样子很可怕；离开手术室时，会觉得他的样子很可笑。"

这样的态度滋生于错位的大男子主义，以及士兵的长相无关紧要等旧观念。正如本书此前有关护士的章节所述，只有到了适当时候，人们才会认可护士成为一种职业。整形外科无论有多好，只能虚时以待，耐心等候士兵和军队里的人们渐渐认可。19世纪的美国医生约翰·奥兰多·罗（John Orlando Roe）在容颜修复术领域曾经做过许多实验，他曾经不无辛辣地感叹说："惜哉，身体有缺陷、有残疾以及让人看起来不舒服的人们，世人和社会有意无意间总会敬而远之，使他们成了无用的过眼烟云，因而埋没了无数天才！"

在约翰·奥兰多·罗的时代，对那些由于事故、疾病、战争等导致外貌严重受损的人们，医生们通常的做法是，将他们集中到一个安全场所。这也意味着，这些受害人将从社会上"消失"，这种做法一直流传到20世纪20年代才有了改观。当时，整形外科和容颜修复术的初级技术已经在社会上有了立足之地。在20年代的十年间，人们的大部分知识来自第一次世界大战期间对数万名重伤士兵高密度的处理。当年最出众的两位整形外科医生是英国医生哈罗德·吉利斯（Harold Gillies），以及他的新西兰助手阿奇博尔德·麦金杜（Archibald Mclndoe）。战争结束后，后者到纽约的梅奥诊所进修过两年。

吉利斯和麦金杜在英国南部奥德尔肖特（Aldershot）的英国军营里磨炼了技术。1916年，索姆河战役结束后，2000多名衣衫褴褛的士兵被遣返回家，他们两人为这些士兵进行了治疗。这些士兵被社会抛弃，很快被集中关了起来。对于这种非人道的待遇，吉利斯和麦金杜感到怒不可遏，他们做了人们认为不可能的事：投入全副身心，为每位士兵进行治疗。从某种程度上说，截至1928年，他们几乎花费大量时间，每天工作18个小时，完成了对所有士兵的治疗。20世纪20年代，整形外科实际上还是全新的实验科学，所以，奥德尔肖特的团队在探索中总结出了一套规则。而那些从战场撤下来的勇敢的、被抛弃的士兵们，虽然他们的经历等同于做了一回试验用的活体天竺鼠，但在实验过程中，他们几乎是稳赚不赔。

吉利斯和麦金杜两人近乎英雄般的壮举，在医学界几乎没有激起任何涟漪。第二次世界大战爆发后，这一团队散了伙：吉利斯成了英国皇家空军整形外科顾问，麦金杜去了一家民用医院。不过，1940年的英伦之战使大约4000名空军人员遭遇了烧伤和毁容，需要进行容颜修复。两人再次抖落出无可比拟的经验，为面部和双手遭受严重创伤的飞行员、海员和普通士兵等进行了奇迹般的复原。

然而，其中一些病人的伤势过于严重，连吉利斯和麦金杜都感到束手无策。他们只好从头再来。他们制作了人造骨，将其安装到被打烂的肌肉里；他们从头皮上摘取皮肤，覆盖到纯粹人造的鼻子上；他们需要重新制作眼窝；他们需要将人造下巴骨嵌入活体下巴骨的断面上；他们还要给空洞的眼窝装上人造眼球。

有些手术可能需要持续三年，才能最终完成。典型的病人是空军十字勋章获得者、飞行长官詹姆斯·赖特（James Wright）。当他驾驶的喷火式战斗机被击落时，他的身体受到严重烧伤，以致前前后后做了64次手术，包括8次角膜移植。另外还有个年轻的病人，飞机座舱起火时，他的双手被烧成两团烂肉。麦金杜断断续续为他做了38次手术。有时候，他必须将皮肤片成邮票大小，一片片敷在病人的手指上。

与此同时，一些美国团队也开始为那些在欧洲、北非、远东等地遭受严重创伤的美国空军飞行员、陆军士兵、海军人员等试着做手术。1920年，美国整形外科学会（American Society of Plastic Surgeons）在纽约成立。正如吉利斯当年在英国从未受重视那样，美国整形外科学会的两位高手雅克·马里尼亚科（Jacques Maliniac）和古斯塔夫·奥弗里希特（Gustave Aufricht）似乎同样没受到青睐。不过，医学界慢慢开始承认，这些手术确实有神奇效果，许多军人的面部可以复原到让他们尽可能过上正常的生活。

后来的朝鲜战争为整形外科提供了纵深发展的机会。20世纪50年代中期，外科医生们取得了令人称奇的进展，他们开发出了能够再造面部和手部的新方法。例如，毁容面部缝合、小面积皮肤移植、透气性犹如真皮的表皮制作、工业化生产轻质地和高强度的人造骨骼、活动关节的再造等。这些技术曾经被人们视为革命性的进步，如今都成了很普通的常规医术。

现在，新材料可以帮助人们完成特别复杂的外科手术。精确模仿人类皮肤性能和特点的"智能整形术"，可以配上用超轻金属材料定制的骨头和软骨。计算机程序可以辅助人们深入分析如何才能更好地重塑病人的面部和手部，为整形外科手术提供专业支持。许多诸如此类的创新来自与医学毫不相干的研究领域，技术人员和医学家们却能够将其用于改进外科技术和术后护理。如此众多的现代技术、思想、方法的进步，全都来自某一网络的进步，即一个涉及技术、跨越毫不相干的诸多学科、富于创新思想的复杂网络的进步。

人类如何才能从暴力冲突中汲取教训，发生于最近的一个悲剧成了最具说服力的范例。2002年10月，在印度尼西亚巴厘岛的库塔（Kuta），恐怖分子在一家夜总会引爆了炸弹，爆炸以及随后燃起的大火使许多无辜的人遭受了烧伤和可怕的外伤。其中许多人被送到澳大利亚西部的皇家珀斯医院（Royal Perth Hospital），由皮肤移植专家费奥纳·伍兹（Fiona Woods）博士进行治疗。伍兹和他的小组成员共同开发了一种人们称为"喷雾培育皮肤细胞剂"（CellSpray）的技术，即利用病人自身的健康皮肤细胞进行治疗的技术：将病人的皮肤细胞喷到伤口上，形成一种表皮层，使其在创口上生长。到目前为止，采用这一技术进行过治疗的患者达到大约2000人。据信，世界各地另有3万多名病人可直接受益于该技术。

人们经常将容颜修复术和形象不那么光彩的美容手术混为一谈。有太多走红歌星和演员主动去挨刀子，这门科学的全新形象正是这样在公众眼里受到了玷污。更有甚者，近一时期，由于人们对搞怪的电视节目趋之若鹜，整形手术居然也成了一档娱乐大众的节目。一旦容颜修复术被人们所忽视和嘲弄，这一技术和它的本意就会渐行渐远。如今，在一个追求名人效应的社会里，媒体变本加厉地推高了公众的歇斯底里。容颜修复术究竟是干什么的，早已在人们的观念里被搅成一潭浑水。不过，说起来或许有些可笑，在很大程度上，对许多与生俱来有残疾，以及遭遇不测、罹患疾病的老百姓来说，整形外科会继续影响他们的生活。他们受益于现代容颜修复技术，而这方面的经验教训是由那些经历过20世纪两次世界大战、具有探索精神的战地外科医生们传承下来的。

5　心理治疗

对于心理负担沉重的战斗人员，战争的影响会达到什么程度？直到20世纪，仅有为数不多几个不抱偏见的人进行过探索。例如，1820年，英国在查塔姆（Chatham）设立了一家职业病理疗中心。在普法战争中，人们首次证实，战争恐惧症对人的大脑有破坏作用。在那次冲突中，德国军事历史学家弗里茨·霍尼格（Fritz Honig）上校曾经挥笔写道："好几个月以来，法国人开火的声音一直刺激着我的神经。承认这一点，我并不感到羞愧。大凡经历过此种严酷局面而能够活下来的战斗人员，很长时间都无法恢复。"

霍尼格是在探索一种定义。事实上，以上描述指的是一种精神上和肉体上的痛苦，即如今人们称为"枪炮休克症"（shell shock）的病症。又过去若干年，医学界才得以确认，这种症状是病态。霍尼格时代之后，又过了近半个世纪，甚至在第一次世界大战时期，炮弹爆炸损伤大脑的生理机制仍然是个未知数，有效的治疗方法仍然没有出世。结果可想而知，交战双方数千名患有此种疾病的人被扣上胆小鬼的恶名，为人们所不齿，有些人甚至被自己的长官枪毙了。对枪炮休克症的成因进行多年研究后，人们已然认识到，不能简单地将其当作胆小行为，或将其看作想当逃兵的人所耍的小花招。至于这种紊乱，以及其他心理创伤是否属于病态，直到20世纪40年代，一些军队领袖仍然不愿意接受，有时候，他们甚至会拒绝承认。

一个负面的、丢人的例子涉及美国四星上将乔治·巴顿（George Patton）。1943年，巴顿在塞浦路斯首都尼科西亚视察一家战地医院，其间，人们将一位士兵介绍给他。那士兵胸前别着一个病历牌，注明他患有"心理性神经焦虑症；中度/重度"。事实上，这样的表述不够精确，那人当时正患着痢疾、疟疾，还发着高烧，正处于危险期，因此，他变得有些颠三倒四。巴顿看见那牌子，顿时来了气。他问那男人，这究竟是怎么回事。那士兵稀里糊涂地答道："我觉得我快受不了了。"

突然，巴顿变得怒不可遏，他首先用手套扇了那名士兵的脸，然后揪住对方的双肩。对方趔趄了一下，开口求饶。这让巴顿更加怒不可遏，他挤开陪同的人群和医生，把那男人拖到帐篷外，将其脸朝下摔倒在地。接着，他拔出手枪，挥舞着，吼叫着，非要毙了那个胆小鬼。幸亏一个级别较高的医生赶过来，及时干预，救了那小兵一命。

同样是在1943年，巴顿本人也因为精神不稳定名声在外。尼科西亚事件发生前数周，他因为在一家野战医院诅咒一个截肢的士兵该死，已经被记了一过。他的原话是"……他对我们已经屁用没有了"。巴顿竟然如此恶劣地对待尼科西亚的伤员，事发后没过几小时，一个驻塞浦路斯的记者听说了此事。这一令人发指的故事通过全美各地的报章迅速传播开来，无可挽回地堵住了将军的升迁之路。

巴顿的经历是个绝无仅有的例子。还好，两次世界大战之间，在大部分时间里，无论是军事部门还是医学组织，两方都渐渐认识到，"精神紧张"（mental stress）是一种真实存在的、可治愈的疾病，需要人们认真对待。从第一次世界大战中那些枪炮休克症患者身上，人们渐渐悟出一些道理，因此，对战斗人员的精神稳定性，人们采取了更加开明的态度。1939—1945年，英国军队再也没有枪决过开小差者。事实上，官方已经不再用"胆小鬼"一词定性那些由于心理紊乱而无法战斗的人。

通常，患有枪炮休克症的士兵会有一系列可察觉的、可通过记录比对的症状。他们表现得颠三倒四、条理不清，情绪变化跨度之大，有时候会从极端暴力突然变得漠视一切。他们的手会发抖，他们的眼睛常常走神。20世纪以前，对战场指挥官们来说，这些反应很容易被误认为精神错乱或胆小如鼠。当时，人们认为，这样的士兵无可挽回，因此应当抛弃他们；或者，由于他们给大家丢了面子，就该抛弃他们。由于医学的发展，也因为医生们对大脑的一些功能有了新的理解，枪炮休克症的真正机理才逐渐被人们揭示出来。

枪炮休克症伤害身体的机理如下：发射物在士兵身体附近爆炸，弹片有可能将其伤害，爆炸掀起的泥土有可能将其深深掩埋。一系列事情凑巧碰在一起，就有可能伤及大脑。

炮弹爆炸时，会在炸点周围造成暂时性真空，这一真空状态会立刻被涌入的空气填满，导致这一区域的气压迅速升高。这种压力变化会对大脑周围高度敏感的肌肉纤维产生非同小可的影响，导致脑力严重衰竭。

还有一个与此迥异却不可忽视的问题，即累进经历对士兵精神状态的影响。多年来，军事分析家和医生们总是认为，战斗人员会"逐渐适应战斗"。然而，情况并非如此。如果某个士兵既参加过英王亨利五世重创法军的阿金库尔战役，又参加过针对伊拉克的第二次海湾战争或历史上其他军事冲突，军事行动带来的恐惧只会累积和持续。人类不会适应这类经历，这样的经历只会掩盖创伤，导致它们带来的痛苦不断积累。

战争导致的心理创伤具有多种形式，成因也不尽相同。在研究方面先行一步的是美军上校弗兰克·汉森（Frank Hanson）。1942年8月，为搜集数据，他自告奋勇，开赴作战前线，对战场心理创伤进行了详尽的调研，并因此得出了惊人的结论：士兵们反映出的多种心理紊乱案例，其成因仅仅是睡眠不足。基于这一发现，美军第48外科医院开展了涉及200位病人的一系列缺眠实验。结果证明，允许他们几乎不间断地熟睡36小时，30%的人可以复原；经允许连续睡眠48小时的另一拨人，70%在一周内可重返战场。

理所当然的是，缺眠仅仅是导致心理创伤的诸多因素之一。迫于强加的经历，许多陆军士兵、海军士兵、空军飞行员长期处于体力极限和脑力极限的边缘，以致他们的思维无法正常休息，进入了"关闭"状态。其他人出现心理失常，则是由于终日处在常人无法想象的极度不适中不断地执行任务，体能透支超过了极限。

第一次世界大战中,士兵们的精神状态,也即那些生活在"死亡边缘"的人们的例子,引发了后方心理学家们极大的兴趣。从前线返回的数千人,具有显而易见的心理紊乱,其深层原因究竟是什么,尤其让弗洛伊德感兴趣。在1917年出版的《精神分析引论》(*Introductory Lectures in Psychoanalysis*)中,弗洛伊德试图阐明他所认定的枪炮休克症的心理成因。他把这些症状错误地归咎于所谓的"歇斯底里反应",并且引用患有枪炮休克症的士兵为例,试图阐明"从精神到身体的令人瞠目结舌的转变"。换句话说,弗洛伊德的结论是,精神紊乱会导致明显但可治愈的身体反应。不过,对其中的机理,他始终没理出头绪。事实上,他从未真正认识其中的机理。对于枪炮休克症的成因,他更是错上加错。综上所述,他的贡献应该是:某些潜在的模式导致了这种心理反应的产生。对此,他是最早的认定者之一。

　　第一次世界大战结束未久,作为一门新兴科学,精神治疗得到了极大的普及。战前,弗洛伊德及其弟子荣格(Carl Gustav Jung)、迈耶(Adolf Meyer)、欧内斯特·琼斯(Ernest Jones),以及其他激进的骨干研究人员,已经对这种心理疾病的基本原理做过一些探索。事到如今,恰如一位历史学家所说:"或许是由于战争之惨烈容易使人受到惊吓,对于种种精神治疗的观念,已经步入现代的世俗社会愈加容易接受了。"的确,这门科学的核心原则总是被过分简单化,导致其被曲解,且概念混淆,还常常占据当年全国性报刊的版面。《星期六评论》(*Saturday Review*)曾经抱怨如下:"与新剧目、新小说一样,弗洛伊德的书成了人们餐桌上热议的话题。"

　　人们反复热议相同的话题,就会对社会逐渐产生影响。战事连绵导致大量士兵出现精神问题,让心理学家得到了前所未有的机会获得新认知,并将艰苦的战争年代获得的新认知成功地用于帮助和平时期遭遇不测的那些平民。

　　20世纪80年代,出现并形成了两个专门描述心理疾病的新名词,即"创伤后应激障碍"(post-traumatic stress disorder)和"幸存者负罪症"(survivor guilt)。这两个名词均出自战场心理学语库。不过,如今它们被用于描述和平时期遭受心理创伤的平民患者。例如,在重大灾害中遭遇许多致命伤的受害人、恐怖袭击中的幸存者、连环骗术的受害者、强奸受害人等。可悲的是,在长期遭受疾病困扰后,许多受害人因经历恐怖而显现出表征才会被确认为病态。

20世纪60年代以来,人们才渐渐认识了人类大脑极其复杂的心理复原保护机制。在社会偏见横行的年代,患有枪炮休克症的士兵们理所当然会被扣上"胆小鬼"的帽子。曾经有过严重心理创伤的人们总是被他人嗤之以鼻:"让他们滚开歇着去吧。"值得庆幸的是,如今,警察、心理医生、医疗机构等都会携起手来,对患有创伤后应激障碍或患有幸存者负罪症的病人施以援手。人们已经认识到,遭受心理创伤的患者,其症状可以得到缓解。

心理学家们从遭受心理创伤的军人们身上获得的认知,反过来推动他们在事业方面不断获得进展,而且,这也有助于具备医学常识的军事指挥官更好地认识自己的部属,有助于更好地调动患有战争心理压抑和心理创伤的人进行调整。这些变化也让广大平民获益匪浅,新的认知不仅帮助理论家们对处在极端状态下的人类行为做出更精准的诠释,而且,战争心理学家的研究结论也反过来帮助了心理创伤康复专家的实践工作。概括起来说,这些进展改善了许许多多的人的生活质量,如若不然,这些人的心理问题或许永远无法得到诊断,他们的疾病不是被忽视,就是完全受到误解。

6 医疗体系

如果没有设计完好的基础设施、全面的规划、专业的组织,无论是在战争舞台上,还是在民间事务中,基于医生们的经验和不断完善的技术而日益扩大的人类知识库仍然会毫无用武之地。

远古时期，几乎没人对士兵们在医疗救助方面的需求进行规划。国王和军事将领们常常是将散兵游勇组织成军，然后上路，完全不考虑这些人在医疗方面的需求，也不考虑部署一支健康的、能吃饱喝足的军事力量会有什么好处。战斗打起来时，伴随各个民族的唯有女祭司们的咒语；仗打输了，他们能做的唯有祈祷。

罗马人曾经富于创造性，没准儿世界上首先设立战地医院的正是他们。他们将其称为"康复站"（valetudinaria）。那东西不过是一些帐篷，只能供伤员病号躺在里边等死或自然康复。当时没有什么治疗措施。不过，他们的想法已经远远超越了时代。罗马帝国崩溃时，"康复站"的概念也随之消失。不过，在遥远的东方，那里的科学、数学、医学知识得以延续，有时还相互促进，军事医学因而得以保存下来。

如本书前文所述，医学领域的许多创新都是政府和军队最高层态度转变的结果（在现代社会，这些人之所以这样做，是迫于对公众的责任）。至于如何将军事医学组织变成高效的团队，也要看政府和军队的态度。

据说，公元9世纪，拜占庭帝国皇帝利奥六世的军队里有外科医生、简单的战地医院，更有某种形式的人群组成的急救队。当时人们将抬担架的人称作"担夫"（deputati），他们负责将伤员从战场撤下来。不过，当人们再次听说欧洲有组织起来的军事医疗单位时，地点变成了阿金考特战场，而时间也跨越了五百年。那是1415年10月，20位外科医生组成一个小分队，为英王亨利五世（Henry V）的超过3.2万人的大军服务。他们常常双臂沾满鲜血，将手探进人的腹腔，忙得不亦乐乎。

直到19世纪初期，拿破仑发动战争时，第一批战地医院才出现。法国人创造了一个新词，称之为"可移动的医院"（hopital ambulant），即如今"急救车"的原型。那时候，抬担架的人都是花钱雇来的，他们将伤员从战场抬到战地医院，然后，医生用刀子和针线处理伤口。但是，这一系统组织混乱，经费不足，而且大多数指挥官认为，该系统不合时宜。所以，直到五十年后，美国南北战争时期，以及克里米亚战争时期，受公众观念的影响，这一系统才有了实质性的改观。变化一经开始，步伐就迈得非常大。

  1861年，美国南北战争爆发初期，士兵们的命运与历史长河中历次令人痛苦的战争中参战的士兵们没什么区别。倒在战场上的士兵们的命运，全都寄托在己方同志的身上。只有少数幸运者被拖回后方，由疲惫不堪的、未经良好训练的医生们尽力救之。四年后，战争行将结束时，担架车已经投入使用。经过专门培训的专职救护人员已经上岗，他们的核心任务是，将伤员从战场撤下来。1861年，战地医院已经取代临时帐篷，而且还装备了手术台、麻药、绷带和净水。

  在克里米亚，由弗洛伦丝·南丁格尔倡导的变化更加突显了战争初期普遍存在的、饱受指责的恶劣条件。知道实情以后，英国公众深感震惊，原来，长官们是这样对待士兵的。来自英国公众的压力最终迫使军队最高层倾听他们的声音，并做出改变。

  关于军队在这些领域的进展，以及军队提高效率后取得的成果等，全都成了新闻，并且迅速传播开来。1870年和1871年，在欧洲版图上，大规模冲突狼烟四起。普法战争期间，瑞士人发明的"急救抬床"（mandil di socorro）成了日常应用，那是一种围裙做的可折叠的抬物装置，其实就是折叠担架。这项发明，以及其他看起来算得上比较明显的改善，例如，伤兵们应当被分类为急救、非急救、轻伤等，所有这些加在一起，曾经拯救了上万人的生命。

  19世纪末，西方国家军队里的医疗保障已经发展到相当完善的程度，已经超出前几代人的想象能力。1880年的一纸命令显示，一支3.6万人的英国军队配备了14家战地医院，8家固定医院，2家综合医院，战斗前线和医疗保障单位之间也建立了畅达的通信线路。此时也有了以计算预期伤亡人数为基础而做出的详尽规划，战备资源也按照需求听候调遣。

数十年后的 1917 年，欧内斯特·海明威（Ernest Hemingway）是美国红十字会的一名志愿者。在意大利，他目睹了战时的混乱和污秽，后来，在他活灵活现地描述的故事里，临时医院是破烂的帐篷，医药短缺犹如家常便饭，士兵们毫无必要地等待死亡。然而，与此前的所有冲突相比，"一战"时期医疗保障的运作水准肯定好于以往任何时期。以发动机做动力的急救车第一次投入了使用，火车则将前线和具备医疗条件的地方连接在了一起，尤其是对疾病的传染进行了有效的控制，凡此种种，各方面都有了极大的改善。

"二战"时期，每位现役士兵都会看到，为陆军、海军、空军服务的医疗保障系统已经运作起来，它们和自己家乡的医疗系统大体相似。一份解密的 1940 年的军事文件——上述 1880 年英军文件的升级版——详细描述了火车、舰船、飞机如何与经过专业培训的医疗队合作，强化以发动机做动力的急救车的效用。这份文件显示，3 家大规模战地医院被纳入了当时的专业医疗分工（这也是一项管理创新）之中。列表显示的分工如下：战地包扎所、精良的手术中心、转运站、远离战场的康复中心。

理所当然的是，管理军队医疗服务系统的新方法和好方法的应用范围远远超越了战场。军队成员从人事管理和协调伤病员治疗方面获得的经验教训源源不断地流向了民间。参与完善军队医疗系统的内外科医生返回家乡后，在民用医院启动了相同的改革计划。他们在组织和管理医疗系统改革的委员会里担任要职，发表论文，出版书籍，其影响引发了公众的兴趣，推动了医疗管理水平的提升。

然而，从军事领域得到的新想法常常需要熬过一些年头，才会在社会上产生有价值的变化。有时候，需要悲剧场面出现，才会动摇人们满足于现状的思想，才会加速改革的步伐。这样的悲剧于 20 世纪 50 年代初期在伦敦西北的哈罗区（Harrow）上演过一次。

1952 年 10 月 8 日上午 7 点 30 分，两辆燃煤机车头在伦敦哈罗威德斯通站（Harrow & Wealdstone Station）的站台里撞在了一起。数秒钟后，一列载有数百位乘客的轻轨列车以百公里时速撞上了那两辆机车头。大块的钢铁碎片飞向空中，扭曲的车厢横扫人头攒动的站台，导致了可怕的灾难。

很快，救援队和医疗队从伦敦的四面八方赶到现场。首先到达的是哈罗区地方医院派来的急救车队。几分钟后，驻扎在数英里外美国空军基地的十多辆军用救护车也闻讯赶到。两支救援队均由高素质的人员组成，他们立即投入紧张的工作，抢救伤员，从废墟中解救被困者、重伤者、死者。然而，救护车送往哈罗区地方医院的95名伤员，仅有10人存活下来。与此同时，当月刚刚在世界上首次部署空降医疗部队（部署在韩国）的美国人没有将宝贵的时间花费在运送伤员到医院的途中，虽然当时无法即刻提供完善的救助手段，他们已经有能力在灾难现场对伤员施救。令人惊异的是，得到空军医疗队救治的伤员全都活了下来。

如今，灾难发生后最初60分钟这一概念，这一性命攸关的"黄金时刻"，对任何卷入严重意外事故的人来说，都至关重要。直到第二次世界大战结束，人们才认识到这一简单的真理。不过，年轻的美国医务人员回国时，带回了来自欧洲战场的经验，而且迫不及待地将其用于创建快速移动的、经培训即能"就地拯救"伤病员性命的军事医疗单位。他们很快设立了专门传授急救技术的培训班，其经验总结自战场救护，尔后进行了改进。"空降医疗"的概念即出自这些培训班，该词原本用于形容可空投放至突发事件现场的、由受过专业培训的医疗人员组成的军事组织。不久后，由民用医院牵头，发端于美国、随之发展为遍布世界各地的快速反应医疗队发展壮大起来，以应对民间事故和突发事件。不过，虽说经过专门培训的人几乎没人会跳伞（其实也没必要这样做），"空降医疗"一词却传承下来。事实上，如今在世界各地，就其概念而言，空降医疗服务应用得相当普遍。最具说服力的范例是中国的"赤脚医生"，他们像空降医疗人员那样为偏远地区的人们提供就地医疗服务。在俄罗斯农村地区，工作性质如空降医疗的人员被称作"代医生"。

1946年，第二次世界大战结束后不足12个月，英国政府通过了一项提案，设立了"国民医疗服务体系"（National Health Service）。那是个系统工程，是一项从个人工资里自动扣除一定比例交给国家保险，然后由国家保险付费，让全体国民享受"免费"医疗的计划。那项改革的部分原因是，新成立的激进政治派别——工党——于1945年在选举中获胜，同时，刚刚过去的战争也直接导致了人们观念的转变。

从战场返回家乡的医生们全都热衷于医疗改革，一位历史学家曾经这样写道："战时医疗让医生们开了眼界，有了发言权。"支持改革的还有其他力量。1939年，"二战"爆发初期，英国的医疗系统混乱不堪，组织松散，思想不统一。于是，英国卫生部接手了那一系统，建立起一个由1500家公立医院和1000多家私立医疗机构组成的网络，它们均以空前的效率和低成本履行自己的职责。"二战"后，英国政府很快意识到，当年的应急计划比战前那种"点对点"的服务方式好得多。因此它应当成为战后医疗保障的模板。

战争不断地推动着医疗创新。有时候，创新不过是偶然；更多时候，它是某些非同寻常的人通过矢志不渝的努力终于获得的重大发现，以及终于取得的令人震惊的突破。另外，正如本书此前所述，同样引人注目的是，人们对新事物——有时会是非常极端的新事物——认可和接受的步伐是如此缓慢，实在让人气馁。

当然，在医疗保障领域，人们的态度、现存的系统，以及现行的措施等依然远不尽如人意。在英国，医疗服务体系那套方法确实独一无二，令人瞩目，可是，它也有其根本性缺陷，而且越来越难以管理。与此同时，人们常常可以看出，美国以及许多西方国家的医疗系统过于倚重经济效益。与财务报表相比，对人们健康的承诺反而掉到了第二位。

或许这样的指责是正确的。不过，如果我们想进一步证实，有时候看似缓慢的改革，实际上已经给人类带来比以往更好的现实（很大程度上得益于从战争中得到的教训），也并非什么难事。用现代医疗系统的覆盖面和复杂程度，与文艺复兴时期罗马、巴黎或伦敦的救济院相比，或者想想从前的场景：受伤的士兵被大部队甩在雨后泥泞的战场上，无助地等待着死亡的来临，即可得出这样的结论。

第二章
从古代兵器到核威慑力

在第一章里，我们认识了医疗如何从战场获取技术进步，以及人类怎样愈合遭受的创伤，而导致创伤的正是武器。在第二章里，我们将讨论武器，以及武器开发如何天翻地覆地改变了人们赖以生存的技术基础和社会基础。

这种改变确实天翻地覆。触发工业革命的一个重要原因是，人类不断地追求更为致命的武器，这对技术社会的进化至关重要。战争技术对工厂、生产线、标准化等的升级换代也至关重要。它还导致了微型化，在电子领域创造了大规模开发，计算机技术因此得以成长壮大。化工是从大规模生产炸药的需求中发展壮大的。除了前述技术进步，对发射性武器的开发催生了第一种国际化产业——军火交易——我们绝不能低估由此带来的后续的社会进步和政治进步。

有人说，火炮是人类历史上最重要的发明。为了更好地评估武器开发在技术进步方面的重要性，尤其是社会意义上的重要性，我们必须追根溯源，探索在火炮出现以前很久人类发明的一些最早的武器和装置。

1 从棒与石到弓与箭

石器时代的人用燧石、动物犄角、骨头等制作工具。并且采用相同的技术设计和制作武器，用于狩猎，并保卫自己的部落，攻击其他部落。最早的武器如下：石头等为手抛武器，被打磨锋利的骨头和燧石为弹射武器，利器和木棒为近身格斗武器。

自古以来，文明社会的进步始终与军备竞赛相伴相随。在原始社会里，军备竞赛已经初现端倪。创新行为让手头的财富有了剩余，往往导致部落间弱肉强食的战争。为得到能够到手的一切，人类会有创新的愿望。能否得到资源，凭的是运气。在非常原始的社会，各部落的实力旗鼓相当，主要原因是，石头和骨头类型的资源遍地都是。不过，随着时日的迁移，当金属首先被某些人使用，当金属还没有通过贸易传播到远方时，首先得到稀有的、宝贵的金属的部落，立刻具备了优势地位。

金属加工是人类早期的技术之一。由于金属具备多种用途——制造武器和制作工具，金属加工最终演化成了一个大型产业，成了人类早期技艺的鲜活例证。利用某一类金属，人类从中学到了知识，理所当然会将其延伸到其他金属的利用上。

一切都始于金属铜。大约公元前1万年，石器时代的人们偶然发现了铜的多种用途。含纯铜的矿层非常稀少，在多数情况下，这种金属存在于矿石中，通过提取，才可以得到纯铜。人类第一次通过提取获得纯铜的过程，经历了无数次挑战。为达到这一目的，人类学会了一些非常实用的技术。

必须同时拥有两种截然不同的技术，并将它们很好地结合在一起，才能提炼出铜。第一种是制造高温热源，一种比日常做饭用的火的温度高得多的热源。典型的篝火，其温度大约为700℃。在800℃时，铜才会稍微变软。熔化金属铜，需要1083℃的高温。只有达到这一温度，才能将铜灌注模具。第二种是去除铜矿石里的杂质。例如，蓝绿色的孔雀石含有碳酸盐，而辉铜矿石的含硫量极高。如果运气好，某种火源可以软化金属铜，使之在某种程度上具有可塑性，然后才可以用它制造非常简陋的武器。然而，若想充分发掘铜的潜力，必须开发新技术。

为获取高温，必须为火加氧，而氧必须想办法到达火的底部。例如，为了抗高温，就要有一根涂有泥坯的细管子送风。这种技术一旦开发出来，下一步必须做到将火封闭在某种原始的炉子内，以便控制热源。用这样的方法可以获得高达2000℃的热源。将铜矿石丢进这样的炉子里，金属工匠们需要做的只剩下去除铜里的氧化物了。在炼铜的第二阶段，工匠们必须减少到达矿石和火势那里的氧，以便去除氧化物中的氧。

在炼铜的最后阶段，需要使用一系列化学物质，才能去掉其中难以除掉的杂质和渣滓。人类最早的炼铜证据现存于伊朗境内的塔里伊布里斯（Tal-i-Iblis），人们在那里发现了公元前5000年的金属武器，以及精炼金属铜过程中使用的沾满残渣的陶土炉。

先人们似乎经历过反复的试验和失败，才掌握了上述制造人工制品的技术，并获得了经验和教训。这些技术随后被用于化学，给最早的金属工匠们蒙上了一层神秘的面纱。最初，控制燃烧温度的知识几乎被看作一股神秘的力量。随后，人们才逐渐认识到，那些不过是知识和技术的应用而已。其核心技术无非是造出合适的炉子，任何进入文明社会的民族都能做到那些。在提纯金属过程中诞生了炼金术，即如何利用酸和碱的比例，如何去除化合物（例如，硫酸盐和氧化物），以及如何根据需要掺入其他物质。

几乎可以肯定，同样是靠着运气，靠着反复的试验和失败，金属制造最终获得了飞跃式发展。在古代人看来，铜是一种附加值很高的商品。然而，由于它太软，制造武器的人不怎么看好它。大约七千年前，人们发现，在铜里掺入10%—15%的锡，即可得到青铜，可提高其硬度和韧度。

青铜是人类制造的第一种合金，它的发现极大地改变了武器制造业。它使工匠们能够做出各种形状的长剑和短刀。如果在金属做成的柄的外边裹上一层动物的筋腱或皮子，武器不仅更容易把握，也更容易控制。青铜像铜一样容易成型，因此人们还用它改善了箭头。此前，人们利用打磨锋利的石头和燧石制作箭头，而青铜箭头更轻，也更易成型。不仅如此，石头和燧石箭头必须绑缚到箭杆上，而采用青铜箭头，只要预先留下合适的孔，插上箭杆即可使用。

青铜也可做饰物，因此它很快取代了铜。大约在同一时期，也就是公元前5000年到公元前4000年，另外一种合金黄铜首次现身了。黄铜是铜与锌的合成物。人们发现，用黄铜制造武器虽然不如青铜，用它却可造出许多装饰品。

由于制造青铜需要锡，居住在锡矿附近的人们富裕起来。他们富裕，要么是因为他们的武器比邻居们的好，要么是因为他们会做交易。金属锡是古罗马人在古代英国（主要是在英国康沃尔郡）发现的最有用的资源之一。当时，罗马军团不再使用青铜武器，不过，罗马帝国的工匠们已然发现，锡还有其他多种用途。

对远古时代的武器制造者来说，青铜和铜既可用来做装饰品，也可用来做其他用途，铁的命运却大不相同。铁是一种既难看又没有光泽的金属。人类第一次炼出铁，是公元前1500年左右的事。对技术和社会变革而言，与青铜和铜相比，铁的到来显得更为重要。铁比青铜坚硬得多，而且存量更大。还有，虽然铁会生锈，它的用途更为广泛，并且可以制作成种类更多的武器和工具。

给铁器时代的到来确定一个日期，是一件毫无意义的事，因为，在世界各地，它的到来并不在同一时期。由于资源分配不同，需要不同，各民族最初用上铁，以及随后开发出它的多种用途，时间大不相同。然而，有关此种技术的知识——加工这种多用途的坚硬金属的能力——以极快的速度从一个地方传到了另一个地方。因为，除了在民间的多种用途，铁在军事方面的多种用途为社会带来了巨大变革，推动了社会的进步和革新。

希腊人建造了复杂的铸铁厂，造出了高质量的武器，包括形状像树叶的剑，将其命名为"塞西亚双刃短剑"（akinakes），以及弯曲的"双刃曲剑"(kopis)。铁比铜更难于提炼，熔点高达1535℃，因此需要更高超的熔炼技术，尤其在最关键的环节上，控制好入炉的氧显得尤为重要。恰如获得铜合金不过是往铜里加入其他金属，假以时日，金属工匠们早晚会得到铁合金，以满足军事领域的多用途。

　　世界上第一批利用这种技术的人是斯堪的纳维亚半岛的维京人，他们首先认识到如何将铁碳化，使之强度更高。将铁碳化，可以使得他们造出的剑比希腊人和罗马人用的剑个头更大。因此，维京武士们得以在更大范围内杀伤对方。在碳化铁的秘密从斯堪的纳维亚地区泄露出去以前，这一简单的技术优势让维京人在军事上比其他人更为强势。

　　从制造超级刀和剑的过程中获得的知识和经验，让工匠们也能造出更结实的马掌铁、更好的饭锅、更顺手和更耐用的工具。人们发明了利用金属支撑和金属箍紧的技术，极大地加固了堡垒和宫殿的墙壁。自铁被发现以来，它首先被当作制造武器的材料，随后成了各种文明社会不可或缺的材料。简而言之，铁极大地改变了人类的文明。

　　与长剑、长矛、短刀一同发展起来的还有弓箭。古希腊军队将它们发挥到了极致，《旧约》中也提到了它们。对远古时期的人们来说，制造弓箭的技术远比制造便携武器的技术复杂得多。首先，木头必须有适度的弹性。因而，弓箭从非常原始的短程武器发展成相当精准、威力巨大的武器，是一个渐进的过程。

　　随着社会的发展，木纹反向排列的复合弓取代了远古时期的简易弓。前者是一种非常复杂的武器，用多种质地不同的木头制造，在公元前约1500年投入使用。弓进化到最高阶段是大约公元1000年以后的事，那时候，人们发明了弩机。与它的祖先截然不同，弩机是一种非常致命的武器。公元前500年，它首先由中国人发明，后来被罗马人广为使用。制造弩机必须具备的技术——精确的制作方法，以及可行的机械原理、金属加工、木器加工等知识——随着罗马帝国的垮台在西方世界失传了，中世纪以后，人们才重新发现它。

罗马人使用弩机的证据来自历史学家维吉提乌斯（Vegetius）所著《罗马军制论》（De re militari）里的一段文字。那本书的献词是"献给瓦伦提尼安皇帝"，时间是公元385年。不过，在10世纪的欧洲，弩机的使用达到了巅峰，成了欧洲广为使用的武器。当时的士兵们将弩机当作"超级武器"，在当时的军备竞赛中，其发展达到了惊人的程度。它是一种令人极为恐怖的武器，在技术娴熟的弩兵手里，它可以射穿300码开外的锁子甲。它显示出一种全新的威力水准。如果敌方的来袭有弩兵参与，进攻总会被描述为"来自晴天的霹雳"。此话不假，由于弩机是一种杀伤力极强的武器，有人提议禁用它。1097年，教皇乌尔班二世（Urban Ⅱ）立法禁用弩机。四十年后，教皇伊诺森特二世（Innocent Ⅱ）召开了拉特兰大会（Lateran Council）。在会上，与会各方同意，必须禁用弩机。用它的人"会遭到诅咒和严惩"，因为它是"懦夫的武器"。从那以后不久，神圣罗马皇帝康拉德三世（Conrad Ⅲ）在他的势力范围内全面禁止了弩机的使用。

由这一全新的、致命的武器导致的上述决定（当时，几乎所有军事领袖们对这一决定采取了置若罔闻的态度）与道德特权几乎无关，有关联的反倒是对"掌权者"的威胁。如果农民手里握有这种武器，即可将全副武装的骑士置于死地。在当时那种尚武的年代，唯有上帝敕封的骑士才可杀戮。弩机极有可能成为平抑社会的撬杠，所以，掌权者很快将其看作一种威胁。

禁用弩机的所有努力均以失败告终，因为人类需要获取军事优势。这种需要比所有社会的和文化的清规戒律势力更大。无论教皇伊诺森特二世或罗马皇帝康拉德三世说得多么漂亮，威胁得多么声色俱厉，他们谁都不愿意接受单边裁军。因此，弩机在近五百年里一直享有盛名，它是最令人恐惧和最具威胁的武器之一。15世纪初以前，弩机一直坐享头把交椅。火炮的出现才改变了这一局面。

2　火炮蒸汽工业革命

说穿了，试图超越毗邻，试图获取对方最前沿的技术创新，就是某种形式的军备竞赛。而军备竞赛还有另一种形式，即双方互为抵消：你开发进攻性武器，我构筑防御性系统。这就好比一枚硬币有两面：既对立，又共存。

伴随社会的进步，防御系统的发展亦步亦趋。例如，人类设计出了堡垒和城堡，用来保卫自己的家园。这些防御系统越造越大，越造越坚固。原因是，入侵者排兵布阵用于进攻的利器发展得实在太快了。

现存人类最早的防御工事在埃及境内。过了两千年后，希腊人也试验过一些类似的防御系统。不过，他们那时的城市防御系统极易被攻陷。在希腊人的居住区和城市里，真正具有防御能力的区块是"城中城"（akropolis）。它们一般都位于城市中心，临坡而建。不过，恰如许多被湮灭的历史一样，伴随古罗马帝国的灭亡，建造这些坚固的堡垒和城堡所获得的知识也随之湮灭了。直到公元1000年，人们才再次发现它们。

建造城堡防御的反措施是建造攻城利器，希腊人也是这方面的先驱。举世公认的第一台攻城器械是公元前3世纪由阿基米德在叙拉古（Syracuse）设计的。当年，希腊人将撞门锤和抛石机发展到了极致。

前述越来越精良的进攻性武器、越来越具独创性的结构和建筑等，在历史中总是此消彼长，而人们从中总结出了许多经验教训。对进攻者而言，他们的器械必须具备操控性强、威力大、经久耐用等品质。这意味着，交付发射机械时，为了使这些器械更结实，破坏力更大，在建造和改善这些装置阶段，设计师们往往需要寻求新的途径。如本书导言所述，达·芬奇曾经被冠以军事工程师的头衔，他曾经是设计攻城器械的大师，也曾经为设计臼炮、抛石机、投石器等给出过大胆的承诺。然而,像他的许许多多其他奇思妙想一样,这些规划一直没有超越设计阶段,一直停留在他存世的手稿里。

  侵略者的另一个技艺是无止境地追求破坏性机械的性能极限。在制造发射机械领域,希腊人在抛物线数学算法的某些方面处于领先地位,他们还掌握了根据器械大小判断其威力和功率的方法。无怪乎深深痴迷于数学的希腊人当初就能成为技术精湛的大型军事装备设计师,这绝非偶然。作为第一台军用抛石机的建造师,阿基米德本人就是举世公认的数学家。

  人类从早期军备竞赛中获得的技术,在民用领域同样派上了大用场。从建筑工程中总结出的经验教训,例如,建造更结实和更耐用的承重墙的最佳方案、将巨大的石块运输并移动到位的最佳方法、建造楼层台阶的最佳构想等,所有这些,以及其他许多技术,转而成了民用建筑师们的技艺。与此类似的还有,人们在设计杠杆、滑轮、运输系统,以及可拆卸并运送至前线再组装的攻城器械等方面,同样获得了不少工程知识。这些知识也流向了许多领域,民用建筑因此获益匪浅。

  达·芬奇生活在进攻性武器和防御性系统均处于登峰造极的新时代。15世纪末,在记述他的攻城器械,进而吹嘘他能够如何如何造出投石器和抛石机时,达·芬奇还提到那个时代的最新技术成就:大炮投入了使用。

  对于大炮第一次投入使用的时间和地点,学术界一直存在争议。佛罗伦萨政府1326年的一份档案文件保存至今仍然完好无损,该文件详细记录了一次交易的付款过程,交易内容包括金属子弹、箭头、大炮等,用途为城市防御。同年,历史学家沃尔特·德·米里梅特(Walter de Milemete)为爱德华三世(Edward Ⅲ)起草了一份文件,他在文件里画了一幅插图,内容为一个骑士正在点燃一尊花瓶状的大炮。有意思的是,文件描述的发射物为"一支结实的箭"。这份文件为下述猜测提供了依据:早期的大炮不过是填满火药的炮筒,用来抛射体积庞大的箭和石头，它们或多或少类似于攻城用的抛石机。

米里梅特的插图既没有标题也没有文字说明。三十年后，第一次描述大炮使用情况的文字记载出现在一份文件里，作者在文件里描述了法王约翰二世（John Ⅱ）下令其军队向驻守诺曼底布雷特伊要塞（Breteuil）的英国军队发起进攻一事。文件的字里行间有"火焰喷涌"和"沉重的箭头"等描述，然而，作者并没有详细记述装备本身。第一次使用大炮的效果似乎有点自相矛盾：法国军队夺得了要塞，然而，在战斗过程中，要塞本身被彻底烧毁了。

早期的大炮不仅对遭受攻击的一方十分危险，对使用大炮的一方来说同样危险。在制造火药过程中，调和各种原材料必须精准，一丁点儿火星即会引来致命的恶果。大炮本身经常爆裂和回火，点火时也经常发生爆炸。1460年，在罗克斯堡（Roxburgh）围城战中，苏格兰国王詹姆斯二世（James Ⅱ）即命丧炮身爆炸。炮手是军队中死亡率最高的兵种之一。甚至在并不遥远的1844年，美国国务卿阿贝尔·厄普舍（Abel Upshur）在参观"普林斯顿号"战舰时，就因为炮身爆炸而死于非命。

尽管大炮总会让人联想到种种不足，它仍然被认作战争中令人胆寒的器械。意大利历史学家马基雅维利在其所著的《君主论》（The Prince）一书里这样描述道：1494年，法国人入侵意大利期间，许多城市都是由手里"捏着一截粉笔"的士兵攻陷的。这种说法的释义为：只要某位法国军官在某要塞大门上做个标记，以此宣示这里将要成为国王炮火的下一个轰击目标，出于恐惧，守军便会投降。

在某个历史时期，火炮就是核武器。只要稍微提起它，即可产生足够的威慑力。自从人类将其引入社会，将其用于战场，在那一时期的政治斗争中，它一直扮演着关键角色，影响着各个国家的政治动向。然而，与其说它对军人的影响意义重大，莫如说它在推动技术进步方面的意义更深远。可以毫不夸张地说，如果没有火炮，工业革命和蒸汽机时代极有可能迟到好多年。

最早的火炮是用木头制作的。当然，这既不可靠又很危险。很快，人们开始用金属条和金属带加固炮筒，可惜这些都远不尽如人意。人们很快认识到，若想让火炮用起来安全，经得起军事行动的考验，炮身必须整体用金属制造。所以，正如早期青铜时代那些武器工匠们有赖于稳定的金属供给一样，16世纪初期，武器设计师和工程师们同样有赖于大量的金属供给。

在整个欧洲，铁被用于制造大炮。可是在英国，亨利八世（Henry Ⅷ）的军队更喜欢用青铜制造大炮。无论用哪种金属，利用金属本身便意味着开采和冶炼。欧洲人到处搜刮铁矿，在英国，人们则忙于开采铜矿石和锡矿石。那时候，建立工厂，提纯金属，主要用于满足军事需求。焦炭的发现（通过加热煤，使其中的挥发成分逃逸，即可得到焦炭）提高了工厂的效率，金属产量得到了迅速提升。

世界上第一个意识到焦炭潜能的人是英国人亚伯拉罕·达比（Abraham Darby）。早在1709年，他已经建造出第一个焦炭炉。可惜他的炉子效率不怎么样，因而他的努力几乎被世人完全忽视。的确，仅仅由于不够经济，达比的设想在黑暗中沉睡了近半个世纪。1783年，另一位英国发明家亨利·科特（Henry Cort）终于造出了名为"焦炭反射炉"（coke-fired reverberatory furnace）的炉子，焦炭炼铁才开始大行其道。设计和建造一个原型炉后，科特成功地生产出一些全尺寸的炉子，然后借助商业手段向英国政府推销其方法。他让政府官员们相信，采用他的设备生产大炮，会比采用传统生产方式便宜许多。

科特在焦炭反射炉设计方面的成功，加快了改革和大面积应用各种新炉子的步伐。英格兰北部荒无人烟的地区以及苏格兰和威尔士的偏远地区，全都成了制造炉子的区域，新兴城市围绕着这些地区繁荣起来。随着工业革命的进展，提炼和提纯金属，使其成为初级产品，这种新兴产业在制造炉子的区域出现了。

这一切的发生全都基于如下事实，产业先驱和金融先驱敢于冒险兴建规模庞大的产业链,不过是因为他们拿到了政府合同,向军队供给制造大炮的金属。据估算,1793—1815年,拿破仑的一系列战争在欧洲各国间如火如荼进行时,英国各工厂生产的铁,一半以上都用于制造大炮了。对此,美国历史学家威廉·麦克尼尔记述如下:

> 从1793年到1815年,英国炼铁厂和铸造厂的产量无论是分别计算还是合起来计算,都是根据政府为谋划战争制定的开销决定的。尤其需要指出的是,政府的需求催生了制铁业的早熟,使铁产量远超和平时期的需求。不过这也强烈刺激着铁厂老板为其产品开发新用途,为其未来的增长创造条件,因为大规模新建的制铁炉生产出了廉价的产品。

钢的大规模生产和步入良性循环与铁的经历如出一辙,都源于战争。公元前3世纪,武器工匠们已经知悉,往熔化的铁里适量加入一点点碳,即可生产出钢。这种产品比铁坚硬得多,也有用得多。然而,制造钢并非易事,生产过程中需要付出的成本令人生畏。传统的技术为,焦炭、铁、砂(碳的来源)分层码放,然后加热,不过这样做产量极小。

然而,由于人们将钢视为珍品,尽管生产过程昂贵,又是劳动密集型产业,还是有人生产它。13世纪,人们用弩机钢强化弩机的压杆。不过,由于这么做极大地增加了制作弩机的成本,弩机的产量历来都很小。

克里米亚战争结束后不久,包括英国的发明家和军事计划制订者在内,人们开始充分意识到,为开发武器从事技术创新,潜力巨大。因此,英国专利局源源不断地收到了各种发明申请。那一时期,最聪明和工作最勤奋的人屈指可数,其中之一是亨利·贝希默(Henry Bessemer)。关于贝希默的设计,其他暂且不提,必须提到的包括:从甘蔗里榨汁的机器、制造玻璃板的炉子,以及为矿井送风的机器。1854年，克里米亚战争爆发初期，他开发出一种比常规炮弹飞得更远、爆炸力更大的新型臼炮炮弹。当年10月，他带着自己的发明去了战争部，可惜他的想法不招人待见。一个月后，仍然游离于失望中的贝希默在巴黎的某次晚餐上偶遇一位法国长官，向他提起了此事。令贝希默惊喜的是，事后不久，他不仅收到了肯定的答复，对他提出的开发经费，法国方面也给出了承诺。

返回英国后，贝希默拼命工作，以便完善新炮弹的设计，不过，他很快遇到一个无法逾越的障碍。神速而又便宜地（这是制造军火的两个至关重要的门槛）制造臼炮炮弹对他并非难事，然而他意识到，他的炮弹发射时的威力超过那个年代传统臼炮的承受力。贝希默没有退缩，他很快从制造环节发现，问题出在铁制臼炮的炮筒上。他当然清楚，钢的强度没有问题，然而，其代价令人望而却步。唯一的出路是，寻找生产廉价钢的方法。

据传，某一天，贝希默卧病不起之际，生产廉价钢的方法冷不丁地闯进他的脑海。熔炼铁的传统方法为风从侧面送入炼铁炉内。贝希默当时推想，如果将风从炉底送进去，铁会被加热到更高的温度，生产钢即变得非常合算（从侧面送风，炉内材料的结块没有规律，因此出钢的流程常常被阻断）。

贝希默的第一个炼钢炉建在位于伦敦的巴克斯特宅第（Baxter House）。炉子为4英尺高的圆柱体，炉底有水平排列成环状的6根送风管。第一次试验时，炉子里装了大约300公斤生铁，空气压力为每平方英寸20磅。贝希默的试验记录如下："前10分钟平安无事，随后出现了一系列中等程度的爆炸，将炉渣和铁块高高抛向空中，整个装置变得像个处于活动期的火山。没人能靠近转炉，以便终止爆炸。烧红的物质像雨点般落下，转炉附近一些低矮的涂了锌的房顶岌岌可危，眼看就要着火了。"

后续试验越来越成功。到1856年，贝希默设计的炉子已经能生产出价格适宜的高等级钢。接下来的十四年，通过这套系统，他积累的个人财富达到了100万英镑。1879年,他被授予骑士头衔。

这些技术创新给人类带来了光明的前景。可是,若想让熔炉为工业提供金属,必须将原料提纯,进行精炼。所以,最初阶段,采矿业必须拼命努力,才能跟得上进度。由于社会对金属需求的增长,为达到收益最大化,矿井越挖越深。由于地下水常常涌入,正在开采的矿井用不了多久便会报废。不仅如此,随着矿井纵深的增加,矿工们的呼吸越来越困难,将矿石提升到地面的时间也越来越长。

17世纪的英国作家和社会评论家西莉亚·法因斯(Celia Fiennes)曾经遍游欧洲,并详细记述了她的冒险经历。她游历过英国西部,生动地记述了人们为得到制造火炮的金属而进行采矿的场景,以及采矿公司当时面临的技术难题。以下是她1695年在英国康沃尔郡雷德鲁斯(Redruth)地区的所见所闻:"……有100座矿,有些仍在开采,其他则因地下水漫顶关停了。"关于矿工,她是这样描述的:"为保证及时排走矿井里的水,矿工们星期天也不休息。在20座矿上,抽水的男人和男孩加在一起有1000人。"

矿井如何向纵深开采,矿藏如何物尽其用,以满足不断增长的军事需求带来的压力,在辉煌的两个世纪里,这一问题长期困扰着全欧洲工程师们的思想。欧洲大国尤以英国和法国为主要代表,在大国都忙于建设强大帝国的年代,这一难题总是以这样或那样的形式存在。整日忙于以更快速度提炼更多金属的人们绝对没有想到,这一难题的解决,依靠的竟然是蒸汽机的发明,与它同时到来的竟然是技术上的新纪元。

出现在采矿领域的几项发明,让矿工的日子逐渐开始好过一些,同时也提高了生产效率。由于对水泵有需求,便有人进行了一系列实验,因此,17世纪最初十年,人们发现了真空的存在。1654年,一个名叫奥托·冯·居里克(Otto von Guericke)的德国工程师创造了第一台真空泵。生活在德国的法国胡格诺教流亡者德尼·帕潘(Denis Papin)将居里克的原理推而广之,他制造了一个有活塞的圆柱体，活塞由圆柱体底部烧开的水产生的蒸汽推动。水冷却后，活塞被它下边的真空拉动，折返并缩回原位，由此产生的"力"通过滑轮传导，用于提升重物。

相比后来用于采矿的蒸汽机和简单的水泵，帕潘的发明离实用还有相当的距离。然而，它为英国人托马斯·萨弗里（Thomas Savery）建造实用的蒸汽驱动装置打下了坚实的基础。萨弗里的机器由一套真空管道构成，其工作原理与帕潘的模型机相仿：将水烧开，蒸汽会推动一节实体移动，水会随着由此产生的真空涌入。这一工作原理和"以蒸汽为动力的真空吸尘器"一致。萨弗里的装置受到矿主们的青睐，自 1695 年发明以来，人们使用它近一个世纪之久。人们将其称为"矿工之友"，它产生的动力高达 20 马力，直到 18 世纪中叶，仍有 150 家采矿场在继续使用。

"矿工之友"被广泛采用，在英国尤为普遍，虽然如此，更多工程师和发明家依然没有放弃寻找蒸汽的其他用途，以便发挥其巨大的潜能。最成功的发明家之一是英国德文郡的一位五金商人，他名叫托马斯·纽科门（Thomas Newcomen）。纽科门生于 1663 年，此时 30 岁出头，在金属和采矿方面，他已经是一位饱学之士，并且立志改革萨弗里的机器。1705 年前后，他和管道工约翰·加利（John Galley）成了合伙人，两人建造了一台巨大的以蒸汽驱动的机器。这台机器与萨弗里的机器有所不同，它的主要结构是一个圆柱体和一个活塞。蒸汽从一个巨大的紧邻泵房的蜂窝状结构穿过，然后被导入圆柱体，而圆柱体的顶部密封着一层冷水。

然而，纽科门的第一台泵效率极其低下，动力仅为萨弗里的机器的一小部分。更令人不安的是，由于接缝处的焊接材料质量低下，蒸汽可将其熔化，机器的各个接头极易漏气。自实验伊始，纽科门和加利的系统几乎没取得什么进展。随后发生的一次偶然事故让纽科门得出了惊人的结论。对于那次事故，他的记录如下：

由于封堵砂眼的一处焊锡被蒸汽熔化，冷水刚刚注入裹在圆柱体周围的铅皮夹层，便通过砂眼渗漏到圆柱体内部。在压力下，进入圆柱体的冷水使蒸汽迅速收缩，造成巨大的真空，导致水泵中承受冷水重量的一根小拉杆承受不起拉力，压缩空气产生的巨大冲力将活塞链拉断，活塞撞开了圆柱体底部，将小锅炉的顶部击碎，导致开水四处横流。这使我们确信，我们终于发现了无可匹敌的巨大动力。

纽科门充分享受了这一发现的潜力，立即着手建造了一个新系统，以便利用冲击活塞造成事故的机制。每当蒸汽在圆柱体内蓄积起足够动力时，一股冷水被喷射进去，圆柱体内的活塞即可上下运动。活塞连接着一个拉杆，因此活塞提供的动力可以被用来抽出矿井里的水，也可推动风箱，往竖井里输送新鲜空气。

纽科门的设备效率并不是很高。不过，这并不妨碍它在商业上获得巨大成功，并且，它使采矿业获得了新生。人们造出了体积更大和动力更大的纽科门机器，使竖井向更深的纵深延伸下去。开采的金属被军方用于制造更多大炮和枪支。具有讽刺意味的是，恰恰是军火制造商们促成了蒸汽技术的下一次飞跃，是他们帮着造出了效率更高的蒸汽机，使之超出水泵之外，进入更为广阔的应用领域。

正如人们误以为牛顿通过苹果发现了万有引力，爱因斯坦通过列举行驶的火车和闪电解析了相对论一样，詹姆斯·瓦特（James Watt）通过观察开水壶发明蒸汽机的故事同样过分简单化，而且经不起推敲。因为，故事几乎完全回避了引领瓦特从事革命性工作，勇攀科学和工程思想高峰的缓慢而深思熟虑的进程。

纽科门在英国斯塔福德郡的某座矿井口安装第一台机器大约五十年后，1763年的一天，詹姆斯·瓦特按照吩咐去修理一台纽科门模型机。时年27岁的瓦特是英国格拉斯哥大学的设备制作员和设备养护总管。此前，他一直没把那台设备放在眼里。将模型拆解完后，瓦特当即发现，这套设备的效率如此低下，运行速度如此缓慢。他当场认定，如果让蒸汽在圆柱体和活塞旁边的另一个汽室里冷凝，效率会变得更高。在制作并完成一台试验模型的基础上，瓦特进而开始建造世界上第一台庞大的、能够实际使用的蒸汽机。

上述事实说明，后人对瓦特无比慷慨，实在有失公允。纽科门被世人铭记，只是因为他在控制蒸汽方面做出过重大贡献，然而他远没有瓦特那么出名。全世界每个上过学的孩子都知道瓦特的名字。这都是因为，瓦特碰巧接手了一个受到严重制约、效率极其低下的装置，随后将其整合为一台超级机器——一台能够产生巨大动力的发动机，其动力之大可以拉动一列火车，可以发动一场工业革命。他之所以成功，是由于两项重大的改善。第一项为他设计了分体式汽室，以便冷却蒸汽；第二项同样重要：圆柱体内的活塞必须严丝合缝，这一改进极大地提高了这套设备输出的动力。

这两项修正全都来自对纽科门的装置进行的重新思考。第一项修正可以通过对装置组件进行重新组合而完成，或多或少还算是一种新设计。不过说到第二项修正，最多也就是让工匠去做出精细合适的部件。当年瓦特真是鸿运当头，碰巧与武器制造商进行了合作，后者正在四处寻找制造机器部件的好方法。

18世纪前期，工程师们付出了艰辛的努力，试图改善大炮的设计，可惜收效甚微。一个名叫让·马里兹（Jean Maritz）的瑞士工程师和枪械前辈首先对制造大炮的方法提出了质疑。按照传统方法，制造大炮需要将铁进行翻砂处理（在英国，多数情况下需要将青铜翻砂处理），而成型需要用到模具。然而，通过这种加工方式生产的炮筒远不能令人满意，因为模具本身的加工精度就不够高。马里兹确信，绝大多数曾经发生过的灾难性炮体爆炸，可由这种缺陷得到解释。

马里兹放弃了翻砂工序，转而采用实心圆柱铁，通过钻孔方式打通一个炮筒。1720—1740年，他先后试验了各种各样的设计，他的儿子（与他同名同姓）子承父业，将父亲的工作延续到 18 世纪 50 年代。可惜父子二人始终未能造出既耐用又精确的钻孔机，因而无法生产出好于以翻砂工序制造的大炮。

时间移至 1773 年，法国政府成立了一个委员会，调查大炮的炮筒何以在战斗中发生如此多的爆炸，以便找到出路，改善设计，提高其可靠性。一个名叫马钱特·霍利埃尔（Marchant de la Houliere）的法国军官临危受命，重新审视了马里兹的加工方法。霍利埃尔的结论是，前人采用的方法美中不足，原因是钻孔设备不合要求。因此，他开发出一种通过导轨移动的精度非常高的切削头，可以将圆柱状的铁钻出一个笔直而光滑的孔，作为炮筒。

在上述方法发明当年，霍利埃尔带着他的创新去了英格兰，落脚在英国什罗普郡的考布鲁克戴尔镇（Coalbrookdale）。这一小镇正是由于铸造业才闻名于世的。霍利埃尔在那里遇到了认识詹姆斯·瓦特的工程师约翰·威尔金森（John Wilkinson）和威廉·威尔金森（William Wilkinson）。霍利埃尔的炮筒钻孔机正是瓦特求之不得的，正好可以用来大规模生产严丝合缝的活塞和圆筒，以便充分利用蒸汽机产生的动力。

经过三年努力，霍利埃尔使瓦特的第一台蒸汽机在一家煤矿正式投入使用。数年后，1782 年，瓦特造出了第一台往复式蒸汽机。这台机器输出的动力更为强大。18 世纪即将结束时，英国已经拥有 500 台往复式蒸汽机，在其境内的工厂和矿山投入使用。现代技术时代终于来临了。

3 攻防技术发展历程

当大炮在使用中变得更为安全，制造时变得更加便宜，因而也更为寻常时，作为对抗炮火的要塞和城堡，从设计方面说，必须跟上节奏的变化。自欧洲第一个城堡破土动工，到达·芬奇和马基雅维利的年代，其间跨越了五百年，从外表看，城堡越来越宏伟。15世纪初，城堡都有高耸的外墙，以抗御投石器、飞矢和其他攻城利器。城堡的围墙上还有城垛，以保卫守城的弓箭手，多数外墙由大块的石材堆砌而成。

在火炮发展的初期阶段，城堡在设计方面几乎没发生什么变化。如果非要找出什么变化，无非是外墙加高了些。人们相信，这有利于防御。然而，在现实中，这种简单的修改只能让敌方炮火更容易命中目标。16世纪20年代，冶金领域出现的新技术，以及炸药质量的提高，极大地提高了大炮的射击精度和效率，彻底击碎了城堡坚不可摧的神话。这转而促使人们在设计要塞和城堡方面彻底改变了态度。

保卫城堡免遭炮火摧毁，最简单的方法为，给塔楼和外墙增加土层。土层可以部分地吸收发射物的能量。然而，这种防御手段无法让人完全满意。它样子丑陋，代价高昂，建造它还耗费时日。因此，在设计方面，建筑师们被迫进行了根本性的改变。首先，人们取消了外墙垛口，外墙高度也被削低了。其次，外墙的基础部分成了斜坡状，以增加发射物的反弹力度，降低它的破坏力。最后，新城堡采用砖头砌墙，以取代加工成型的石材，因为砖头能更好地吸收炮弹的能量。即便如此，新设计的大炮仍然能一炮轰塌整座塔楼，或击穿一面城墙，导致数十个守卫者在建筑物倒塌的过程中一命归西。不久后，人们认识到，必须对设计进行大规模改造，人们赖以生存的城堡才能保护自己。

在城堡的设计策略方面，第一步实质性变化是，在城堡主墙外构筑一道防御屏障，在屏障外开挖一道深沟。这样设计城堡，等于多了一道防御。另外，这也意味着，假设来犯者攻破了外墙，倒塌的建筑会掉进深沟，阻滞来犯者的攻势，以便防御者调集炮火实施反击。

人们发掘出中世纪之前已然消失的一些古代设计思想，受其启发，城堡设计方案随后发生了翻天覆地的变化，其结果是，攻守双方的实力恢复了平衡。这些设计理念来自古希腊和古罗马的文献，15世纪末期，由意大利学者们翻译和整理出来。这些设计理念让建筑师和工程师们摒弃成见，重新思考防御工事究竟应当如何构建。

随着古代设计思想的复活，对比16世纪上半叶新建的城堡与火炮出现前建造的高墙环绕的宏伟城堡，两者几乎没有相似之处，多数新城堡的内部建筑低于外层围墙。这意味着，来犯者必须让炮弹翻过围墙，才能毁坏城堡内部。不过，最重要的变化体现在城堡塔楼的设计方面。

众所周知，传统城堡设计存在着一个缺陷，紧贴外墙和塔楼的下方存在视觉盲区。从高高在上的墙垛子往下看，完全看不见潜伏在下方的来犯者。进攻方可在高墙的墙脚打洞，深入城堡内部，发动突然袭击，或者在城堡底下埋藏炸药。进攻方还可在这样的死角设置炮位，毫无顾忌地向围墙内开火。

新设计包括延伸到围墙以外的塔楼和棱堡，它们延伸到环绕城堡的壕沟边缘。这些塔楼都是延伸在外的，并且有个大斜坡。因此，守卫者只要站在高墙垛旁边，即可随心所欲地看到以前看不见的视觉盲区。架在墙垛上的大炮还可掉转炮口，向围墙外侧开炮，让来犯者无处藏身。

在数十年时间里，这种新的设计理念渐渐发展成熟起来。最典型的范例是位于佛罗伦萨的达巴索城堡（Fortezza da Basso），它于1533年建成，它的设计者是意大利建筑师安东尼奥·达·圣加洛（Antonio da Sangallo）。这座城堡包括布局复杂的棱堡，守卫者因此可以看到外墙的每个角落。当年人们曾认为，这座城堡称得上固若金汤。

虽然上述革新导致一批宏伟壮丽的城堡横空出世，阻止了装备火炮的进犯者随心所欲的行动，但它们的普及却十分缓慢。原因之一是，建造这种城堡工程浩大；另外，城堡无论是翻建还是新建，代价都非常高昂。1440年，即达巴索城堡建成之前近一个世纪，意大利建筑师利昂·巴蒂斯塔·阿尔贝蒂——他的思想远远超越了他那个时代——曾经挥笔写道："如果你有幸回顾历史上曾经发生过的各种远征，或许会发现，多数胜利的取得，依靠的是建筑师们的技术和艺术，而非将军们的谋略和财富。敌我双方兵戎相见，制胜法宝往往是建筑师的智慧第一，长官的军队次之，而非长官的军队第一，建筑师的智慧次之。"

公平地说，在火炮和城堡的军备竞赛中，建筑师的智慧（如果我们将阿尔贝蒂的说法扩大一点，将测量员、设计师、建筑师、数学家等也包括进来）得到了极大的提升。16世纪，一位观察家威廉·西格（William Segar）爵士曾经这样写道："无法想象的是，没有知识的人怎么会有能力调遣和部署正处于行军和驻扎过程中的大军，没有数学家，怎能进行战斗？"这一论述可谓一针见血，因为，自古以来，数学家一直在军事变革中扮演至关重要的角色。同时，他们反过来将战争中总结的教训回馈到了民用领域。随着火炮应用领域的扩大，这一进程被无限放大了。

如何正确地使用火炮，并非看起来那么简单。大炮和弹药价格不菲，运输困难，炮手们因而需要看到期望的结果。在火炮投入使用的初期，打击敌人靶点的最佳方法是试射并校准。为了提高射击精度和打击力度，数学家应召去找出解决问题的方法。

事实上，自测量学诞生以来，测量角度和高度的标准具几乎没有改变过。天象仪由埃及人最先使用，9世纪时，阿拉伯人将其完善了。这种仪器的主要用途是观测天象，用于测量太阳、行星、恒星等的仰角。如果用其丈量建筑物的高度，只要站在一定距离外，借助一个十字结构即可。这一方法是法国数学家莱维·本·格尔森（Levi ben Gerson）引入欧洲的。他翻译了一部阿拉伯著作，其中包括一大堆很久以来被人们遗忘的数学难题。

不过，炮手们面临的棘手问题是如何确定射程，即大炮到目标之间的准确距离。16世纪30年代，这一问题由荷兰天文学家杰格马·弗里修斯（Gemma Frisius）解决了。当时，他是比利时鲁汶大学（Louvain University）的数学教授。他的步骤极为简单，不过是将上述天象仪放倒而已，由此他还创立了三角学。

为测得大炮与目标之间的距离，炮手的助手需要在火炮西边相应地点设置好弗里修斯的仪器，向北测量事先设定的目标的夹角，然后在火炮东边对应地点重复前述过程。通过计算两个夹角和底线（方位角）的长度，即可在目标点画出两条相交的三角形边线。从目标点到火炮在底线的位置拉一条直线，即可轻易计算出两点之间的距离。将上述繁杂过程简化为一台手持装置的人，是英国测量和军工专家伦纳德·迪格斯（Leonard Digges）。1571年，他造出了经纬仪。如今，测量员们仍然使用这种仪器。在跟踪定位领域，人们仍然广为使用三角测量技术。它也是全球定位系统、现代交通路网、全球监测系统等数学运算模式的核心。不同的是，如今在轨道上运行的两颗保持相应距离的人造卫星取代了当年那位炮手的助手。

遥想当年，抛射武器不过是一些简易的攻城机械，外加长矛、弓箭等，攻城器械操作手或弓箭手根本没必要分析弹道。他们依靠本能和经验即可完成任务。由于火炮可以从非常遥远的距离发射，为使炮弹击中目标，就必须进行精确计算。所以，伴随火炮的发明，一门崭新的学科，弹道学诞生了。达·芬奇曾经进行过一系列试验，探索炮弹在空气中的运行方式，以及影响它们运行的一些力。作为切萨雷·博尔贾的首席军事工程师，他的研究为他的工作增色不少，他画的许多草图如今仍然留存在他的传世手迹中。

随后不久，17世纪初的某个时间段，伽利略曾经在威尼斯军械厂（Venice Arsenal）担任顾问。他也曾经投入大量精力和体力，以建立某种理论，解释炮弹的飞行原理。他勾勒出了早期的微积分模式。后来的一代人，英国的牛顿和德国的莱布尼茨分别将其完善了。瑞士数学家莱昂纳德·欧拉（Leonard Euler）、英国哲学家弗朗西斯·培根（Francis Bacon）、英国数学家约翰·沃利斯（John Wallis）均对弹道数学做过深入研究，并就此写过大量研究报告。

不过，基于弹道研究的最重要的论述是1742年出版的《火炮技术新原理》（*New Principles of Gunnery*），作者是英国数学家和工程师本杰明·罗宾斯（Benjamin Robins）。这项成果的发表晚于牛顿和莱布尼茨的时代。《火炮技术新原理》成了这一学科的标准，因为它源自对火炮性能的第一手研究，以及对数学原理的精深理解。两百年后，德国的火箭设计师用V-1和V-2型火箭瞄准伦敦时，仍然需要依靠罗宾斯的数学解析方法确定目标。20世纪60年代，美国国家航空航天局（NASA）的工程师们在规划奔月征途时，采用的仍然是罗宾斯当年量化和记录的、应用于18世纪欧洲战场的同一理念和技术。

4　规模化生产的鼻祖

随着火炮的演进，以及防御火炮的措施变得越来越复杂，出现了一种世人广为采用的弹道武器——手枪。枪最早出现于什么年代，人们一直存有争议。据信，早在一千三百年前，中国人已经在使用枪了，至少那一时期留存下来的手稿里有使用枪支的插图。不过，在中国以外，这些事并不为人所知。直到14世纪初期，阿拉伯人将造枪的方法和使用火药的方法传入欧洲，西方才知道，世界上还有这样的东西。

对于枪，人们最初持有强烈的抵触情绪。人们在弓箭技术方面已经投入很多，保守的指挥官们（他们构成了军队上层的多数）对变革有一种本能的抵触。令人讶异的是，从1617年到1850年，将近两个半世纪内，英国专利局仅仅录入了不到300个与手枪有关的技术专利。然而，从1850年到1860年，不足十年间，枪械技术迅猛发展，有超过600个与火器有关的专利得到批准。

欧洲人将最早的手枪称为"筒子"。事实上，它们真的只是一些筒子。将精心称过重量的枪药填进筒子里，借助引爆的枪药，即可将塞进去的箭头或石头打出去。理所当然的是，当时的枪极不准确，用起来也特别危险。在初始阶段，尽管枪械显露出诸多不足，人们非常清楚，手枪终将成为重要的和万能的武器。与弓箭手相比，枪手不必掌握什么技术，也不必经过什么培训，就能具备足够的杀伤力。当年，能够击穿全副盔甲的武器，除了弩，唯有利用枪械发射的箭头或石头。如果运气好，业余射手在30码开外即可一枪让骑士毙命。

中世纪，弩机重新崛起，这已经让骑士制度和尚武传统处于风雨飘摇中，而枪械成了举足轻重的最后一根稻草。更为重要的是，枪械相对便宜，容易制造，它的发明和投入使用使军队的组织结构发生了天翻地覆的变化。在枪械到来前，权力一般掌握在少数人手里，他们的力量来自拥有特殊装备的军队，例如，拥有大炮，拥有精良的武器，以及身披坚甲、骑着战马的骑士。而枪械的到来，让军队的成败维系在由士兵数量多寡构成的实力上。未经认真训练的农民，只要装备了枪械，并且数量占优，即可轻易击溃经过最严格训练的骑士、长矛兵、弓箭手组成的大军。

与豢养骑士相比，将农民或农夫变成士兵更便宜。前者需要马匹、盔甲、武器，后者简单到给枪即可。不过，枪械（与长枪短剑相同）也有劣势，其中之一是，每支枪的制造必须由一名工匠完成。这意味着，枪与枪之间多少有点不同，每支枪会有自己的特性。从某种程度上说，枪支掌握在不同士兵手里，会因为持枪人不同而表现出不可预料的特性。同时也意味着，枪的零部件不可互换。更为重要的是，必须有一大批工人和匠人，才能制造出足够数量的武器，以装备军队。

对于这些劣势，枪械的鼓吹者们希望人们给予更大的宽容。他们清楚，必须找到一种方法，以便既迅速又便宜地大量制造枪支。还有，他们也知道，造枪必须采取统一制式。换一种说法即是，枪支必须标准化。若采用标准化方法制造枪支，也就意味着，已然积累起来的让士兵们疑惑不解的事（许多士兵已然对枪械有了成见）便会减少，训练士兵们使用这种武器也会变得更容易、更有效。最后一点是，如果枪械是标准化的，枪支的部件即可互换，修理受损部件就会变得相对容易。对于多数情况下总会感到手头拮据的统治者们而言，前述这些听起来都很划算。简言之，枪支必须大规模制造。

古代社会的人们曾经尝试过某种规模化的生产模式。公元前1400年，在埃及，制造战车的人曾经采用轮毂式车轮。与传统全木车轮相比，这种轮子更轻，也更结实。这种轮子由一大批匠人共同制造，每个参与其中的成员仅仅负责制造过程的某个环节。公元前200年，在中国，弩机是以万为单位制造的，采用的也是快速的生产线方式，线上的每位工匠仅仅负责这一复杂制造过程的一小部分。在古希腊，人们大规模制造雕像，以供出口。据信，当时采用的是类似于缩放仪的原始方法，切削者使用一种联动装置复制原始模型。

不幸的是，中世纪时期，上述技术在欧洲似乎已经销声匿迹。直到文艺复兴时期，通过翻译一些古代文献，意大利学者们才使这些技术重新登上舞台。16世纪，在法国，火炮制造者们首先将人们已然遗忘的某些希腊技术和中国技术引入其"工厂"。不过，人们虽然很快掌握了标准化原理，但在相当长的一段时期，这一原理从未超越如下理念：大规模制造的弹药只能用于某种大炮。

采用某种先进的工厂系统或某种规模化生产方式制造成千上万支枪械的情况并未出现，因为人们尚未掌握以特定速度复制单一产品的技术。必须拥有特殊的切削工具、车床、可靠的传动装置、精密的测量仪器等，才能造出依样执行制造任务的机器。这意味着，机械化生产线还要等待，静观技术的成熟，静观欧美两地具有创新精神的工程师以及设计师的理论能够付诸实践。

让制造业向工厂生产线方向进化，一个最重要的步骤来自英国人亨利·莫兹利（Henry Maudslay）的创新想法。当时他在伦敦伍尔维奇皇家兵工厂（Woolwich Royal Arsenal）工作。1800年，他开发出一种全新形态的车床。首先他按照比例造出了模型，还为它起了个名字，叫作"婴儿车"。

莫兹利制造出第一台体形庞大的车床时，他和法国移民、保皇党人马克·伊桑巴尔·布吕内尔（Marc Isambard Brunel）成了朋友。后者游遍美国后，最终定居在伦敦。布吕内尔手里握有英国海军的一份利润可观的合同，制造船用卡座——固定滑轮的配套卡座，而滑轮是用于控制船帆缆绳的。1800年，生产线上的每条船至少需要装配2000个卡座。那个年代之前，这样的卡座需要小心翼翼地手工打造。由此不难理解，这些卡座的交货期总会出问题，因而常常导致造船进度缓慢，下水滞后。

对于莫兹利的车床，布吕内尔一眼就看出了它的价值所在。他还意识到，用莫兹利的装置制造卡座，速度会非常快。他们两人花费六年时间改进设备，到1808年，他们位于朴次茅斯的卡座作坊成了世界上第一个规模化生产单位，或称"工厂"。他们在世界上首次实现了雇用10位非技术人员，每年制造13万件船用卡座这一现实。

这一飞跃的到来正当其时，因为那时候工业革命正处于遍地开花的阶段，它原本可以让英国的工业生产远远超越其竞争对手。然而，这一创举事实上被当局搁置到一边。其原因是，这种看起来像传统手工制造的自动化生产，被政府当作一种可怕的威胁。传统生产方式是数以万计的技术工匠和支撑传统生产方式的非技术人员赖以生存的基础。政府方面担心，如果机器取代人工，社会会陷入动荡。直到发生另一场战争，出现了确凿证据，证明整个国家的工业已经落后于竞争对手，在这一问题上，英国人的看法才发生变化。

莫兹利和布吕内尔致力于改进他们的机器期间——他们的机器后来充斥于商品化社会的各种工厂里，用于制造汽车、自行车、缝纫机，以及成千上万种家用商品——美国的军火工业已经在采用现代化生产方式高速前进。

这一进程的背后是法国人昂纳·勒勃朗（Honoré Le Blanc）的身影。他开发出一种使便携武器零部件标准化的方法，即采用专用设备制造枪械零部件。他曾经尝试让法国政府支持其生产方式，结果碰了壁。不过，勒勃朗在巴黎认识了美国大使托马斯·杰弗逊（Thomas Jefferson），后者肯定了他的希望，因为杰弗逊很快领悟到这个法国人想法背后的无限潜力。

美国独立后，一代人的时间一晃而过。让人无法原谅的是，其间美国军队完全依靠欧洲制造商提供装备。杰弗逊和许多政治家以及军中人物有个共识：这是潜在的大问题。与勒勃朗相见不久，杰弗逊回到了美国。他这次回国的重头戏是说服国会，将研究和开发经费投向这位法国人的设想。

尽管勒勃朗聪颖过人，有商业头脑，背后还有具备强大影响力的人物杰弗逊支持，他却宁愿扎根欧洲，不愿跨越大西洋到达彼岸。因此，采用勒勃朗的方法为美国军队制造步枪的合同转给了美国著名发明家伊莱·惠特尼（Eli Whitney）。对于建设制造枪支的生产线，惠特尼投入了全副精力。如今，多数历史学家把他当作工厂体系的奠基人。然而，他对勒勃朗的生产体系几乎没做什么改动。而且，他的生产效率相当低下。他转交给美国军队1.2万支步枪的交货期居然比原计划延后了六年！

尽管开局不利（惠特尼的经营业绩不值一提），对美国企业家们来说，规模化生产理念犹如醍醐灌顶。1804年，惠特尼终于向美国军方转交第一批步枪时，美国仍然是个年轻的、富于冒险精神的国家。它从未遇到过英国和其他欧洲国家所遭遇的来自社会的限制。尽管每年有数以万计新移民来到这个国家，工人短缺始终是永恒的主题。采用自动化体系大规模制造枪支，无疑是一个理想的出路。创新迅速改变了19世纪的工业生产方式，而这种方式不久后被世人称为"美国工业化生产模式"也就不足为奇了。

与此同时，尽管建立在人力和蒸汽基础上的英国工业仍在蓬勃发展，其影响也拓展到了全世界，但英国和法国的总体情况几乎没发生什么变化。那里的工厂雇用着难以计数的男人、女人和童工。虽然大英帝国生产的产品仍然使其保持着财富、国力和竞争力，一两代人以前在英国促成工业革命的创新思想却再也没有催生出新的生产方式。

1851年的伦敦世博会将英国工业的精华以及其他30个国家的5万种产品呈现给了世人。那次展会场面壮观，伦敦海德公园里新建的水晶宫（Crystal Palace）每天都会有4万多位观众莅临。前后六个月的会展时间，大约600万人前往参观。当时的一位评论家这样说道："观众无论贵贱，一时间都被玻璃大厅里展出的科学和劳动成果所折服，骄傲和崇敬之心油然而生。此前英国历史上从未有过各阶层的人在同一屋檐下如此自由和融洽相处的场面。"

1851年，美国枪械制造商科尔特枪械公司是海德公园的参展商之一。这家公司的展台让前往参观的各国军事代表团印象极其深刻，包括英国枪械制造商。尽管如此，对实现军队武器现代化一事，英国政府始终态度傲慢。一场几乎输掉的战争动摇了政府官员们的信心，随后，政府的态度发生了变化。

军事当局宣称，1856年发生在克里米亚的战争很大程度上赢在远距离运输系统的效率上。严格地说，事情并非如此。正如新闻媒体当年热衷报道的那样，供给线并不能真正有效地满足军队的需求。更换损毁武器的速度尤其慢得出奇，弹药到达前线的速度也慢得出奇，英法两国几乎输掉了那场战争。

当大英帝国自认为处于巅峰状态时，这场因为侥幸才赢了的胜利震怒了英军指挥官们。克里米亚战争期间，人们已经清楚地认识到，后来者如惠特尼们的改革已经让美国工业发生天翻地覆的变化。19世纪中叶，美国已经超越英国，成了工业化方面最先进的国家。在整个工业生产领域，美国的产品比英国同行的更便宜。此前五十年间，美国人取得了两项重大进步：他们用现代技术装备了军队，他们改进这些技术,以适应更为广泛的商业用途,大规模制造出无数的日用品。

值得庆幸的是,1851年,参观过科尔特枪械公司展台的人包括克里米亚战争中差点颜面尽失的一些人。战争结束前,他们已经行动起来,着手建立类似于此的英国公司。这家令人敬佩的公司就是1855年创建的英国恩菲尔德枪械公司(Enfield Company)。从1859年起,恩菲尔德枪械公司开始利用从美国进口的加工设备制造枪械。

如今,这一进程已经势不可当,在英国,以至在整个欧洲,老旧的生产方式正迅速被取代。代之而起的是"美国工业化生产模式"。这一模式因一个法国人而起,经过天分极高和不分社会等级的美国企业界耕耘,终于结出了硕果。

战时需求如何催生了民品的规模化生产,最具说服力的实例为20世纪20年代建立的亨利·福特汽车工厂。在本书第四章里,我将进一步对此进行说明。不过,这一首先用于生产军需设备的技术,在很大程度上保证了20世纪两个宏伟的民间工程得以实现。第一个是巴拿马运河(Panama Canal),特迪·罗斯福(Teddy Roosevelt)最引以为傲的工程,也是工业领域的奇迹之一,于1914年竣工;第二个是帝国大厦,这座位于纽约市中心的103层建筑建于1930年3月和1931年5月之间,耗时仅为410天。

这两项工程的共同之处是,它们均占用了大量资源,动用了数以万计的人力。每项工程均涉及复杂的工程规划和劳务分派,还要依赖上万个零部件在规定的时间运输到位。这类零部件数量巨大,规格统一(包括立柱、支架、墙体、楼板、隔断等),而且全都在远离建筑工地的工厂预制,在施工现场安装时,每个零部件必须像拼图玩具一样严丝合缝。在严谨的规划背后,如果没有规模化生产原理支撑,这两项工程是不可想象的。

5　炸药和化学的渊源

到目前为止，我已经从一个侧面阐述了枪械、火炮、城堡——破环性机械和防御性设施等"硬件"——对技术的影响，同等重要的还有"软件"，即所谓的爆炸物。

人们普遍认为，大约在公元9世纪，中国人发明了火药。由宋仁宗下旨，曾公亮、丁度等人参与编纂，于1043年出版的《武经总要》一书提到，在更早以前的公元850年，已有关于火药的文字记载。不过，在《武经总要》一书出版后，世人才知道了火药的标准配方，以及它在军事领域的应用范例。

古代中国人极其好战。在中国版图内，部落和部族之间，战事连绵不断，即使外敌当前，他们依然不免。进犯最频繁的外族是来自西域的、较为贫穷的、贪婪的蒙古人。中国人喜欢用火攻，《武经总要》一书里的一些插图反映了年代最久远的奇特的纵火装置——公牛和公猪身上绑着燃烧的长矛，尾巴上挂着火，被人们赶着冲向敌人的防线。在随后的年代，又出现了设计师们的新作：满载稻草和可燃物的战车被点燃，然后被推向敌人的营地。

编纂《武经总要》一书时，枪械还没有发明。数十年后，才出现了最早的、类似于枪的装置。那也不过是填充了火药，可发射箭头的竹管。发明人是谁，已无从考证。事实上，按现有的证据分析，少数人对中国人曾否将火药用于战争提出过质疑。对如此好战的民族来说，没有迅速将枪械和火药大规模投入实战，是不可思议的。不过，这也可以简单地解释为，由于战火的缘故，中国早期的枪械技术早已失传。

古代中国的社会结构严重束缚人的发展空间，个人几乎不可能改变自己的生存状态，虽然如此，热衷发明的中国人却大有人在。事实上，精明的中国政府鼓励创新，特别是军事方面的创新。11世纪的一份文件是这样记述的：宋太祖开宝三年（970），"时兵部令史冯继升进火箭法，命试验，且赐衣物束帛"。

大约在14世纪初期某个时间段，阿拉伯炼金术士将火药介绍到了欧洲。火药是如何首先传到意大利，然后迅速传遍欧洲其他地区，如今已无从考证。火药大概是不同地区的发明家分别独立完成的发明之一。不可否认，中国人首先用文字记录了火药配方。不过，几乎可以肯定，中国人的知识传遍世界各地之前，欧洲的炼金术士和自然科学界的哲人们已经通过自己的努力找到了配方。

欧洲早期科学家群体里最重要的成员之一是英国大哲人罗杰·培根（Roger Bacon）。他是圣方济各会的修士。他不仅是虔诚的牧师，还是激进的思想家。他写过许多著作，记述了他在自然哲学、炼金术、玄学方面的奇思妙想。然而，最终导致他撞上霉运的正是这些想法。当年已63岁的他前往罗马晋见教皇，其时，他随身带去三部颇具远见卓识的新作《大著作》《小著作》《第三著作》。而他却被教廷当局投入监狱，罪名是他的著作含有"异端邪说"。他的余生是在梵蒂冈的牢房里度过的。

培根描述火药的著作是《密室操作和自然奇象》(*Book of Secret Operations and Natural Magic*)。在这部13世纪的著作里，他列出了一份可行的火药配方（硝石41.2%、木炭29.4%、硫黄29.4%）。或许他真的配置过这些东西，进行过试验。问题是，培根必须面对现实，因为他是个牧师。他几乎不可能将自己的研究公开，在他那个年代，这样的研究会被人看作玄学，也就是异端邪说。

具有讽刺意味的是，在培根秘密试验火药几年后的1247年，西班牙摩尔人的城市塞维尔（Seville in Moorish Spain）被围困时，火药第一次在欧洲派上了用场。已有的证据显示，那个世纪末期，德国曾出现过几家火药工厂。又过了若干年，出现了一本据说是希腊人马克（Mark the Greek）写的广为流传的书，书中详细列出了多种不同配方的火药。

火药很快达到了它的完美境界。也就是说，它容易配置，容易制造，威力特别大，是一种很难改进的杀生方法。众多化学家对其中的三种主要成分——硝酸钾（硝石）、硫黄、木炭——的比例换着方法进行过各种各样的试验，试图找出一种克服火药主要劣势的方法。火药具有亲水特质（换句话说，就是特别容易吸收潮气）。拿1750年用来发射子弹和炮弹的火药与1500年的火药对比，它们几乎没什么区别。

时间到了18世纪，人们对化学理论有了更深入的了解。在使用中，火药变得威力更大，也更安全了。法国大革命即将爆发之际，作为巴黎军工厂的皇家火药和硝石监管委员会成员，伟大的法国化学家安托万·拉瓦锡（Antoine Lavoisier）将他的学识发挥到改善火药质量的生产方法上。在参与军工厂管理的十九年任期内，他取得了两项成就：提高了火药的纯度，改善了火药的颗粒度。

同一时期，拉瓦锡还让火药的产量提高了一倍。到1787年，法国军队已经储备了500万磅火药。另外，拉瓦锡的一通鼓捣还增强了火药的威力，因此，法国大炮的射程从150米提升到了260米。说实话，这使英国海军在忧虑的同时急于找到一位和拉瓦锡实力相当的化学家，以便改进英国的火药配方。法国革命一浪高过一浪之际，英国截断了法国的许多进口物资通道，包括硝石的供应链。拉瓦锡成功地利用硝酸和钾盐合成了硝酸钾。对拉瓦锡（当然也包括对科学）而言，极为不幸的是，在法国革命政治风向不断变换的1794年，他因为站错队被当作叛徒处决了。伟大的拉瓦锡曾经在诸多方面对法国革命做出过极其重要的贡献，然而在听证会上，告密者对此显示了令人震惊的无知，他宣称："革命不需要科学家。"

将近五百年间，火药一直是唯一安全可靠的爆炸用品。而且，除了变得更容易使用，制造速度更快，效率稍有提高，在其他方面，火药没有任何改变。不过，到了19世纪中叶，一位名叫阿尔弗雷德·诺贝尔（Alfred Nobel）的瑞典工程师和化学家首次开发出一种自培根时代以来完全不同的爆炸物质。

颇具讽刺意味的是，诺贝尔本人是个和平主义者。他曾经说过一句名言："比起国会，我的工厂或许能更快地阻止战争：两支能够在瞬间歼灭对方的军队临近冲突之际，所有文明国家都会因恐惧解散其军队。"在潜心研发一种新物质，以替代露天采矿用的火药时，诺贝尔发现了一种潜力巨大的，叫作"硝化甘油"的物质。在诺贝尔之前，由于火药具有不稳定特性，矿工们、筑路工们、破拆工们的工作极具危险性。诺贝尔发现，混合硝和硫酸的甘油，生成物为硝化甘油。这种物质遇热的稳定性好于其遇震的稳定性。因此，他发明了一种能够混合在硝化甘油里的多孔物质，他将其称作炸药。他对其专利名称的描述如下："一种改进的混合爆炸物：炸药。"申请日期：1867年（专利号：78317）。

理所当然的是，军队会毫不犹豫地出手抓住诺贝尔发明的新材料。其他发明家也利用它做起了文章：重新设计枪支和大炮。与此同时，对这项新发明，诺贝尔则开始深入研究其更为安全的多种用途。由于他拥有炸药专利，凡涉及军事的用途，都给他带来了财源。诺贝尔死于1896年。据信，当时他的个人财富达到了1000万英镑，其中一部分在1901年用于设立诺贝尔年度奖——这是诺贝尔的遗愿，因发明致命武器使其财源滚滚，他只好以此向社会做出补偿。

自诺贝尔时代以来，人们已经合成出多种形态的爆炸物，包括改变形态后可做肥料的硝酸铵，以及威力数倍于炸药的TNT（三硝基甲苯）。在爆炸物演进过程中，最亮丽的一笔是，人们在无穷无尽地追逐更好的、威力更大的爆炸物进程中，获得了有关化学的知识，这并没有根本性改变战争形态，反而使人们的日常生活用品得到了改善。

拉瓦锡在巴黎被执行死刑后，他在军工厂的助手，年轻的化学家艾鲁西尔·伊雷内·杜邦（Eleuthere Irenee Du Pont）携带妻子和两个孩子逃出了欧洲。19世纪初，他们融入了前往纽约的移民大潮。几个月后，他们搬到了纽约以南，在位于华盛顿和费城之间的"白兰地之谷"长住下来。

与杜邦的到达相伴相随的是,他带去了从伟大的导师拉瓦锡那里学来的技术和知识。他也是制造高质量火药的专家。他到达美国可谓恰逢其时,当时那个国家正在遭受英法两国禁运。当时,美国特别需要像杜邦那样的具备创新思想的人——能够从当地出产的原料中制造生产资料的人。不仅如此,不久前还是英国殖民地的美国,当时正处在扩张的巅峰期。那时的美洲大陆正处于等待工业化社会前来开采的状态,身处扩张进程中的建设者们十分清楚,缺少原料意味着进程缓慢。

采矿业和建筑业正在美国东部沿海迅速扩张,杜邦早期的作为是,向这两个行业提供炸药。那时候,军队的需求也非常旺盛。除此而外,从杜邦抵达美国开始计算,截止到19世纪80年代,八十年间,美国共修筑了35万公里公路。更重要的是,同一时期,1812年的一场战争,1846年至1848年间的美墨战争,尤其是1861年至1865年间的美国内战,使杜邦公司(如人们所熟知)成了美国境内一个大型组织,其雇用的化学家涉及化学的所有学科。

由于20世纪的两次世界大战,仅凭销售炸药,杜邦公司的创收就以数十亿美元计。然而,从20世纪初开始,杜邦公司的发展已经涉足多个领域。第一次世界大战甫一结束,它已经成为一家羽翼待丰的公司的大股东。这家公司即著名的通用公司。在随后而来的十年,杜邦公司大量投资合成染料生产。由于当时还无法与根基雄厚的欧洲染料生产商竞争,杜邦公司败了阵。不过,从这次失败中,杜邦公司获益匪浅,因为它拥有了世界上最先进的实验室之一,并且将许多世界级科学家纳入麾下。事实上,20世纪20年代,在一段时期内,全美国五分之一以上的化学博士受雇于杜邦公司。

理所当然的是,有了这样的基础,外加试图追回在染料市场上遭受的损失(4000万美元),杜邦公司的管理层和股东们特别希望看到,他们令人称奇的研发机构能够早日产出硕果。虽然成果姗姗来迟，当它们真的到来时，杜邦公司的实验室注定会改写历史。

1928年，杜邦公司雇用了一位当时才华横溢的化学家，哈佛大学化学教师中的明星人物华莱士·卡罗瑟斯（Wallace Carothers）。七年后，1935年2月28日，后者和他的团队发明了尼龙。在极端秘密的情况下——由于公司和军方的关系，雇员们对此早已见怪不怪——他们对尼龙又进行了两年的试验和验证。1937年圣诞节期间，第一种女式长袜（人们很快给它起了个俗名叫"尼龙袜"）涌进了零售商店。

各种尼龙和塑料产品的发明，或多或少与杜邦公司和世界各地的化学工程公司对炸药的研究有某种联系。没准儿这两项发明之间最为重要的关联是，将某些溶剂准确地添加进19世纪70年代初发现的硝化纤维（一种与诺贝尔发现的硝化甘油关系特别近的化学物质）里，即可得到人们所熟知的，强度更大的，可塑性更强的，生产成本更低的聚合物。杜邦公司利用硝化纤维生产出了世界上第一种聚合物，推向市场时，人们将其称作"赛璐珞"。

对理论化学家而言，上述突破预示着一长串聚合物的出现。只要将一些简单的分子与合适的连接剂人工合成，即可产生很长的反应链。每种反应链都会显示出复杂的特性，只要调整好合成物，即可得到希望得到的材料。如需坚硬和韧性好的材料，只要选对化学物质，化学家即可人工合成具备所需特性的合成物。如需纤细和高强度的纤维，就需要其他添加剂，以及合适的条件。

知易行难。因而人们必须做如下理解：当前人类生活中不可或缺的数量庞大的塑料制品的形成，是人类投入（人类会继续投入）大量智力劳动和高深理论，历经无数失败和试验的结果。尼龙不过是第一种多用途的、大规模生产的塑料制品而已。具备了上述所有因素，才有了它的诞生。杜邦公司在其中提供了资金和设备；公司里具有创新精神的、才华横溢的化学家贡献了智慧；在长达八年开发尼龙的时间里，必不可少的还有：通过失败和错误总结重大经验教训的化学实验传统，这一传统自拉瓦锡以来即已存在。

　　第二次世界大战甫一开始，人类的语言里就多了"塑料"一词。塑料在战后的用途我们暂且放下不说，在六年军事冲突中，400万降落伞，50万飞机轮胎，无数绳索、鞋带、防弹衣，从吉普车发动机滤网到血浆透析网等各种滤网，它们的主要成分正是尼龙。由于战争期间金属材料短缺，尤其是铝和黄铜短缺，新材料尼龙的登场起到了至关重要的补充作用。

　　如今的人们已经无法想象，离开塑料，人类世界将会怎样。从一位没有留下姓名的中国发明家开始，历经无数化学家在世界各地实验室里的不停探索，这种奇妙的，具备万能特性的合成物，已然成为人们每日生活中不可或缺的重要组成部分。在惊奇的同时，我们不应忘记这些。

6　核子炸弹与大科学

　　据信，炸弹是另一种源自古代中国的武器。由于古代中国人喜欢用火攻，军事工程师们琢磨出可发射爆炸物的发射器很久以前，纵火装置早已发明出来。当时的纵火装置极为简陋，也就是把可燃材料做成类似手榴弹的样子。当时人们采用手抛方式投掷这些东西，或者借助攻城利器，将它们抛向敌方阵地。不过，我们将要讨论的可不是这个，而是人类彻底改变世界面貌的一项制造炸弹的工程——曼哈顿计划。

　　主要是因为一批欧洲理论科学家，促使人类产生了研制第一颗原子弹这样的想法。1915年到1940年，这些人一直潜心于理论方面的研究。当时他们正在探索的学问，对人类是个全新领域，人称量子理论。这一理论源自19世纪人们对原子的传统认识。这一学科的领军人物包括德国物理学家海森堡、丹麦物理学家尼尔斯·波尔、奥地利物理学家薛定谔、法国人德布罗意、美国人罗伯特·奥本海默等。当然，他们背后还有一批在理论科学领域最前沿进行探索的骨干物理学家。

阿尔伯特·爱因斯坦是这些人的同事，他并不支持这些人在探索量子方面的许多激进想法。这些人从事的诸多探索的核心，是对现实世界的彻底颠覆。人们在量子理论方面的新发现，促使科学家们重新思考现实世界的一切，现实世界的不确定性大于其确定性。最重要的是，核技术基础理论向人们揭示：能量和物质可以互相转化。

20世纪20年代到30年代，量子理论变得越来越复杂之际，这一新思路的一些重要前提对局外人（甚至对某些局内人）似乎变得越来越诡异，有时甚至达到不可理喻的程度。然而，这一处于萌芽状态的科学可以很好地解释原子的"质"和"量"，即被禁锢在亚原子领域的令人恐怖的威力。具有讽刺意味的是，虽然爱因斯坦从根本上反对20世纪30年代量子理论的一些原则，恰恰是他的方程式——他的狭义相对论的组成部分，即质能方程 $E=mc^2$ ——在引领量子理论家们揭示蕴藏在原子内部的威力。

这一方程式意味着，通过所谓的核裂变过程，数量非常小的物质有可能释放巨大的能量。这种巨大的威力，取决于方程式中的关键值，即字母"c"。这个看起来不起眼的小写字母代表着光速，它的值接近于每秒300000000米。这一数值的平方为90000000000000000（9万兆）。利用这一等式，即可轻易计算出，只要找到1公斤合适的材料（某种不稳定的放射性同位素），即可产生大约250亿千瓦时的能量。这等于为250亿个家用暖气平均供暖一小时所消耗的能量，即一颗原子弹在百万分之一秒释放的巨大能量。

20世纪30年代，奋战在量子科学领域的科学家们都清楚，从理论上说，原子威力的破坏性是人类可以掌控的。然而，当初没有一个人相信人类有可能造出原子弹。从理论上理解科学，与拥有释放原子能的专业技能相比较，两者之间的差距实在是太大了。

不过，1939年1月，第二次世界大战即将在欧洲爆发，在纳粹逐步显露其统治世界的计划之际，两位德国科学家奥托·哈恩（Otto Hahn）和弗里茨·斯特拉斯曼（Fritz Strassman），以及奥地利科学家莉斯·迈特纳（Lise Meitner）的一篇论文发表在德文杂志《自然科学》（Naturwissenschaften）上。在论文里，几位作者披露了基于实验室小规模实验的结论：利用中子轰击不稳定的同位素，即可产生裂变，从而释放出巨大的能量。

这一结果震惊了世界物理学界。不过，震惊之余，人们并没有做什么。在实验室里造出一点点效果是一回事，利用它制造一颗可实际使用的炸弹则是另一回事。大多数科学家仅仅将它当作一项令人惊异的、不切实际的发现而已，最多不过是有朝一日可以向世人炫耀的理论上的诸多新知识而已。

不过，并非所有人都如此短视，看不出制造这样一种装置的可能性。20世纪30年代末，在英国和美国前沿科技领域工作的许多物理学家是德国移民。他们中的大多数是犹太人，对纳粹恨之入骨。虽然他们和留在欧洲大陆的多数科学家保持着友谊（例如，德国物理学家海森堡领导的一批非犹太科学家），有些人却不无担心，德国科学家们可能会屈从纳粹的压力，通敌合作，变不可能为可能：造出一颗原子弹。

1939年，确实出现了这样一位科学家，就是移居到美国的匈牙利物理学家利奥·西拉德（Leo Szilard）。他是个年轻的、中等水平的科学家，当时在大学里任教。虽然他本人没什么影响力，他的朋友里却有重要的实力派人物。西拉德首先预见到哈恩、斯特拉斯曼、迈特纳等人的发现可能带来的危险。在他看来，沃纳·海森堡——人们普遍认为，他是世界上三位最权威的物理学家之一——极有可能通过某种方法成倍率提高了裂变进程，正在利用原子的威力制造真正的炸弹。

然而，即使有重量级朋友在背后支持，西拉德的警告在美国政界和军界没有引起任何反响。如果他移居到英国，情况或许会不一样。因为，英国已经感受到，德国的威胁近在咫尺，这两个国家正处于战争边缘。然而，在美国，政界的实权派对无国籍科学家的危言耸听不感兴趣。西拉德认清了形势，他的结论是，若想让自己的观点被人们接受，必须得到科学界更为重要的大人物们的支持。

1938年，意大利物理学家和诺贝尔奖获得者恩里科·费米（Enrico Fermi）与妻子劳拉一起移居美国。自1933年起，阿尔伯特·爱因斯坦一直在新泽西州的普林斯顿高等研究院工作。西拉德通过前者与后者见了一面。西拉德热情洋溢，能言善辩。而爱因斯坦像其他移民一样，对希特勒嗤之以鼻，同时对海森堡的天赋了如指掌。后来，爱因斯坦又与西拉德以及费米见过两面。大不列颠英国向德国宣战数周前，1939年7月，爱因斯坦同意给当时的美国总统富兰克林·罗斯福写封信，提醒他警惕原子科学方面的最新发现带来的危险，敦促美国政府赶在德国人让美国感到迫不得已之前造出一颗原子弹。那封信的内容如下：

阁下：

利奥·西拉德和恩里科·费米最近交给我一些文字材料，促使我认为，铀材料在最近的将来有可能成为一种新能源。这一研究领域的某些方面值得我们高度关注。如果有必要，还须迅速采取措施进行管理。因而我认为，我有责任提请阁下注意如下事实和我的建议：

在过去的四个月里，人类已经有可能利用大量的铀进行——基于乔里奥特（Joliot）在法国的研究进展，尤其是费米以及西拉德在美国的研究进展——链式反应，这一过程可产生巨大的"能"和大量的新材料"镭"。从目前情况看，这一点在不久的将来即可实现。

人们可利用这一新现象制造炸弹，由此可以预见——虽然目前还无法十分肯定——人们因此可以制造出威力特别巨大的新型炸弹。

鉴于目前的形势，恳请阁下充分考虑，在政府和美国境内从事链式反应研究的物理学家团队之间，应否建立某种联络机制。

令人费解的是，即使提出者为爱因斯坦，一开始，上述提醒并未引起人们的警惕。当时，美国人对那场战争的心态非常矛盾。他们唯恐英国战败，使他们成为下一个目标。可是，美国民众又不愿意直接卷入战争。更令人揪心的是，他们对身处这一紧迫形势核心区域的科学家没有信任感。美国军事情报部门掌握着所有移民的档案材料。从当时的档案材料看，人们甚至怀疑西拉德和费米是纳粹同情者。即便是爱因斯坦，也深受怀疑。有关西拉德、费米、爱因斯坦的档案材料披露，负责监视他们的军官康斯坦特（Constant）中校甚至扬言，应当禁止他们三人参与政府的所有秘密战备项目。

不过，由于随后发生的一系列事件，促使美国人最终将资金投向了"曼哈顿计划"。最主要的因素之一是，英国首相温斯顿·丘吉尔本人直接介入了此事。他让罗斯福相信，原子弹的危险确实存在。因素之二是，入侵比利时后，德国获得了大量铀材料（实际上得到的是从比属刚果开采的铀原料）。因素之三是，来自德国的情报显示，实际上，在制造原子弹方面，德国的海森堡已经迈出一大步。

别看美国人起跑慢，一旦全副身心投入，他们会不惜一切代价。"曼哈顿计划"正式开始的时间是日本人偷袭珍珠港之前的1941年12月6日，尔后，它很快成了历史上代价最高昂和最雄心勃勃的计划。的确如此，一些人甚至将它与古埃及金字塔相提并论。

该项目的领头人是莱斯利·格罗夫斯（Leslie Groves）将军。他是个保守的循规蹈矩者。似乎他从来都无法理解为他工作的这帮科学家的思想状况。该项目首席科学家是罗伯特·奥本海默（他和格罗夫斯之间的个人关系总是让人担忧），他是那一代人里最有才华的物理学家之一，与量子理论的先行者们关系密切，并于1939年为这个处于萌芽状态的科学做出了重要贡献。

"曼哈顿计划"可以被视为革命性创举，可以将其当作"建制化战时科学"的第一个成功范例。即自由世界最好的物理学家应召组成一个全额享受政府资助的特殊团队,由军队提供保护,从事关键项目,目标只有一个:赶在德国人之前造出原子弹。

"曼哈顿计划"如此庞大,耗资如此巨大,有一个词可以恰如其分地形容它:前无古人。从正式开始实施该项目,到1945年在广岛投掷第一颗原子弹,在三年半时间里,整个项目耗费了政府20亿美元资金(相当于21世纪初的500亿美元)。洛斯阿拉莫斯国家实验室的研究中心位于新墨西哥州的沙漠地带,雇用的科学家、工程师、技术人员计有数万人。

团队成员包括一些最令人肃然起敬的世界级科学家,其中有爱德华·特勒(Edward Teller)、汉斯·贝蒂(Hans Bethe)、詹姆斯·查德威克(James Chadwick),以及特别年轻的理查德·费曼(Richard Feynman)。詹姆斯·查德威克是中子的发现者,而理查德·费曼后来获得了诺贝尔奖,成了物理领域的标志性人物。1943年,从丹麦逃亡而来的尼尔斯·波尔也加入了这一团队。缺阵的重量级人物则包括费米、西拉德、爱因斯坦。

有时候,虽然格罗夫斯将军会怀疑洛斯阿拉莫斯国家实验室的人都是纳粹分子、同性恋者、说不清道不明的怪物等,他却十分尊重这帮人的智力水平。有一次,他甚至说,这帮人是"有史以来世界上最大的一群智力超群的秃瓢儿"。不可否认的是,开发原子弹是科学界的盛装表演,是人类从事的第一个"大科学"项目。该项目其时也为后来的大规模项目设立了"模板"。后来的项目包括阿波罗登月计划、哈勃望远镜计划、国际空间站计划、超导超级对撞机项目,以及20世纪80年代里根总统频频倡导的星球大战计划等。说到这些项目与其他科技投入的区别,主要不是它们规模之庞大,吸纳数以十亿美元计纳税人的钱,而是如下事实:这样的项目总会将最前沿的理论思想糅合进可操作的应用科学领域。

造出第一颗原子武器,有赖于理论学家(我们有必要记住,这些人刚刚认识到，核裂变仅仅是一种可能性）三十年来在量子科学研究方面有所拓展，也有赖于人们建立了一个能够精确地和贴切地解释原子的本质和特性的数学模型。与此同时，实验物理学家们（他们必须与理论学家们合作）担负着紧迫的任务。他们必须建立一套可行的系统，提纯铀的同位素，用于产生裂变，同时还必须提出适用的炸弹设计、运载系统、起爆装置，以及一整套复杂的配套装置。

洛斯阿拉莫斯国家实验室的成功，是许多因素的集大成。首先，这些人是一帮才华出众的先生和女士，他们拥有当时最好的设备，他们可以调动当时能够动用的一切资源。不过，同样重要的是，事实上，他们也是迫于压力，政治家们唯恐在竞赛中输给德国人。每当人们想到希特勒会掌握一颗原子弹，其想法本身就足以让人毛骨悚然。

直到战后，人们才发现，德国科学家们离造出一颗原子弹还差十万八千里。与洛斯阿拉莫斯国家实验室得到的资源相比，德国科学家们得到的资源微不足道。另外，人们也不应忘记，尽管海森堡才华出众，尽管他领导的小组里的成员才华过人，1942年到1945年间，全世界的顶尖科学家们全都集中在了新墨西哥州的沙漠里，而不是柏林。

赶在德国人之前获得拥有核武器的能力，这样的心态产生了极为强大的推动力。洛斯阿拉莫斯国家实验室的科学家们，加上几乎所有相关的政治家们，他们全都天真地相信，在他们和德国人之间，正在进行一场难分伯仲的竞赛。然而，战争即将结束时，即第一颗原子弹即将用于打击日本之前数个月，事实真相渐渐清晰起来。英国情报机构的报告证实，至少在三年内，德国科学家还无法制造出一颗实用的炸弹。

几乎可以肯定，仅有极少数处于核心圈的政治家和军人知道这一情报，甚至在广岛和长崎事件发生前几个月，奥本海默也不知道这件事。格罗夫斯将军对此事是否知情，谁也说不清。对于情报，他似乎是至关重要的人物，所以他应该清楚，根本不存在与德国竞争那回事。无论如何，事已至此，"曼哈顿计划"已然消耗了那么多金钱、时间、精力。各盟国认为，它已然成为一辆停不下来的、高速运行的货运列车，只能任其向前发展了。

对美国政府来说，应否终止这一计划，是个非常复杂的问题。这绝不仅仅是因为，总统和他的核心幕僚们必须考虑他们做出这一决定的长远影响。当人们发现德国人根本不具备原子弹威胁时，希特勒早已被打败，而日本人正在生存线上挣扎。当时，美国人、苏联人、英国人已经开始着眼于未来，即战后世界的新秩序。

只有美国人是第二次世界大战的赢家。他们从盟国经历的痛苦中意外地发了横财。1939年到1941年，这些国家在前线浴血奋战，因而保护了美国。美国人只是考虑到自身利益，才参与了后来的冲突。战时，财力和物力从美国流向欧洲，犹如高压水枪的水从破裂的水龙里喷涌而出。战事结束后，人们开始算账时，世界上仅剩下两股势力——苏联势力（他们在人力方面损失最为惨重）和美国势力。美国人想拥有核武器，以便在1945年后居世界统治地位。即使明知不存在来自德国的竞争，美国人也绝不会轻言终止"曼哈顿计划"。最明显不过的是，战争结束后，美国政府中的一些人甚至还试图（他们一定程度上成功了）对他们最亲密的盟友英国——为保证"曼哈顿计划"的成功，英国提供了一些与此有关的最棒的科学家——保守核秘密。

1945年夏，原子炸弹即将准备好之际，作为选项之一，以常规军事力量入侵日本被提了出来。然而，战略家们认为，这样做有可能牺牲3.6万美国军人——这是不可接受的代价。据信，扔在日本的原子弹一瞬间杀死了大约30万日本平民，另外还让大约同等数量的人受到辐射之害，以及基础设施被毁和全国医疗系统瘫痪之害。毫无疑问，使用原子弹的道德底线至今仍然受到人们质疑。但不容否认的是，人类从开发这一武器中获得了意义深远的好处，以及范围仍在扩大的好处。

这一计划的成功有赖于理论科学和实验科学的共生共存，从"曼哈顿计划"开始以来，加上后续的研究探索等，科学俨然分成了两大阵营——人们对理论物理学的认知得到了极大的强化，应用物理学也斩获颇丰。

对普通民众而言，由于理论物理学自身独有的特质，洛斯阿拉莫斯国家实验室在这方面的成果不及它在技术层面取得的进展来得明显。不过，这丝毫抹杀不了其自身的价值。不仅如此，人们对原子科学理论的深入探索，本身即加速了技术进化的程度。

对促进原子理论来说，第二次世界大战和决定执行"曼哈顿计划"适逢其时。近三十年来，这一领域的一小批专家通过一种松散的国际网络才能在一起工作。他们有时在国际会议上碰头，交换意见，有时在声望卓著的科学刊物上发表论文，介绍新发现。一大批这方面的科学家汇聚在洛斯阿拉莫斯国家实验室一地，形成了一个无与伦比的思想库（智库）。在超过三年的时间里，这些先生和女士们共同生活在一个类似于村庄的社区里。每个人都有共同的目标和目的，可每个人感觉最紧迫的都是学习的渴望。他们有竞争对手，也有个人天地，这些为他们的工作环境增光添彩。除了内在的动机，还有来自外部的政客的推动。20世纪40年代初，政客们花费公众的钱大手大脚，他们需要的回报是，必须有人在科学技术上取得某些意义特别深远的成就。

人们从"曼哈顿计划"里悟出了"大科学项目"的道理，如今，这样的项目会定期得到政府资助。这类项目主要包括由国家资助的高能原子研究设施，例如，日内瓦附近的欧洲核子研究中心（CERN），以及位于芝加哥以西、距芝加哥仅两小时车程的费米实验室。

科学家们已经在这些实验室里研究了数十年，以便揭示亚原子粒子是如何相互作用的。他们研究原子相互作用时产生的能量，破解通过巨型对撞机发现的一大串新粒子。这种机器将亚原子粒子加速到接近光速，让它们撞击到一起，在撞击碎片中产生了新的粒子。

这些"粒子加速器"正是从1942—1945年诞生在洛斯阿拉莫斯国家实验室设计草图上的机器改造来的。如今它们被用来验证代表现代物理学最高水准的理论结构。

粒子物理学家的工具往往是笔、纸、计算机终端、随机存储器等。他们必须随时验证自己的想法，因为，站得住脚的理论往往来自转瞬即逝的假设，必须找到实验数据支持它，其结果还必须经过反复验证和记录，才能最终归入逐渐扩大的科学门类。回旋加速器以及各大高能物理实验室里的类似机器都是干这些工作用的。只要有可能找到证据，人们就会用这些机器去查找。理论家们提出的新奇理论越来越多，他们同时还指出存在着更为不可思议的粒子，以及构成粒子的元素，人们使用越来越先进的加速器去测量这些东西。这一进程需要威力越来越大的机器。相应地，需要的资金也越来越多。

为此，科学家和提供资金的政治家总是喋喋不休地争吵。后者往往无法理解超前的物理理论意义何在。前几年，一个重大项目（超导超级对撞机项目）因此被取消了。据认为，取消的原因是实验经费（达到数以百亿美元）实在是太高了。

细数原子武器开发项目带给人类的技术红利时，我们理所当然首先会想到核能工业的起点，以及它的发展历程。截止到2004年，全球31个国家运行的335座反应堆提供了全世界16%的电能需求。但是，这不过是个例子。正如当年洛斯阿拉莫斯国家实验室团队面临着工程和规划方面的挑战，如今人们需要在认知方向上作出重大调整，在应用方面进行标新立异的水平思考。所有这些意味着，踏着参与过"曼哈顿计划"的人们的足迹，新一代物理学家、化学家、工程师、军事规划家们如今仍在尽享这一项目当年开辟的广阔天地。人类在那三年半时间里取得的成就可以概括为：资源的高度集中和几无止境的占用，人类聪明才智的集大成。

当然，人类在核技术的民间应用方面也犯过一些低级错误。最臭名昭著的莫过于"天坑开垦项目"（Operation Ploughshare），即利用受控核爆炸进行采矿的项目。一些核技术倡导者曾经喋喋不休地坚称，核爆炸可用于改变地貌，或纵深挖掘。爱德华·特勒被美誉为"氢弹之父"，他是奥本海默在洛斯阿拉莫斯国家实验室的关键合作者。正是这样一个人，曾经四处吹嘘可以利用核技术进行超大规模的采矿和地貌再造。20世纪50年代，作为大规模应用核技术的前期验证，人们在阿拉斯加进行了小型试验。原来的设想是，利用6枚总当量相当于2.4兆吨（相当于第二次世界大战期间全世界发射的火器总量的40%）的超级氢弹炸掉阿拉斯加西北海岸，在波因特霍普（Point Hope）附近造就一个钥匙孔形状的海湾。自试验起至今，那一地区始终存在着放射性残留。

其他领域的应用则较为成功，也更有经济效益。战争结束后，1949年，美国联邦政府设立了美国能源部桑迪亚国家实验室（Sandia National Laboratories）。这一实验室如今归洛克希德·马丁公司（Lockheed Martin）管理，在洛斯阿拉莫斯国家实验室所在地周边设有数个运营中心。1949—1993年，洛克希德·马丁公司曾经是美国电话电报公司（AT&T）下属单位。桑迪亚国家实验室的基本任务是管理和维护美国的核武器库，在完成其主要任务的同时，它给美国带来了许许多多创新。因为，这一实验室的责任和权利是多方面的。

除了上述基本任务，桑迪亚国家实验室还负责防止核扩散的监测工作，为保密级别最高的武器存放设施开发密码识别系统，同时还负责制作军用模拟地形。该实验室的科学家们开发出了利用安装在卫星上和地面平台上的遥感器进行跟踪和监测的系统，还开发出了加密技术和编码技术。而最引人注目的成就，当数这里的科学家奠定了当今计算机的雏形。

上述最后一项成就的起始时间是1942—1945年，诞生地点是洛斯阿拉莫斯国家实验室的一些会议室和咖啡屋，它于20世纪90年代催生了许多新兴产业。忆往昔，当时的科研团队做的不过是一大堆不确定的事而已。事先没人制造过原子弹，没人知道原子弹的破坏力，原子理论能否真的变成看得见摸得着的现实，没人有十足的把握。原子弹投向广岛数月前，除了对试验装置进行过唯一一次试爆，当时的科研团队甚至连倒数计时装置都没来得及造出来。试爆地点在新墨西哥州阿尔伯克基市（Albuquerque）以南120英里的特里尼蒂（Trinity）试验场。不仅如此，1945年，除了在十分有限的一段时间里，当时的科研团队曾经使用过一台非常原始的名为"埃尼阿克"（ENIAC）的计算机外，科学家们只能借助笔、纸、计算尺等工具进行计算。所以，当时他们只能用图表和数字构建想象中的实景。可以这样说，现代计算机发明出来前，正是这些人创造了计算机的雏形。

如今，我们惊异于计算机游戏里的精美图形，我们因好莱坞三维影像工作室借助计算机制作的生动形象而癫狂，我们中的大部分人在使用安装有令人目眩的屏幕保护程序和视窗操作系统的高性能计算机……如果没有当年的奥本海默，没有他那帮同事们在洛斯阿拉莫斯国家实验室昏暗的小屋里突发奇想，没有他们的追随者对他们那些工作方法的继承和发扬，今天的一切都不可能实现。

从核武器研究项目中脱胎出来的另一项重大成果是关乎许多人生命的技术应用，即核医疗技术和设备。比较突出的是用于治疗癌症的放射性疗法。在医疗科学领域，除了治疗癌症外，放射性还有许多其他重要的应用。同位素被用来诊断外科的内伤和器官异常，还被用于检测血液循环、淋巴异常、消化系统病症。

"曼哈顿计划"的核心是提纯用于第一颗原子弹的原料，即铀-235。必须将它从更常见的同位素材料铀-238中分离出来。由于天然铀矿中铀-235的含量仅有0.7%，若想获得足够的铀-235，以便造出第一颗原子弹，首先必须有大量未提纯的铀材料。建在田纳西州橡树岭的分离总厂当年雇用的人员占了"曼哈顿计划"的半壁江山，分离足够数量的铀-235耗费了全部20亿美元预算的50%。在提纯过程的巅峰时期，仅此一家工厂消耗的电能超过了全美汽车制造业的耗电量总和。政府只好让财政部出售银锭，以便为提纯装置的核心部件——超大磁铁买单。

位于橡树岭的提取机械是一台分离同位素的机器，其工作原理为，充分利用每种同位素对强磁场的反应的不同将其分离。核磁共振成像技术（MRI）由此产生，如今，工业化社会的每家大医院都在利用这项技术生成三维图像。

近些年诞生在桑迪亚国家实验室的一些想法和创新，总会让人感觉更像科幻小说里的内容（公平地说，即便对开发出原子弹的洛斯阿拉莫斯国家实验室的科学家们来说，诸如放射性同位素、超级计算机、智能材料等也会被当作科幻小说里的内容）。超乎想象的进展包括"微型机器人"，或称纳米机器人，以及可大量投放到战场的身形和体积犹如现实昆虫的监测机器。这些装置的出现极大地强化了人们对纳米科学的研究，并于20世纪90年代初渗透到了民用研究领域。

可以预期，纳米技术会成为21世纪最重要的科学技术之一，而且可应用到人类社会的各个层面。举两个例子即可说明这一点：由中心计算机控制的许许多多大小不超过人体细胞的机器人可以被安放到患者体内，以手术方式割除癌变肿瘤，缝合伤口，拼接断骨。同样的机器人还可被用于"以颠覆性方法"制造商品，用极为精确的仿生手段制造每件商品的每个零部件。

目前，纳米技术仍然是处于胚胎阶段的学科。它出自军事科学家和军事计划订制者之手，它对人类生活会产生何种影响，我们仍需拭目以待。不过，正如我们所熟知的诸如计算机、喷气式飞机、核电站、抗生素等的生产，它很快也会进入大规模生产阶段，成为民用品生产的大宗。它是又一个生动的实例，说明军用产品可以做得更好、更高、更精，其产品大大超乎人们的想象。

第三章
从楔形文字到信用卡

思想讲究章法，做事讲究逻辑，这两样是文明社会的精髓。没有这两样东西，就无法进行统治，就无法管理社会，即便国家再强大，也无法统治其他国家。

思想讲究章法，有多种形式。不过，在这一章里，我们只探讨四种形式，以及它们如何影响了科学和社会的进步。

第一种是写字。大多数人认为，写字是寻常事，没必要大书特书。如今的世界不仅充斥着形象、声音，还有文字——数以十亿、兆亿计的文字——对识字的人来说，无法读和写是难以想象的。更无法想象的是，当初那个只有语言没有文字的时代。在所有发达国家，源自远古时期的文字均已进化成一种重要的工具。在创造之初，文字是用来记录重大事件，分享和保存思想的。或许可以这样说，长期以来，阅读和书写一直是人类掌握的最重要的技术。

第二种是银行业务，以及金钱管理。有一种说法为，银行家为我们打理生活。一般来说，不仅对绝大多数个人而言，情况的确如此，对国家和公司而言，情况亦是如此。维修和保养社会上的基础设施需要钱，购买和开发武器也需要钱。国家如果阻止钱的流动，离灭亡也就不远了。

说到第三种，当属后勤保障。在军队的建制中，它是一条看不见的链条。后勤保障在战场上无法直接地创造辉煌，不过，它对军队的存在至关重要。经过军队的锤炼，后勤保障被所有现代国家用于促进物流。

最后一种是时间管理。直到19世纪初，军事谋略家们才认识到时间管理的重要性。然而，自从人们知道了它的重要性，严守时间成了保证军事行动获得成功的重要因素。在秩序良好的社会里，人们普遍自觉遵守时间。

1 文字之于战争

与电话机的首次出现，以及飞机的处女航大不相同，手写文字究竟出现于何时，其精确日期根本无从查证。不过，同一历史时期的许多发明先后出现在世界不同地区，文字的出现亦如此。埃及人的文字可追溯到公元前3000年，位于美索不达米亚平原的苏美尔人的文字大约出现在同一时期，中国人的文字出现在公元前14世纪，而最新发现表明，墨西哥印第安人的文字出现在大约公元前600年以前。上述各种文字都有各自不同的书写方法。

现代人最容易理解的早期文字是苏美尔人的文字，即楔形文字。其特点为，它综合了象形文字和符号文字，每个标记都有对应的发音和概念。楔形文字是由一种错综复杂的文化培育出来的，因此它采用的形式也出奇地笨拙，非常难以使用。它的每个形象和符号都是一幅复杂的画，当初在石板上，以及后来在纸草上，书写这种文字都非常费时。不仅如此，为了传达意图，也为了让它的用途更为广泛，它的字库逐渐扩大到4000个丑陋的字符。

尽管有诸多不便，作为一种常用交流和记录模式，楔形文字仍然被广为接受，在数个世纪里也一度非常辉煌，其使用范围远远超出它的诞生地。不过，在人们使用楔形文字的年代，能够识文断字的人仅为少数，只有书记员和学者等少数精英会书写文字，而文字也仅用于记录物品交易、宗教仪式、王室大事、重要宣告等。更为重要的是，楔形文字常常被用来为军事战略家们准备文件。

现存年代最久远的楔形文字是土耳其博阿兹柯伊（Bogazkoy）的赫梯人留存下来的。人们在那里发现了 2.5 万块刻满大量楔形文字的石板，其创作时间可上溯至公元前 2000 年，也即苏美尔人发明文字后大约五百年。在这些楔形文字文件里，最重要的文献莫过于赫梯人和埃及人签订的《卡德什和平协议》（Treaty of Qadesh）。这份众所周知的"永久和平协议"，保障了这一地区的和平长达一代人之久。另一个公元前第一个千纪内的著名楔形文字文献记述了亚述王尼布甲尼撒二世（Nebuchadnezzar Ⅱ）的残酷剥削，以及他于公元前 568 年入侵埃及的企图。

楔形文字的使用范围十分狭窄，书写它的人也是极少数受过特殊训练的人。因此，拼音文字的出现是一个巨大的进步。与前述情形一样，出现拼音文字的时间很难查证。不过，似乎有比较明显的事实可以证明，埃及人在公元前 600 年就有了拼音文字，希伯来人和希腊人至少在公元前 400 年就有了拼音文字。这和纸草出现的时间大致相当。而纸草随后又被羊皮纸取代。

上述发明在中东地区也能找到一些蛛丝马迹。不过，中国人却独立开发了一种独特的书写方式。在苏美尔人和埃及人首创书写方式约两千年后，中国也出现了一种符号记录方式。而且，这种书写方式的进步远胜于其他方式。几乎可以肯定的是，中国人首先发明了墨水，以及类似于笔的书写工具，后来还发明了纸。笔和墨最早出现于大约公元前 1000 年，用于在兽皮和木头上书写象形文字和符号。据信，公元 1 世纪的一位中国哲学家首先在他的论述中描述了纸的存在。然而，直到一千年后，纸张才被广为应用。

以公元 8 世纪阿拉伯人和中国人的一场冲突为契机，墨水和纸张传入了西方。这场战争的顶峰是怛罗斯之战。是役，阿拉伯将领卡鲁格·雅各布（Qarluq Yagbhu）率领的军队取得了胜利。在这场战争中有数万人被俘，俘虏中有一大批造纸工匠，他们被迫将行业秘密泄露出来。这些专业人员首先将有关造纸的知识传到了乌兹别克的城市撒马尔罕，然后传到了伊拉克的巴格达。接着，造纸术又先后传到了叙利亚的大马士革、埃及的开罗、非洲西北角的摩洛哥，最终才通过西班牙和意大利传到欧洲其他地区。造纸术极大地促进了欧洲文化的发展。

由于纸张、墨水、简单的书写工具等取代了石板和凿子，书写终于成了"便携的"，它在军事上的价值也日益突出。不久后，书写不仅被用于记录战争和胜利，作为交流媒介，它被人们广为接受，成为组织军队、制订计划、开列清单、下达命令的一种方式。

决定军事行动成败的关键是章法。枪炮军火固然重要，数字资料固然重要，战略战术固然重要，如果不讲究章法，装备最精良和实力最雄厚的军队也会不堪一击。笔墨比刀剑更为强大，如果将两者成功地组合为一体，它们将战无不胜。在人类历史长河中，军事领袖们都谙熟这一点。通过对军事胜利的重视程度达到什么水平，可以窥见一个国家的军队规模，以及它的教育水准。

在远古时代，仰仗众多书记员对战斗部队的记录，以及对武器数量、军用物资、部队人数、战斗损耗和战利品等的详细统计，亚历山大大帝、恺撒大帝、公元前4世纪中国周朝的诸侯们，以及其他众多军事领袖们，均能轻松若定地指挥多达20万人的大军。然而，公元6世纪，不知出于什么原因，在欧洲，文字突然消失，中东不再为欧洲大陆供应纸草，军队的规模再也没有达到过两万人。尽管军队的规模相对小于以往，当时的军队却极难管理，因而战斗人员均为临时招募，服役期仅为一场战斗或一个短期战役。每打完一仗，人们便领薪，然后被遣散，返回原来的农场或原来的经营场所。

欧洲度过中世纪暗无天日的时期后，教育得到了改善，资源分配也变得合理了，因此军队的规模也相应地变大了。文艺复兴时期，陆军和海军渐渐变得更为专业，训练更加有素，规模也更为庞大。

第一次世界大战初期,卷入战争的国家总计动员了2000万人参战。

对于国家进步而言,书写的重要性并不仅仅限于消除敌我双方的敌意。正如贾里德·戴蒙德(Jared Diamond)所曾雄辩地说过的话:"书写、武器、微生物、集权的政治组织等,共同组成了当代的征服大军。"

书写使指挥官能够向寻找新领地和急于打败对手的海军舰队下达明确的命令。书写可以详细记述前辈们的远征和冒险,或许还可以描述在新领地偶遇的意外、危险、财宝。不仅如此,对于上述远征的组织者,以及建立殖民地后负有管理责任的人来说,书写同样至关重要。它使得新领地上的经济生活变得井然有序,它也被用于管理存在于世界另一端的帝国。事情远不止于此,书写使制造地图成为可能,制造地图使远征成为可能,而远征又实实在在地拓展了殖民地的疆域。

西方在15世纪发明的活字印刷——事实上,活字印刷是中国的毕昇于1050年左右发明的——是一大进步,然而它却引起了教会的嫉恨。这是因为,它让公众教育成为可能,而教会最惧怕的莫过于教育。教会的恐惧并非空穴来风。因为,随着廉价书写方法的发明,那些拥有必要技巧和生产资料的人们会将他们的想法广泛传播到社会的每个角落。

罗马人首创了公共传媒,公元前60年,他们就有了每日发布的新闻稿《每日事件》(Acta Diurna)。据说,这是应恺撒大帝的要求创办的,当时为手抄本,并且免费提供。与它并存的还有传达元老院议事日程的公示,名为《元老院日志》(Acta Senatus)。一千年后,与新闻稿《每日事件》非常相似的一种刊物在中世纪的欧洲特别流行。不过,由于当时识文断字的人很少,这种刊物的内容多由街头公告员向公众发布。

后来,1556年,在威尼斯创刊的《新闻手记》(Notizie Scritte)使"日报"这一想法复活了。紧接着,又出现了一种别具一格的实时通讯,其名称为"小文宣"(pamphlet)。这些出版物涉猎的内容极为广泛,从新闻追述到养花种草,无奇不有,并且在欧洲广为发行。学术刊物出现前,知识界对"小文宣"钟爱有加,充分利用这种手段传播科学领域的新发现、新发明,报道异国他乡的见闻,而且乐此不疲。"小文宣"也被用于向公众报道发生在远方的瞬息万变的战事。当年,一个炙手可热的出版物为理查德·福克斯(Richard Fawkes)在英国出版的《实景播报》(Trew Encountre)。该刊1513年9月报道了数周前发生在英格兰的弗洛登菲尔德之战(Battle of Flodden Field),同时还刊登了战争见证人对战斗的描述,并且表彰了当年的一系列英国英雄。

再后来,17世纪20年代,宗教宣传家们创造了"新闻集锦"(news book)的概念。事实上,这是对"小文宣"的提升,它在欧洲和各殖民地极受追捧。不过,据我们今天所知,几份早期报纸出现的时间为17世纪40年代,也即废除所谓的星室法院(Star Chamber,英国历史上的贵族法院)和1649年建立英联邦之间短暂出现的出版自由时期。那些早期报纸计有约翰·弥尔顿(John Milton)主编的《政治信使》(Mercurius Politicus)、1711年出版的《旁观者》(Spectator)、1709年出版的《尚流》(Tatler)。后两份报纸至今仍然占有很高的销量,只不过它们都改头换面成了杂志。

《泰晤士报》(Times)创刊于1788年,很快便成为那一时期最重要的报纸。这份报纸以及随后出现的几份报纸(包括《早邮报》(Morning Post)、《观察家报》(Observer)、《每日电信报》(Daily Telegraph)、《纽约时报》(New York Times)的非凡意义在于,由于全面报道了19世纪50年代中期的克里米亚战争,它们的地位愈加突显。作为世界上第一批战地记者之一,威廉·霍华德·拉塞尔也因此功成名就。在他的文章激励下,弗洛伦丝·南丁格尔才得以投身于克里米亚的救护事业。虽然拉塞尔自嘲为"倒霉部落的伤感守护者",克里米亚战争偃旗息鼓仅仅过去六年,以他为榜样,投身美国南北战争交战双方，对战事进行报道的战地记者就达到大约150人。通过电报和驿马快递（Pony Express），他们将报道发往位于亚特兰大、华盛顿、纽约等地新建的媒体交换中心，关于战争的消息从那些地方传到了伦敦，以及欧洲其他地区。

克里米亚战争期间，有关战事的报道在英法两国民众中激起了对军事冲突的恐惧。通过描述和不带偏见的报道，让公众随时了解前线的情况，这在世界上还是第一次。来自前线的许多消息之恐怖令公众感到震惊。如此全面的报道催生了一种新现象——公众舆论，这导致国会议员们对发动战争进行质询。从那以后，在西方国家的政治结构中，公众舆论开始扮演重要角色。

毋庸置疑的是，语言、印刷品、媒体等经常被政府和军队用来获取优势，其方法无非是让公众保持沉默，或者，设法左右敌方的重要决策。作为心理战武器，宣传常常扮演影响国家命运的角色。它的历史和战争一样悠久。

当初，人们无法利用书写的文字借助印刷品传播观点时，他们会通过其他方式进行表达。希腊剧作家们常常利用戏剧表演表达针锋相对的政见，反映有关宗教问题和社会问题的不同观点。后来的罗马作家们更喜欢用戏剧针砭政府，发表他们对政治、社会、道德问题的不同看法。他们常常给自己的观点披上一层伪装，以避开宫廷的迫害。

文艺复兴时期，印刷术已经普及，"宣传"（propaganda）被人们当作一种重要的军事手段。1588年，西班牙国王菲利普二世（Philip II）采用相当卑劣的遮羞手段掩盖其海军舰队遭遇的灭顶之灾。半个世纪后，丹麦人和英国人均采用向文化人广为散发小册子的方式，指责对方的军队在遥远的殖民地实施暴行。

1622年，葛利高里十五世教皇（Gregory XV）创建罗马教廷的信仰宣传会后，"宣传"一词第一次成为公众的口头禅。这是个由红衣主教组成的枢密会，职责是宣扬教义，以及在"异教徒的土地上"

规范宗教事务。葛利高里的继任者乌尔班八世（Urban VIII）创建了一个传教学院（College of Propaganda），以培训牧师做这些事。然而，正由于廉价印刷的进步，宣传才真正成为敌对政府的规模化攻势，进而成为革命者和军事指挥官手中的武器。

18世纪70年代，在争取独立的抗争中，北美洲东海岸的各殖民地曾采用高调反英宣传手法。法国大革命时期，为反对统治法国的波旁王朝，伏尔泰和卢梭等人曾将宣传手法应用到极致。正如托马斯·潘（Thomas Paine）在美国革命时期左右了人们反抗英军的情绪一般，乔治·雅克·丹东（Georges Jacques Danton）和他的革命伙伴们也曾成功地利用宣传延续公众对君主政体以及被废黜的统治精英们的仇恨。

希特勒是一个宣传大师。1939年，欧洲战争开始前，在希特勒的力主下，纳粹建立了一个颇具影响力的政府部门，专攻向敌人散布精心炮制的虚假情报。这一部门同样被用来控制本国人民的思想。作为希特勒的宣传和国民教育部长，约瑟夫·戈培尔（Joseph Goebbels）策划了有史以来组织最完善和影响力最大的宣传机构。"我们为什么打仗？"在戈培尔执掌的部门授意下，1939年的一份德国报纸自问自答道："因为英国及其友邦波兰将战争强加给我们。即使战争现在没打起来，用不了两三年，我们的敌人就会发动战争。英法两国之所以在1939年发动战争，是因为他们唯恐德国会在两到三年内从军事上超越他们，那样他们就更难打败我们了。"

六年后，这场战争行将结束之际，这家宣传机器仍在不停地炮制荒诞的假新闻。盟军已然攻入柏林时，当地出版的一家报纸还在发布消息说："敌我双方的战斗正处于胶着状态。"以下为该消息的部分内容：

> 尽管在人数和物资方面占优，防御部队仍会从守备柏林的部队中，从人数众多的民兵组织（由未成年人和超龄的人组成的非正规

部队）里，在吃紧的前线得到增援。在市民们协助下，柏林数量庞大的建筑群每天都得到进一步加固。柏林市民们都在学习如何使用反坦克火箭筒和机关枪。柏林市民们像一支枕戈待旦的大军，正在恭候强敌到来。

第二次世界大战中，德国和盟国双方都在利用书写的文字影响敌对国家人民的思想意识。常有轰炸机冒险飞到城市上空，甚至飞到战场上空，成吨成吨地投掷劝降的宣传手册。收音机作为发明未久的传媒用品，也被同盟国和轴心国利用起来改变国民的观念。

伴随着各种各样的冲突，虚假的情报和宣传攻势总是会散布开来。历史上如此，今天依然如此。不可否认的是，利用编写的手册——最近则通过因特网——进行宣传，如今比以往更有成效，因为在目标受众里，今天的人识字的越来越多，人们也更为开放。

20世纪50年代，广告业迅速膨胀起来。"二战"前，最常见的广告形式为广告词，它们会出现在报纸、杂志、广告牌匾上和收音机里。尔后，基于从"二战"的宣传攻势中学到的经验教训，人们充分利用诸如电视一类新媒体，广告已然成为人们日常生活中不可或缺的一部分。

20世纪60年代至今，广告已然发展成全球性业务。人们几乎无法否认，过去半个世纪以来，在改变人类社会方面，广告扮演了至关重要的角色。在全球化的进程中，一直以来，人类生活有个重要的组成部分，我们或许可以将之称为"深入人心的宣传"。换句话说，由于存在着试图改变自己的外来攻势，例如，从使用何种洗涤剂到数次海湾战争是否道德等的宣传，大多数人早已形成习惯，人们学会了对所有问题都独立思考一下。我们已然习惯于对超级公司和西方政府和盘托出的东西先行掂量一下，然后决定取舍。理所当然的是，先进的民主制是技术发展的副产品，它使人们与媒体直接对话，使人们有能力通过投票让政府上台或下台，并且可以结合法制——至少从理论上说如此——防范大规模腐败。

2　加密解密技术

几乎在确立写字方法的同时，人类就发明了拆字方法。这样做得益于军事利益的推动，因为保密对军事行动非常重要。在冲突时期，这样做尤为必要。随着加密和解密技术的不断更新换代，它们变得越来越复杂和别开生面。正因为如此，对军事部门来说，它们也变得越来越重要。

密码的使用有两种，即硬密码和软密码。硬密码即采用物理方法对信息加密。有史以来最有名的例子是希腊历史学家希罗多德（Herodotus）的描述，他所说的方法来自古波斯国王希斯提亚埃乌斯（Histiaeus）给阿里斯塔格拉斯（Aristagoras）送信的史实。后者是米利都（Miletus）的国王，一个残暴的统治者。前者用文身法将信息写在一个奴隶的头皮上，待他的头发长出来后，才让他回去找国王，并转告国王将他的头发剃掉。

关于软密码，历史上还有一个聪明绝顶的事例，说的是古希腊将领的绝唱。方法是往纸草上书写信息时胡乱混入许多不相干的字母。将纸草绕在一根木棒上，即可根据木棒的长度进行阅读。信使并不携带木棒，所以，收信人必须有长度相同的木棒，并且知道绕纸草的方法，才能解密和阅读。

软密码不仅是个万能的密码系统，自书写方法诞生后不久，长期以来，它一直受军事计划制订者、军事指挥官和政府官员们青睐。据说，恺撒大帝可能是有史以来最先在战场上使用密码的将领之一。他从征战英伦的大本营往罗马送信，采用的方法是软密码中最简单的一种，无非是在字母排列表上跳三位，即字母"A"以字母"D"代之，字母"B"以字母"E"代之，其他依此类推。唯有事先知道规律的人们，才能读懂其中的含义。在今人看来，这样的方法过于简单。然而，正因为它是人类最早采用的密码方法之一，仅就加密这种想法而言，已经出乎人们的意料，秘密因此才得以保存。至少在当时情况是如此。

在欧洲中世纪暗无天日的时期，读书和写字被人们冷落，密码的命运也是一样。不过，到了文艺复兴时期，军人和哲学家重新燃起了对密码的兴趣。达·芬奇记录其最不想让他人知道的秘密研究时，照着镜子反过来写字。罗杰·培根对密码和暗语的兴趣达到了痴迷的程度。13世纪中叶，他就此撰写了一篇专论，当年大受追捧。那篇文章为《论秘密工艺作品与无的魔法》（"Secret Works of Art and the Nullity of Magic"）。

超级博学的天才利昂·巴蒂斯塔·阿尔贝蒂在许多方面对达·芬奇有重要影响，由于其开创的许多关键解析方法至今仍然为分析家们所采用，长期以来，人们一直将他誉为"西方密码学之父"。这些独具匠心的分析方法包括频次分析法（一种对文本规律进行测定和解析的技术），利用它，可找出一些线索，人们可从中探知编码的关键所在。他还发明了按字母排列的暗语，制造了最早的暗语转轮（由一系列转轮组成，转轮上刻有数字和字母），依照默认的设置，即可找出一组对应于相同设置的字母。

后来，阿尔贝蒂的字母排序加密法经德国学者约翰尼斯·特里西米乌斯（Johannes Trithemius）加以发扬光大。1518年，后者发表了《字母排列复合加密法》（*Polygraphiae*）一书。而阿尔贝蒂的暗语转轮则由托马斯·杰弗逊改进成一套由26组对应字母组成的密码机，于19世纪初投入使用，直到1942年，美军才宣布其退役。

在我们的时代，最著名的密码事件莫过于恩尼格玛编码器（Enigma）。第二次世界大战爆发前夕，为了给军事行动计划加密，也为了潜艇舰队的联络，德国人开发了这种机器。破译恩尼格玛密码成了盟军的首要任务。为此，英国人在白金汉郡的布莱奇利庄园（Bletchley Park）建立了一个由密码破译员和数学家组成的特别团队。

从 1940 年 4 月起，他们开始破译恩尼格玛密码，这项工作一直持续到战争结束。他们的工作不仅挽救了数以万计士兵的生命，还极大地推动了世界上第一台计算机的开发。他们最重要的成就是，制造出一台被命名为科洛萨斯（Colossus）的机器。这个项目由阿兰·图灵（Alan Turing）领导的一个分析师团队完成。后来，他们成了世界上第一批计算机专家，为战后计算机产业的发展开辟了道路。因此，可以毫不讳言地说，计算机的发展从一开始就和密码难解难分。对如今的企业界和科学界来说，为军队工作的密码破译员们总结出的经验教训，至今仍然有其十分重要的意义，对战略家和政治家们来说，这样的经验教训一直是他们器重的"助手"。

密码系统最重要的日常应用是，人们创造和开发了信息加密技术，并把它大规模应用于银行业务领域，信息加密技术也是电子商务的重要组成部分。人们很自然会想到，将信用卡插进自动柜员机（ATM），配合个人密码，即可轻松地取出现金。全世界每天有上亿人在因特网上购买货物，其安全性正是由加载到信用卡上的密码保障的。

如今我们获取信息使用的个人安全码或标识码（PIN）的学名是"公用密钥加密算法"（Public Key Encryption）。这一系统的专利于 1975 年授予了斯坦福大学的两位美国人——惠特菲尔德·迪非（Whitfield Diffie）和马丁·赫尔曼（Martin Hellman）。说实在的，事实上，这种方法是位于格洛斯特郡切尔滕纳姆的英国情报局下属的核心部门国家通信总局（GCHQ）于两年前设计的。为管理英国的核武器库，两位在此工作的受雇于政府的密码破译员克利福德·科克斯（Clifford Cocks）和马尔科姆·威廉姆森（Malcolm Williamson）创造了这一方法的核心部分，即"柔性加密自动生成系统"。然而，由于他们受制于《公务员保密条例》（Official Secrets Act），另外也由于他们的工作高度保密，当时他们无法将发明公之于众。

公用密钥加密算法的工作原理如下：一长串数字"密钥"可被

嵌入敏感的信息，例如，银行的详单或个人健康档案。可嵌入的密钥是开放式的，因为它仅用于加密。不过，接下来才是关键，仅有少数据有解码密钥（例如，ATM可通过密码解锁）的人才能解开信息源，或解开打包的信息。

由于对"数字"和"模式"的理解超过其他人群，数学家们成了第一批对语言进行拆解和加密的人。然而，这一进程是双向的，在产出的同时也有收获。由于编写加密法则和运算法则，数学家们也收获颇丰。他们的收获可应用到其他数学学科，当然，人们也可将其应用到其他领域。将这种共生共荣发挥到极致的实例为，数学家与生物学家及化学家进行合作，共同揭开了自然界最错综复杂的密码之一——基因组，即所有生命物质的遗传标记。

解释遗传学时，科普作家总是喜欢用类推法将其比喻成"作品"。所有生命物质的遗传结构全都基于DNA（脱氧核糖核酸），它是人们所熟知的基础物质，由四个大分子构成。它们是"胞核嘧啶"（以字母C指代）、胸腺嘧啶（以字母T指代）、鸟嘌呤（以字母G指代）、腺嘌呤（以字母A指代）。人们讨论遗传学时，或多或少喜欢将这些基础物质比作字母。据说，成组的基础物质可等同于"文字"，这些"文字"可以组成类似于"段落"的DNA分子，而成串的DNA可构成遗传因子（类似于书籍中的章节）。成群的遗传因子进而可组成染色体（类似于书籍），而染色体又构成了细胞的核心，拥有大量藏书的图书馆无非就是这个样子。

这样的类推法同样可以反过来应用，将DNA看作加密的文字。因此，遗传密码（实际上人们常常这样称呼它）可决定基础物质的走向，通过不同的交互方式，可构成不同的DNA分子。所有这些意味着，正如当年那些密码破译员整天琢磨着如何破译敌人的密码一样，试图更好地了解遗传因子的功能以及DNA不可思议的作用的科学家们，已经以同样的方法获得巨大的收获。

3 有钱使鬼推磨

在书写出现以前，钱币已经来到人间，并且以符号交换和实物交换两种形式存在于世。在远古时期，不同社区的人们将词语连接到一起，开发出了书写的语言。与此同时，他们也创造出一些计算方法。最重要的是，他们创造出了可用于做记录的数字，使货币系统的存在成为可能。

创新使战争效率越来越高，而现金流向军人的重要性也变得越来越突显。向农民提供长矛和未开刃的长剑，将其武装起来，或者用军火武装和配备一个炮兵师。就这两种组建军队的方法而论，前一种方法动用的资源相对少了许多。与调遣重型火炮或攻城器械相较，运送或操纵步兵会容易许多。以强大的军事实力发动战争，军事领袖们必须拥有强大的财力做后盾，如若不然，他们就得被迫举债，以便给作战部队发饷，提供膳食和运输，提供作战装备，使地面部队（也可能是海军）的规模足以克敌制胜。大约从13世纪至今，情况一直如此。人类早期创建的那些银行就是干这个的，具体来说，就是为战争"输血"。向军事冲突提供金融支持前途无量，某些人首先认识到这一点，他们不仅发了大财，也成了历史上举足轻重的人物。

远古时期，银行业务即已存在。例如，《旧约》里就有关于犹太放债者的描述。一些古代记录显示，生活在早期文明社会的苏美尔人和埃及人已经有了钱币，而且还知道借钱和收取利息。不过，最早的现代意义上的银行出现在13世纪意大利的两大商贸中心——热那亚和威尼斯。其概念为，一种可以将钱存入其中和借出其外的机构，一种可以为社会各阶层控制现金流的机构，这样的概念发端于此，并由此传遍意大利全境，随后传遍整个欧洲。

现代银行的诞生，得益于从东方国家传到欧洲的两项创举。第一项为"复式簿记"方式，它保证了金钱往来记录的数据更为精确，减少了代价高昂的错误。另一项为"汇票",即支票的发明。这意味着,贸易往来不必局限于同一家银行的不同分支机构。在相距遥远的两地之间,同样可以达成交易。这两项创举来到欧洲正当其时,因为当地的学者们刚刚掌握的希腊文和拉丁文已经启动了欧洲的文艺复兴。后来的结果证明,它们为现代欧洲社会形态的形成做出了不可磨灭的贡献。

佛罗伦萨的美第奇家族成为有史以来最著名的金融家族。当年,一些欧洲强权人物需要金钱支撑他们的军事行动,这一家族的财富即来源于此。一些历史学家认为,美第奇家族最著名的成员都是独裁者。他们指出,这些成员里,一些人极其腐败,其动机也极为自私。这些说法有其合理性。不过,毫无疑问的是,美第奇家族成就了大约三个世纪的文艺复兴历史。这一家族的成员都是欧洲最重要、最有影响力的公民。也可以这样说,他们为西方社会的进化做出了极为重要的贡献。

让这一家族成为名门望族的第一人是乔瓦尼·迪比奇·德·美第奇(Giovanni di Bicci de' Medici)。14世纪初,他创建了一家银行,专门向天主教教会提供贷款。主要因为乔瓦尼,这个家族从中产阶级一跃成为佛罗伦萨最富裕的名门望族之一。他辞世时,为后人留下了大约10万弗罗林的资产(这相当于21世纪初的5000万英镑或9000万美元)。

乔瓦尼的长子科西莫·德·美第奇(Cosimo de' Medici)生于1389年。虽然他很快显现出做生意的敏锐,以及对数字和分类账目的天赋,他更感兴趣的却是书籍,以及刚刚登陆欧洲的东方学问。14岁到17岁间,他师从一位名叫罗伯托·德罗西(Roberto de Rossi)的希腊学者。正是这位老师激发了科西莫对古代知识的兴趣,其时乔瓦尼正在筹划让儿子接掌银行指挥棒。

不管怎么说,科西莫各方面都超越了父亲,最终成了超级银行家。他以高超的技术领导着家族企业,极大地增加了它的财富,他本人则成了佛罗伦萨最受尊敬和最受崇拜的人物。与此同时，他始终没放弃对艺术的热爱。科西莫毕生都在赞助艺术家、作家、音乐家。大凡有真才实学的人，他都给予资助。同时，他还资助自家的仆人游历欧洲和东方国家，搜集远古时期的手稿，并资助人们对这些手稿进行翻译和修复。欧洲最有实力的金融家就这样从好战的领袖人物手里捞钱，然后从中抽出相当的比例，以丰富那个时代的文化。同时，他们也为未来留下了传奇。

通过与其他国家的金融机构建立稳固的联系，在政治和经济两方面，科西莫·德·美第奇对佛罗伦萨的稳定做出了重要贡献。科西莫有生之年，美第奇银行在法国、德国、英国开设了分行。所有分行都为科西莫热爱的佛罗伦萨市民带来了财富增长和繁荣。

科西莫的儿子皮埃罗（Piero）子承父业，成了家族领头人，并且扮演了父亲为他腾出的政治角色。他生性吝啬，毫无想象力，几乎在所有方面与父亲南辕北辙。他比父亲仅仅多活了五个年头，接下来轮到他儿子洛伦佐（Lorenzo）继承家业。这一位大概是美第奇家族最著名的人物了。

从遗传学和血缘关系方面说，洛伦佐是皮埃罗的直接继承人。不过，他继承的却是爷爷身上超强的能力。他各方面都像科西莫的直接继承人。他甚至像爷爷一样，对银行业和政治毫无兴趣。不过，一旦投身进来，他同样证明了自己是个赚钱天才。像祖先们一样，洛伦佐从未在佛罗伦萨担任过一官半职，虽然如此，整个城市，还有意大利大部分地区，实际上都在他掌控之下。

洛伦佐是有天赋的文人，也是奸诈的商人。不过，他更是个将佛罗伦萨看得高于一切的爱国者。接掌银行大权未久，他便展示了一片忠心。1471年，一个出身贫寒的、名叫弗朗西斯科·德拉·罗维尔（Francesco della Rovere）的圣方济各会修士成了主教。罗维尔更名为西斯图四世（Sixtus Ⅳ），接掌教皇职位不足个把月，便与年轻的银行家洛伦佐发生了冲突。后者当时掌控着欧洲绝大部分现金流通，无论是国王还是罗马教皇，他都有能力将他们扶上宝座，或者将他们从宝座上掀翻。

西斯图坚信，自己不仅是宗教领袖和道德守护神，他还把自己看作世俗国家的领导、军事统领、教堂神父。他嗜财如命，贪得无厌，不忌道德操守，将扩大罗马教廷的领地当作自己的首要职责。登上罗马教皇宝座不过数月，西斯图就对意大利东北部被称作罗马涅（Romagna）的一大片地域虎视眈眈。他的计划有二：花钱购买，如若不成就强取，然后将自己的外甥吉罗拉莫·利亚罗（Girolamo Riaro）安插到那里，当个听命于自己的地方领袖。不过，实施这一计划需要资金。虽然此前数十年是罗马教廷最有钱的时期（这主要得感谢美第奇银行的指导），西斯图仍然需要向洛伦佐贷款 4 万达克特（相当于 21 世纪初期的 600 万英镑或 1100 万美元）。

洛伦佐和佛罗伦萨的人民早已看出，西斯图的计划居心不良。他这么做，不仅是在他们的贸易通道（数世纪以来，他们必须穿过罗马涅才能到达威尼斯）上插进一只脚，而且还威胁到意大利的稳定。通过实施小心翼翼的民主进程和开明政治，意大利已经获得数年稳定。新任教皇正式提出他的计划时，所有人很快就明白了，这一计划完全是出于私心，根本没有考虑当时意大利微妙的权力平衡。洛伦佐义无反顾地拒绝了西斯图的要求。

西斯图做出的回应几乎就是在光天化日下对银行实施肆无忌惮的抢劫。不过，这样做无助于他的计划，他知道自己已经输掉第一回合。正由于他的图谋昭然若揭，他的借款计划四处碰壁。他像一只受伤的动物，在失落和愤怒中舔舐着累累伤痕。他对洛伦佐恨到无以复加的程度，将其描绘成"一个邪恶的、令人不屑的、胆敢藐视我们的人"。仇恨竟然促使他公开宣称：更迭佛罗伦萨的政权，毁掉美第奇银行。

接下来六年，罗马教廷和佛罗伦萨间的摩擦充斥于意大利的政治领域，在外交层面和日常事务中也有表现。西斯图的外甥利亚罗雇了四个杀手，于1478年4月26日对洛伦佐进行行刺。这一阴谋以失败告终，四名刺客被捕，然后被施以绞刑。从那以后，教皇的权力受到限制，洛伦佐的声誉反而如日中天。

一系列事件让欧洲所有领袖人物都擦亮了眼睛，认清了他们那个时代真正的实权人物并非世袭的皇亲贵戚。像洛伦佐那样的人，既可以创造国家，也可以颠覆国家。统治者们对此无能为力，权力已经轮回到金融家手里，并且永远都不可能完完整整取回来了。可以这样说，战争创造了资本主义。

其时，银行已然成为老百姓日常生活的组成部分，不过，银行家们仍然不放过各国政府的财政大权。在金融方面，国王奥兰治的威廉（William of Orange）与一个名叫威廉·佩特森（William Paterson）的苏格兰超级富豪结为合伙人，于1694年创建了英格兰银行（Bank of England）。佩特森是个精明的商人，他知道冲出起跑线的英王已经无法停下来。国王急需一笔超过百万英镑的预付款，以便对法国实施一系列战役。在同意放款前，佩特森要求国王成立一个国家银行，以便管理这笔贷款，而且政府必须为此支付高额利息。经过一系列激辩，佩特森的条件获得了认可，威廉国王也得以放心地发动战争。

英格兰银行是世界上第一个国家银行（如今称为中央银行），它创立了国债概念。到1700年为止，威廉国王借贷的120万英镑已经变成了1200万英镑。一个多世纪后，由于对拿破仑战争的胜利，这笔钱令人错愕地膨胀到8.5亿英镑（21世纪初相当于1000亿英镑，为便于理解，也可换算成2000亿美元）。毫无疑问，对政府来说，英格兰银行特别重要。1781年，在议会回答质询时，当时的英国首相诺斯勋爵（Lord North）曾经宣称："……多年的习惯和使用已经让它成为宪法的一部分。"他接着补充说："财政部的所有业务也在银行办理。对公众来说，过去的经历证明，与过去在财政部办理业务相较，在银行办理业务能得到更多实惠。"

另一个曾经到达世界权力顶峰的金融家族是罗斯柴尔德家族（House of Rothschild）。19世纪第一个十年，在伦敦开设银行前，这一家族已经于18世纪在德国创立了家业。由于资助了一系列战争，包括当年最昂贵的战争（以残忍程度和硬通货为指标）——美国内战，这家银行成了世界上最有权势的银行之一。在英国创建罗斯柴尔德银行的是内森·迈耶·罗斯柴尔德（Nathan Mayer Rothschild），他是这一家族中成就最高的几个人之一。据说，他曾经拥有世界上半数的财富。另据报道，他曾经放出如下狂言："我可不管坐在日不落帝国宝座上的傀儡是什么人。控制英国货币流通的人才是实际控制英国的人，而我控制着英国的货币流通。"听到这一说法，《名利场》（Vanity Fair）的作者萨克里（Thackeray）不无讽刺地挖苦说，内森·迈耶·罗斯柴尔德"可不是领导众犹太人的国王，而是领导众国王的犹太人"。

阴谋论者们指出，19世纪中叶，罗斯柴尔德家族和其他实力雄厚的金融家们结成联盟，妄图以金融活动达到对政治的绝对控制。正是他们设计并主导了英法两国在美国内战中各支持一方。按照这些阴谋家的说法，俄国沙皇事先知道这一计划，预见到这一图谋可能导致的可怕后果，于是横插一杠子，阻止了银行家们的野心。

阴谋家们的说法或许是异想天开，因为没有任何证据支持他们的说法。不过，确实也没必要乱猜测。包括美第奇家族，以及当年与它并驾齐驱的德国金融寡头福格尔家族（Fuggers），其他计有罗斯柴尔德家族、美国的洛克菲勒家族（Rockefellers）、英国的巴林家族（Barings）等，它们的势力如此强大，这些家族实实在在地控制着各个国家的财富和现代社会的演进，它们的实力超过王室、政府、军队、教会。这些人大权在握（将来依然会如此）的途径无非是手里握有通向银行大厅的钥匙，看管着世界各地流通的货币。

与确保一场战斗的结果，或确保任何一次冲突的胜利相比，处于冲突中的银行必定会把更多精力投向管理现金在冲突各方的流通。

银行因而富得流油。大到政府和大企业的，小到几乎每个活着的人的集资方式，以及管理货币的方式、消费货币的方式，银行家们将这些全都彻底改变了。他们利用的是伴随财富膨胀的权力。他们甚至还彻底改变了现有的社会结构。

银行出现前，军队由驻地附近的老百姓供养。无论农民是否情愿，一旦兵役派到某人头上，你就得拿起武器，奔赴战场。然而，当武器得到了改进，资金可以通过放贷获取，情况就变了。如今的领袖人物总是希望坐拥手握最新式武器的、更为强大的部队。与此同时，对战争没有任何兴趣的老百姓则希望留在农场里，留在办公室里，他们对血染疆场不感兴趣。因此，统治者便通过征税敛钱以供养士兵。征来的税款使领袖们有了资本，可用于供养更好的军队。只要没有生命之虞，老百姓也乐得缴纳税款。

在远古时期，征税概念即已有之，它是封建社会的立足之本。自罗马帝国崩溃以来，封建社会在欧洲大部分地区存在了上千年之久。现代版的征税制度是跨国银行普及以后确立的，而且历经五百多年，几乎没发生什么变化。用征税制度资助军队升级换代，世界各国家大都如此。

在早期历史中，通过银行集资和征税供养的军队总会见钱眼开。显而易见的是，供养用这种方法招徕的军队是个麻烦。唯利是图的军队总是背信弃义，因而臭名昭著。无论出于何种原因，一旦财源和物资供不应求，或供应中断，他们会毫不犹豫地抛弃雇主。同样危险的是，唯利是图的军队只认钱不认人，只要出现更大的利诱，他们会立即掉转枪口。

没过多久，人们便清楚地认识到，保卫国土最好的方法是组建职业化的正规军，由上层社会精英们担任军官来训练和掌控军队。这样的军队耗资巨大。不过，只要有国家银行存在，有国家信贷，还有通过征税获得的收入做支撑，高额开销总会得到满足。从前那些世袭的领袖们，以及后来通过民主选举成为领袖的人们，几乎在不知不觉中将掌控世界的大权移交到了世界级金融大鳄的手里。

4　军纪无处不在

银行对军队之所以重要，要归功于银行老板们训练有素。他们知道应当如何操控货币，如何监管资金流向，监管银行收入。不过，作为称职的银行家，还必须具备一副铁石心肠，也必须孤高自傲。事实上，只要具有这样的认识，就可以理解为什么军界人士和金融界人士总能融洽相处。因为，这两种人原本有着许多相通的气质和特征。

在本章里，我曾经谈到，军队的需求从两方面深刻地改变了人类社会：其一，军队上传下达的命令，没有它们，语言的演进和文字的进步会滞后许多；其二，现代金融业枝繁叶茂的原因是，数世纪前，军事战略家和金融专家已经结成联盟，他们为此奠定了基础。

促成当代人类社会成形的第三种源于战争的经验教训是军纪。如今，人们理所当然地认为，这是军队不可分割的一部分，它是战斗人员必须具备的理念。

古罗马军队因为像个纪律严明的机器而名闻天下。它的这一特点恰如其分地反映了它所捍卫的社会。等级制是罗马帝国社会生活的组成部分，它的军队非常清晰地反映出社会的等级结构：军队是个等级森严的机构。虽然如此，由于军事行动需要纪律维系，从中总结的经验教训使罗马帝国的社会生活获益匪浅。经常深入古罗马陆军和海军，以严明的军纪磨砺自己的一些人包括书记员、簿记员、政府官员、政治家等。事实上，这些人管理平民社会的技巧来自他们从高卢地区、日耳曼地区、不列颠群岛、非洲北部获得的经验。

军事技术日益先进和复杂，因而军事专家在社会上的地位也日益突显。火炮和其他火器在14世纪的应用形成了一个鲜明的分水岭，使军事专家得到了重视。

枪和炮很快在世界各地受到青睐。炮兵部队需要保养武器，需要调配好炮弹和火药的供给。这些都需要良好的组织和严明的纪律。曾在军队锻炼过的人，离开军队后才意识到，他们的经验在民间大有用武之地。社会的进步也让老板认识到，好士兵往往也能成为好雇员。

纪律之于军事，如今比以往任何时候都更为重要。战争科技已经达到如此精细和复杂的程度，现代化部队雇用的专业人员，其学科跨度往往非常大。与此同时，除了自己每天使用的通信器材、配备的武器，士兵中的非专业人员对其他高技术装备知之甚少。因此，为达到效果最大化，必须有组织严密的指挥系统，用严格的纪律将他们约束成整齐划一的团队。

从更广泛的意义上说，为保持高水平的组织结构，无论在政府还是在大型企业里，部门和系统的设置多数都参照经过军队考验的建制。欧洲民事机构的设置就是军队建制的翻版，这一等级森严和结构僵化的体系经历了四个多世纪考验。

民事机构的运营像军事机构一样严谨，而且等级非常分明。这一系统创建之初脱胎于军队，当年，它的作用就是在军队和中央政府之间担当媒介。这两个利害部门之间的牢固关系如今依然存在。事实上，许多长期在军队服役的高官最终放弃了在陆军、海军、空军里的职位，落户到民事机构里任职。

民事机构承担着政府和军队间的沟通，这一传统是古罗马帝国的遗存。公元1世纪的哲学家兼作家老普林尼是罗马帝国最重要的海军将领之一，他同时还是政府官员、政府顾问、工程师、官方历史学家。在较近的年代里，例如，在17世纪的英国，塞缪尔·佩皮斯（Samuel Pepys）既担任英国海军大臣，同时还担任其他政府高官。这些有军队背景的人都具备不可多得的经验，并能很好地将其应用到民事领域。

在维持武装力量方面，军纪扮演的角色至关重要，这也从另一个层面得到了体现。我指的是不断扩大的后勤领域，即规划复杂军事行动的科学。后勤的重要性怎么估算都不过分。如果没有足智多谋的规划，武装力量无论弹药多么充足，最终都会一败涂地。事实上，绝大多数军事谋略家认为，当代每场军事行动，制胜的关键不是别的，而是后勤。

上述观点无疑是正确的，不过，它并不那么直观。古时候，许多国家入侵过邻国的疆土，例如，罗马帝国和蒙古帝国均征服过大片地区，他们攻城略地，需要花费很长时间，而且主要是线性推进。换句话说，每夺取一块新领土，必须依托给已经完全掌控的相邻地区。在发动夺取领土的战役时，攻入敌国的部队必须仰仗周边的农村地区供给食物：他们搜刮、猎取、偷窃所需要的一切。不过，采用这种方法供给部队，从来都不怎么牢靠。随着部队兵员增多，这种方法越来越不切实际。

拿破仑·波拿巴（Napoleon Bonaparte）是世界上第一个对传统供给系统提出质疑的高级指挥官。1796 年，他率领一支 36 万人的大军入侵意大利，这些人的生计完全依靠搜刮民脂民膏。在意大利战争期间，这一系统运转良好，因为拿破仑将部队分成小股，每股部队都在事先划定的区域获取物资。然而，四年后，在马伦戈战役（Battle of Marengo）中，他的大军差点被一支实力相差悬殊的奥地利军队打败。原来是法国军队外出搜刮食物期间，对方偷袭了法军大本营。

拿破仑不愧是战略家，从马伦戈回国后，他立即着手设立了一个机构，其名称为"工业设计促进会"（Society for the Encouragement of Industry）。他设立该协会的初衷是，对如下人等进行奖励：对改善士兵生活提出最佳设想的人，对促进产业发展的人。该协会可圈可点的事迹之一是，挖掘出一位年轻的发明家尼古拉斯·阿佩尔（Nicholas Appert）。他获得 10 万法郎奖金，是因其出众的实用性创新——食物保鲜。

阿佩尔成长在一个盛产葡萄酒的地区，他曾经当过厨师和香槟酒装瓶工。他发现，将食物装入香槟酒瓶，然后加热和封存，食物可以保存很长时间不腐烂。这是因为，空气从瓶子里被挤出来，腐败过程被极大地放缓了。

这正是拿破仑大军所需要的。香槟酒瓶造价低廉，这种保鲜方法容易实施，装箱后实施长距离运输也相对容易。最重要的是，由于外出搜刮财物不再是必需，士兵们可以全心全意投入战斗。自1812年伊始，保鲜食物便追随法国远征军踏上了征程。二十年后，巴黎和伦敦的商店里已开始出售阿佩尔发明的瓶装食物。

当时，这样的食物保鲜法能满足军用和民用两方面的需求，且效果不错，虽然如此，它出现十年后，一个名叫布莱恩·唐金（Bryan Donkin）的英国人成功地发明了世界上第一个马口铁罐头。唐金曾经是造纸工，还是个模具师傅。用马口铁做容器保鲜食物，不仅包装更结实，重量也更轻。艾伯特也曾经考虑用金属做保鲜容器，可是，法国革命后，法国的工业已经糟得不能再糟。从经济上说，这样做也行不通。即便在采矿业和金属锻造业迅速扩张的英国，当年进入商店销售的马口铁罐头，其单件包装成本已达10便士。这笔钱相当于一个家庭一周的租房开销。

英国武装部队以极大的热情接纳了上述保存食物的新方法，用马口铁罐头封装了所有食物。罐头易于装船运输，易于用推车和马车运输。由于军队需求量巨大，使用这一技术的成本迅速降低。1818年，英国海军采购了23779个罐头肉和蔬菜，极大地改变了罐头包装产业。

无论是古代战争，还是19世纪初期的拿破仑战争，都无法与多条战线同时作战的现代战争相比。例如，第二次世界大战是第一次真正意义上的全球战争，全世界每块大陆都卷进了战争。如今的军事历史学家们特别喜欢提及那场战争中的一次特殊战役，它标志着人类第一次以现代军事后勤规划为依托，以前所未有的规模远离后方作战。我指的是1942年的第二次阿莱曼战役，它以蒙哥马利将军完胜名扬天下。他的对手是德国陆军元帅埃尔温·隆美尔（Erwin Rommel）麾下的与意大利部队结盟的德军。

决定蒙哥马利作战部队这一战役成败的头等重要因素是超强的后勤规划。他构筑了一支由150万士兵、无数坦克和火炮组成的，得到充分保障的，凝聚力强大的作战部队。这次行动需要将大量食物、军火、服装、燃油、零配件、医疗装备等从英国和其他同盟国装船运送到北非战场。在没有计算机的年代，整个行动规划全都依靠笔和纸做出，蒙哥马利麾下的参谋人员必须不折不扣地执行事先精心规划的每条指令。

这次沙漠战役的胜利，奠定了1942年以后英国在北非的霸主地位，同时它也被看作1944年"D日"登陆行动的预演，这次登陆的最终结果是盟国解放了整个欧洲。不过，人们终于通过历史的这一节点认识到，无论对军事行动而言，还是对和平时期的项目而言，后勤规划无疑是至关重要的手段。无论是在洛斯阿拉莫斯国家实验室里，还是在1944年的诺曼底海滩上，甚至在随后而来的20世纪50年代到60年代的美苏太空竞赛中，精心规划的物资和人员调配均得到很好的应用。上述成功需要军纪的保障，如今，影响到全人类商业领域和政治领域各个层面的国际合作同样需要军纪做保障。

5　格林尼治时间

定期做人口普查，古已有之。古罗马人一向重视社会风气、簿记、档案。从他们定期对人口进行调查，即可部分地看出这一点。对他们来说，人口调查是重要的行政措施，政府可通过它核查税收，核查土地使用情况。两千年后，到了18世纪，欧洲政府和美国政府按照罗马模式建立了人口普查体系。

从中世纪暗无天日时期开始，欧洲的民间机构就开始保留关于人们出生、死亡、结婚等的记录。不过,从1597年开始,天主教教会将这样的记录变成了强制性措施。六十八年后的1665年,加拿大法语区成了世界上第一个由政府实施人口普查的现代国家。这一做法随后成了一股潮流,对本国人口感兴趣的各国政府纷纷群起效仿。

效仿加拿大法语区的计有:瑞典,在将近一个世纪后;意大利,于1770年;美国,于1790年;英国,于1801年。这样做的部分动机是,有必要搜集和保留一些数字,以便征税和明确财产归属。同时,人口普查对军方意义重大。军方需要准确掌握人口中符合战时征召条件的男性数量。19世纪时,国民兵役制和应召入伍已经很时兴,因此出现了青年男性组成的常规部队,训练和打仗全都由政府买单。

人口普查的重新出现(如今人口普查早已不仅仅是清点人口数量),其好处如此诱人,不仅对军方如此,对政府、医疗保健、社会学家、统计学家、民生规划师、国民经济等亦如此,因为它可以从各个层面提供所有国民的信息。由此还可以分析乡镇、城市、偏远地区的人口分布,家庭结构,出生率的趋向等。由此还诞生了市场调研,社会分类学。从前社会学家无能为力的诸多领域,例如,人们的消费习惯,可支配收入水平,教育的影响,甚至人与人之间迥异的嗜好等,全都可以通过人口普查较为准确地、均衡地进行量化。

如今,人们已经习以为常的另一个源自军事需求的生活常态为时间概念。远古时期,极少有人知道自己生活在哪个年头。人们每天的生活节奏完全听凭自然——白天看太阳的位置,夜间观察星星和月亮的移动。这对生活简单的农村人已经足矣。然而,随着贸易变得越来越像贸易,即越来越复杂和越来越国际化,需要建立一个可靠的计时系统,其重要性也突显出来。需求首先来自军事领域。即便如此,若想让社会接受新思想,改革家们仍然需要与既定的传统观念进行抗争。

世界著名钟表大师约翰·哈里森(John Harrison)为英国海军造

出了非常精确的计时装置。海员可借助这样的装置计算经度，这对航海家帮助巨大。不过，哈里森花费数年时间，才最终说服了稳重的、毫无想象力的指挥官以及政客们，终于使他们理解了，非常有必要采用精确时间来制定海军的行动方案。

18世纪那会儿，走时精确的钟体积庞大，价格昂贵，因而数量稀少，军界以外极少有人买得起它们。当然，人们拥有它们也没什么用处。渐渐地，随着计时装置变得越来越复杂，越来越小巧，越来越便宜，有钱的精英们开始注意"准时"的重要性。这样的态度在人类社会迅速蔓延开来。即便如此，对于在战斗中注意精确地控制时间，协同一致，多数军事指挥官几乎没有兴趣。例如，美国独立战争期间，大陆军总指挥乔治·华盛顿写信时从不在落款日期上加注"白天""夜里"等字样；下达战斗命令和行动命令时，也极少标注开始时间和结束时间。

一代人之后，法国人拿破仑·波拿巴则对此采取了截然不同的态度。例如，他要求人们计时要准确，做事要守时，行动要一致。由于他的坚持，公众逐渐接受了这一切。拿破仑心里清楚，在欧洲版图的不同地区调遣大军，精心的组织、清晰的时间概念、各集团军步调一致等何其重要。即便如此，拿破仑仍然费尽了九牛二虎之力，才最终说服各位将军按照他的想法行事。

为了对那些体会不到时间何其重要的人显示公平，不妨这样说，即使在不久前的19世纪中叶，精确的时间概念推行起来相当有难度。质地良好的计时装置稀缺，进而增加了它的难度。更糟糕的是，人们对时区划分无法达成一致，每个国家和地区都各自为政，自行决定时间设置。由于太阳自西向东沿经线每小时移动15°，在制定统一时间时，某个位于荒蛮地区的国家难免会出于自身利益考虑问题。例如，位于英国东海岸大雅茅斯的人和位于西海岸最远端的人相比，在同一个时间点上，他会感觉时间晚了半小时。对仰赖电报联络（如拿破仑大军所做的那样）协调作战行动的军事

第三章　从楔形文字到信用卡

计划制订者们来说，时间的一致性非常重要，对于其他人，这一点却并非如此。随着蒸汽时代的来临，对编制列车时刻表的人们来说，时间不统一是个大麻烦，因为列车要在各自为政的时区之间移动，而且速度太快。

为避开这一麻烦，人们划定了时间经度线。位于伦敦东南，在伍尔维奇兵皇家工厂和皇家海军学院附近的格林尼治天文台（Greenwich Observatory）被定为统一时间的原点，然后有了新词汇"格林尼治标准时间"（Greenwich Mean Time）。自19世纪40年代起，在英国全境，统一时间渐渐为人们接受，随后欧洲人也接受了它。自1884年10月华盛顿国际子午线大会起，"格林尼治标准时间"成了国际标准时间。

如今，精确的时间概念已然成为商业领域、金融领域、国际交往领域最重要的组成部分。事实上，正如生活在16世纪的农民完全无法想象，按照国际公认的标准时间居家过日子，按照格林尼治标准时间设定自己的时间，生活会变成如何一样，自称生活在"地球村"里的21世纪的公民同样无法想象，如果没有了统一时间，人们将如何过日子。

第四章
从双轮马车到子弹头列车

直到一个世纪前,人类最快的移动速度是每小时65公里左右——奔跑最快的马的速度。在速度领域,从缺少技术创新,到随时可乘车沿高速公路飞驰,或乘坐子弹头列车以每小时数百公里的速度飞驰,这段时间中,文明社会的人们走过的道路绝不是笔直的。在追赶速度领域,任何天才人物都不可能独领风骚。事实上,人类在移动速度方面的进步,汇集了无数人的点子、发明、发现和创新。

推动上述进步的创新思想,其动力来源不一。一些先行者早就意识到,自己的点子必定蕴含着商机;另一些先行者在这一领域做出贡献,则完全出于偶然或者运气。许多创新的动力完全出于某种特定的需求。这有点像拼图玩具,缺少其中任何一块,就无法拼出完整的图案。

正如本书所述,诸多创新的主要动力来自军事需求,人类在移动速度方面的发展亦如是。毫无疑问,对复杂如汽车一类的机器而言,在推动它们发展方面,20世纪的两次世界大战功不可没。每台这样的机器都汇集了大量属于不同门类的零部件,从接触地面的充气轮胎,到点燃燃油和点亮照明灯的电池,大量零部件最初的开发都是为了军事。

人，总是希望速度更快，环境更舒适，价钱更便宜。中世纪和文艺复兴时期那些伟大的思想家曾经梦想过一个时代：所有工作由机器完成，如今我们称之为"技术"的东西，将人类的能力扩展到无限。然而，对他们来说，这样的设想不过是纸上谈兵，最多不过是做成简单的模型。也难怪，当时不具备必要的基础设施，所以他们无法制作如此先进的东西。只是在工业革命以后，当新发明和新发现渐渐有了基础，发明和技术能互相结合了，不用马拉的车子、蒸汽推动的火车等才会成为现实，人类以往的想象才能成为今天的现实。

在发明和技术两相结合方面，战争起到了主导作用。必须设法将士兵输送到战场，军事装备和武器必须搬过来运过去。将武器架设到移动平台上，如此不起眼的创新，对任何一支部队来说，都将是明显的优势。同时，有了运输工具，还必须有道路。在发动机驱动的运输工具出现以前很久，人们就已经重视公路了。有了公路，文明也会接踵而至。

1　人类和马的渊源

最初，人类和马匹之间是对立的，即猎杀者和被猎杀者的关系。五万年前，生活在高加索一带的克罗马农人（Cro-Magnon）像对待其他动物一样对待马匹——将它们当作食物。法国南部塞鲁特（Salutre）地区考古发掘的证据支持了这一假设。人们在那一带的一处悬崖下出土了上万匹马的遗骸。据推测，它们遭遇史前狩猎者的追赶，在此跳崖，然后遭到宰割。猎人们这样做是为了族人的生存。公元前4000年，马匹的身份发生了变化。它们成了人类的"驮夫"。游牧民族喜欢马匹的原因是，它们的体重比牛轻，跑得比牛快；它们吃得少，驮的重量却和牛差不多。大约在同一时期，牧民们已经将马匹当作坐骑。

几乎可以肯定，欧洲和亚洲的游牧民族早就认识到了马匹的军事价值。他们的生活总是围绕三件简单事——寻找食物，自卫，寻找新的栖身地和新的资源。要做好这三件事，人们很大程度上必须具备攻击特性。从军事角度讲，马匹给武士带来的优势明显超过没有马匹的武士。对中东欧游牧部落来说，马匹在他们手里俨然成了一种武器。

然而，公元前3000年早期，在近东地区，技术上比较发达的民族将马匹驯化后，人们才认识到马匹的巨大潜力。比起早于他们利用马匹的人们，在这一时期驯化马匹，让马匹融入人类社会的人们获得的实惠更多。他们的文明基于农耕和贸易，而且，他们居住在村镇里。最重要的是，他们学会了使用金属，以及制作精良的木制品。由于驯化马匹，加上技术创新，这些民族在军事领域获得了巨大的优势。他们的出行和贸易也取得了前所未有的发展。

历史上最早的马拉交通工具之一是双轮马车。它最初的发明人是近东地区的一个民族：亚述人，发明时间大概在公元前1800年。不过，大约两百年后，他们的马车被埃及人极大地完善了。埃及人的马车装有两个有辐条的车轮，后来又有了铁制的轮轴，以及可以润滑的轴承。又过了两三个世纪，人们在双轮马车上加装了类似于金属轮胎一样的东西。其制作方法为：将铁环加热，使其膨胀，冷却之前将其套在轮圈上。冷却收缩后，轮圈会紧紧地箍住木制轮圈。

事实上，埃及人的双轮马车分为两种，作战用的马车比较轻，也比较灵便，它装有两个六根辐条的轮子，通常配有两匹马。运货用的马车装有两个四根辐条的轮子，车身比较重，因此可以拉较重的物品。这种车是商人和农民的最爱。事实上，这种车是四轮车的雏形。

双轮战车是非常昂贵的装备，不过，它们很快成了军队的核心装备。当年，埃及人需要耗费1600工时才能打造出一辆最好的战车，以便装备精锐部队。大约公元前1200年，埃及和周边比较发达地区的各个民族已经拥有装备双轮战车的大军。驾驭战车的武士们经过特殊训练，再配上复合弓，冲击敌方步兵战阵时如入无人之境。若敌方装备差，冲击效果有若摧枯拉朽。在训练有素的军人手里，这是一种无坚不摧的武器，推进速度之快，可达每小时50公里。

希腊人将制作双轮战车的复杂程度提升到了新高度。对希腊军事领袖们来说，这种交通工具的重要性绝不亚于20世纪中叶坦克在将军和政治家们眼里的重要性。荷马用诗文来描述双轮战车：在战场上如风卷残云，在商场上如中流砥柱，在富人眼里如一叶轻舟。在史诗《奥德赛》里，荷马这样描述了两位天神：忒勒玛科斯（Telemachus）抬脚踢了庇西斯特拉图（Pisistratus）一下，大声喊道："醒来吧，庇西斯特拉图！双轮战车要上辕，这样我们才能把家还。"在史诗《伊利亚特》里，荷马这样描述了军队统领狄俄墨得斯（Diomedes）：面对排山倒海般的敌军，他毫无惧色。他踏上双轮战车，在雅典娜（Athena）引领下杀死了敌军首领潘达洛斯（Pandarus）。

在中、近东各民族忙于完善双轮马车之际，中国人和印度人正忙于完善他们自成一体的复杂的骑兵战术。公元前400年至700年，中国已经出现具有深远军事意义的三项重大发明：马掌铁、马鞍、马镫。

这三大发明都能让马背武士跑得更快和更远。不过，从军事意义上说，最重要的发明当数马镫，因为它可以使骑马人和所骑的马匹融为一体，使马的优势得以延伸。

公元600年，马镫风靡了欧洲各国军队。在不到一个世纪时间里，欧洲各国军队的建制已经难觅昔日的踪迹。历史学家林恩·汤森·怀特（Lynn Townsend White）是这样评述的："结构简单的发明少有超越马镫者。历史震撼和影响力也少有超越马镫者。战争新模式之必要前提由此诞生，西欧面貌之改观由此几成定局。由封地贵胄主导的欧洲，忽如一日获得了一种全新的专业战法……而成全这一切之因由，非马镫莫属。"

上述论断是否符合历史真实，从马镫最初登陆欧洲，到14世纪的欧洲，其间七百年的社会演进可以揭示一切。最早的骑士由武士中的精英组成，他们的坐骑体形硕大，奔跑疾如旋风，他们手持长矛、长剑、板斧，横扫千军如卷席。因此，人们将其称为"天军"。在火炮和弩机（大约在公元1000年，欧洲才有了弩机）时代到来以前，骑在马上的人们实际上是不可战胜的。只要他们一出现，权力平衡立刻会发生变化。军事领袖们需要这种战无不胜的骑马人，因此他们不计成本地将这些人豢养起来。与此同时，随着地位的提升和影响的扩大，这些人终以"贵族"完成了自我标榜。对这些骑术精湛的人，法语的称谓是"骑士"（chevalier）。这一称谓是理想化和勇武传统的完美结合。他们因此拥有了土地，而土地则由新出现的农民阶级耕作。

这就是人们所熟知的封建制度，中世纪的欧洲就建立在这一基本社会结构之上。这一制度遭到废除后，又演化出了统治欧洲政治数世纪之久的权力无边的贵族家族制。它的历史遗存如今仍然残留在社会等级制里，而它对人类社会的影响必将延续到21世纪。

2 条条大路通罗马

远古时期，军队只能在伸手可及的周边地区打仗。即使出现了骑马人和双轮马车，出行仍然受到极大限制，因为，在广袤的大陆上，为数不多的道路都是一些难以通行的、自然形成的通道，或是经过简单修补的人造小路，如此而已。

古埃及人有能力沿尼罗河全流域作战，甚至有能力乘船溯尼罗河支流而上，在延伸到远方的滩涂上作战。同一时期，生活在北方荒蛮地区的人们则有能力在大草原上或森林里作战。不过，所有冲突都发生在人们的栖息地或宿营地附近。在人类世界，以扩大帝国版图为目的,向远方已知世界派遣大军,并发动战争,第一个这么做的族群是罗马人。他们的能力来源于他们修筑的路网,他们能够沿路网输送部队、兵器、粮食、装备等。可以毫不夸张地说,在实际建设罗马帝国大厦过程中,筑路用的镐所做的贡献绝不亚于打仗用的剑。

罗马帝国是公元前8世纪创建的。不过,直到四百年后,即公元前312年,人们才开始记录已建成的道路。最著名的罗马古道是阿皮亚大道(Appian Way),即阿皮亚古城门往南延伸的那段路。它是以帝国监察官(Imperial Censor)阿皮亚斯·克劳迪亚斯(Appius Claudius)的名字命名的。大约从公元前3世纪初开始,一个路网在帝国首都周边出现了,然后蜿蜒伸向帝国疆域的边远地区。用资金指标和劳力指标衡量,筑路是代价高昂的工程。不过,在罗马人看来,对历任罗马大帝来说,由于制订了扩张计划,筑路是非常必要的,因此也是正确的。没有运输路网,就不会有罗马帝国。

如今,在欧洲许多地方,仍然依稀可见古罗马路网淡淡的遗存。路网脉络依然存在,主要原因是,当初罗马人筑路时颇具军事远见和想象力。对罗马人当年规划的路网,后人提出的方案没有出其右者。当年修筑道路尽可能追求笔直,已经达到当时的人力极限和工具极限,也达到了帝国版图的边缘。其结果是,所有模仿罗马路网设计的新方案(包括欧洲如今在用的公路网),仍然沿用了当年古罗马帝国打下的基础。

公元43年,克劳迪亚斯的战争机器浩浩荡荡开赴英伦三岛时,罗马筑路工们进入了筑路的巅峰时期。在训练有素和装备完善的罗马战士夺下一片片地区后,筑路工随后修筑道路。除公元61年曾遭遇博阿迪西亚(Boadicea)女王短暂抵抗外,罗马人顺风顺水,一路过关斩将。公元77年,除苏格兰外,罗马人已经控制大不列颠全岛。那一年,他们已经在英伦修筑了大约1.4万公里道路。

所有罗马大道都是军队修建的,那是一支上万人组成的特殊部队。远征大军沿铁器时代即有的小路推进，筑路工紧随其后，从一个村镇赶往下一个村镇。前突征服英国部族的作战部队由 4 万多人组成，分为四个军团，作战部队需要一支人数大致相等的非战斗部队做支援，所以，远征大军总人数为 8 万。他们将装备、马匹、物资等运往前方，需要穿过用长矛和长剑攻克的新领土。这意味着，首先使用道路的必定是军人。不过，一旦占领军的战士们在城堡里驻扎下来，基础设施完成配套，修好的道路就成了与新土地和本土居民保持物流畅通的主动脉。大道连着小路，新村镇在适宜的地点如雨后春笋般冒了出来。公元 5 世纪，罗马帝国大厦轰然倒塌后，新的入侵者接踵而至。与伦敦相连的复杂的路网早已修筑完毕。伦敦成了许多重要城镇的中心。这些道路自英伦西南部的康沃尔郡通达最北端的哈德良防御墙（Hadrian's Wall），将上万个村庄和城镇结为一体。

古罗马路网的重要性无论怎样溢美都不算夸大，因为它是欧洲文明进程最关键的成因之一。历史学家们在这一点上认识趋同。假如历史上没有这一路网，欧洲帝国的城镇化会比我们今天所见要慢一些，也不会是今天的格局。英国历史学家托马斯·科德林顿（Thomas Codrington）是这样评说的：

> 比起罗马人占领时期修筑的道路，英国人对位于哈德良防御墙或古代城市废墟等历史遗迹更有好感……不过，当人们认真对比这些历史遗迹，对比它们自古至今及其永续的内容和形式，罗马人在这个国家留下的历史遗迹便会傲然挺立于其他历史遗迹之上。这一路网仅仅是整个罗马帝国路网的一部分。数世纪以来，这一路网一直是岛上的交通要道，某些罗马大道迄今仍然处于理想状态，更有许多罗马大道成了如今在用的公路网的路基。

当初，罗马古道甚至起到了早期驿道的作用。这完全是出于军事需要，类似于驿马快递。好道路意味着，骑马人能够穿越欧洲大陆，将前线指挥官和间谍的信息尽快送达位于罗马的议院。不久后，贵族和政客们开始使用这一邮递系统传送私人信件，一个新兴产业由此发达起来。

不过，正如罗马帝国大厦倾圮时，许多东西随之灰飞烟灭，它筑就的基础设施也随之分崩离析。幸运的是，路网的消失需要时间，直到公元 7 世纪，这个系统仍然基本完好地留存下来。然而，大约从那段时间往后，桥梁一个接一个倒塌了，道路破碎了，荒草覆盖了路面。

令人惊讶的是，自克劳迪亚斯的军队开始修筑路网算起，到将近两千年后的维多利亚时代，英国的道路状况才达到罗马人当年的标准。甚至近至 18 世纪，遍布欧洲的道路，特别是英国的道路，全处于一种令人震惊的破败状态。无论是穷人还是富人，提起道路就牢骚满腹。下层阶级受路况恶劣的影响，是因为它有碍贸易；上层阶级受影响，是因为这一阶层的人喜欢旅游，而且跑得很远。没有上好的道路系统，人们之间的交往总会受阻。按照某些消息来源的说法，不久前的 18 世纪中叶，从伦敦前往爱丁堡，距离仅为 700 公里，竟然需要耗费两周时间。大约在同一个时间段，著名政治家赫维勋爵（Lord Hervey）曾经写信告诫一个朋友不要过来看他，信中说道："我们这里（肯辛顿）的路已经糟得不能再糟了。住在这里无异于被丢弃在大海中一块礁石上，孤立无援。所有伦敦人都说，在我们和他们之间，横亘着一个泥浆湾。"那一时期，肯辛顿还是个村子，与伦敦之间隔着一大片农田。它与海德公园角的距离不足 2 公里。如今这里早已是伦敦市中心。

两千年前，罗马帝国取得的成就和工业革命初期欧洲各国取得的成就有着天壤之别。这种区别的原因，归根结底还是军事需求。在英国，直到工业革命兴起后，直到英国成为一个新帝国，开始扩张后，连通大部分人口聚集区的道路才开始达到并超过罗马帝国时代的标准。那一时期之前，英国的君主们以及欧洲各国的领袖们充其量只能做到维持老祖宗们遗留给他们的基础设施。那时，英国人主要是在海外打仗。他们甚至会认为，修筑良好的路网很危险，因为，那样做有可能帮助入侵者长驱直入全岛的各个角落。从罗马帝国倾圮到拿破仑崛起之前，欧洲内陆各国卷入历次战争的军队只能在数个世纪以来无人养护的、布满荆棘的、破损的道路上冒险运送人员、武器和装备。

唯一的例外是英格兰和苏格兰之间的道路。像罗马人当初修筑的所有其他道路一样，这条路后来也破败了。不过，为抵御好战的、报复心强的，同时又不肯臣服英国统治的苏格兰人，英国人需要将武装力量迅速而有效地调往北部地区。18世纪初，当北部边界的造反变得越来越频繁，破坏1707年苏格兰和英格兰结盟的危险性逐渐增大时，这条道路变得分外重要。

18世纪20年代，英国政府任命韦德将军（General Wade）主持一个修筑道路的工程，以便北上保卫边疆的部队能够快速挺进。正由于此项工程，英国人获得了巨大的好处。然而，1745年，詹姆斯二世党人的造反使情况发生了逆转。叛军沿着同一条路，以破竹之势入侵英国，很快兵临离伦敦仅200公里的地方。

维多利亚时代的人继承了罗马筑路工的衣钵，手中有钱、胸中藏着膨胀野心的英国人，如今又多了工业革命带来的可资利用的新技术。他们修筑的道路，基本上沿袭了罗马人的布局，利用了许多现成的路线。他们的动机和古罗马大帝们如出一辙——日益强盛的帝国需要一个运输网。为占领和奴役他国，有必要调遣部队；为赶上不列颠帝国主义扩张的步伐，英国人忙于修筑道路。而大陆上的法国、德国、俄国、意大利也大把大把地花钱，雇用了上万人，试图修筑一个新的基础路网，这就是后来纵横欧洲大陆的公路网。

与此同时，在美国那边，1846年到1848年的第一次美墨战争，以及随后而来的美国内战，两场战争为规模宏大的和意义深远的筑路工程打下了基础。美国陆军工兵部队负责修建了许多公路和桥梁，将大陆军的许多人员和物资运送到了战斗前沿。他们最重要的功绩之一是1864年6月在詹姆斯河（James River）上修建了800米浮桥。第二次世界大战前，那是人类历史上最长的浮桥。

修桥筑路使英国军队到达了遥远的地方，同时也极大地促进了追随军队而至的商业和贸易，推动了美国内战后的贸易。然而，在人类又一次掀起大规模修筑道路的同时，一种全新的运输形式正在引起人们的高度关注。当工人们将石头一块接一块垒起来，用碎石和砂子填满缝隙，用道路将文明世界联结在一起之际，崭新的、金属的轨道好似地平线后边的朝阳，已经喷薄欲出了。

3　铁路的军事意义

发明火车很久以前，人类就有了利用轨道的想法。早在1550年，人们就在泥滩地上铺设木质轨道，用来推拉原始轨道车。18世纪中叶，在英国康沃尔郡的锡矿场，以及英格兰北部煤矿的工作面，人们已经开始利用体形瘦小的马匹在原始的金属轨道上拖曳采矿车。

火车是工业革命最重要的产物之一，发明人是工程师乔治·斯蒂芬森（George Stephenson）。他1781年出生在英国泰恩河（Tyne River）沿岸工业重镇纽卡斯尔附近。斯蒂芬森曾经在一个煤矿工作，矿上有原始的铁轨，当时，他对蒸汽技术产生了兴趣。1814年，他造出了第一台蒸汽机车，可拉动30吨煤，最高时速达每小时6.5公里。在不到十五年的时间里，他设计并制造出第一列客运火车，机车头被命名为"火箭"。那列客车使用的是当时工业运输网路上既有的、原始的轨道系统。

由于意识到客运列车有巨大的商业潜力，英国政府拨出巨额财政补贴用于修筑铁路，完善新开发的蒸汽机。19世纪50年代中期，斯蒂芬森的"火箭号"列车首次运行二十五年后，英国全境已经铺设了1.28万公里铁轨。估计有25万人参与了铁路建设。人们借用

"航海家"一词，送给筑路工一个外号，叫作"航陆人"。

这一大规模建设项目带来的变化，通过一个指标即可看出。它影响到了人们的出行成本。1800年，伦敦和曼彻斯特之间的往返车票是3英镑10先令，而五十年后的1851年，在伦敦世博会期间，火车在两地之间跑得更快了，票价却只有5先令（仅为当年的十四分之一）。

然而，并非所有人都对火车有好感。1825年3月21日发行的《新闻季刊》（*Quarterly Review*）登出一篇文章，作者对火车的评价如下：

> 一想到乘火车旅行的速度两倍于四轮马车，再没有比这更让人感到荒诞和离奇的事了！对于居住在伍尔维奇的人们来说，与其乘坐速度这么快的火车，还不如让康格里夫火箭炮轰一下算了。我们要不惜一切代价，支持泰晤士河，反对在伍尔维奇修建铁路。即使所有铁路建设项目获得批准，我们仍然认为，议会必须限制火车的时速，不能超过每小时13到14公里。因为我们相信，在这一速度下，人们的安全将得到最大限度的保障。

传记《乔治·斯蒂芬森》于1859年出版。作者塞缪尔·斯迈尔斯（Samuel Smiles）在书中详细记述了英国早期铁路建设计划遭到抗议的情况，见下：

> 人们写了大量小册子，买下报纸的版面，以诋毁铁路。有人宣称，铁路一旦形成规模，牛就不再吃草，母鸡就不再下蛋。从机车头上方掠过的飞鸟，会被冒出来的有毒气体熏死，保护野鸡和狐狸也不再可能。铁路沿线的住户被告知，从机车头烟囱里冒出的火焰会把他们的房子烧掉，周边地区的空气也会被烟云污染。马匹会被人们抛弃。如果铁路规模进一步扩大，这一物种最终会消亡。燕麦

和饲料草会卖不出去。人们会认为，铁路交通异常危险，乡间的饭店也会被彻底毁掉。蒸汽锅炉会爆炸，将乘客炸成原子颗粒。但是总会有一些慰藉让人兴奋不已——火车头太重，根本就动不起来；即使铁路能修起来，蒸汽火车也不可能在铁轨上开起来。

工业革命发端于英国，在修筑铁路方面，英国成了事实上的领头人。虽然如此，其他国家看到修铁路有甜头，当然也不甘落后。美国第一条铁路出现于19世纪30年代，不到二十年时间，美国铺设铁轨的总里程已经达到1.5万公里。内战结束后五年，也就是1870年，这一数字已经变成了4.8万公里。所有这一切的直接原因是，对军事来说，铁路实在太重要了。

对所有工业化国家而言，表面看，修筑铁路是为了公众利益，实则是出于军事需求。除遭遇少数年迈的将军和过气的政客反对，各国政府很快都有了这样的共识：比起传统方法，精心维护的铁路网可以将部队和装备快速投送出去。这方面，最积极的当属德国，它通过实施一项雄心勃勃的计划，铺设了上万公里铁路。

从1852年开始，德国政府资助靠近法国一侧的西部城市新建了11条城际铁路。数年后，德国人在东部也这么干起来，将铁路修到了靠近俄国的边界地区。这样的发展引起法国和俄国的怀疑。他们很快注意到，靠近两国边界的铁路密度远高于当地稀疏的人口所需。法国人的担忧得到了印证，1853年，一份德国人的文件泄露到法国政府手里，文件标题为"经洛林和香槟城挺进巴黎之研究报告"。这显然极富挑衅性，在法国议会，立刻有一位部长义愤填膺地宣称，这样一份文件"很难被视为显示了兄弟情谊"。

对德国人来说，这仅仅是他们宏伟计划的第一步。他们在环东部和环西部边界修筑铁路网的动作没有停下来。在修筑这些铁路线的同时，德国政府制订的一项计划几近完成。该计划要在远达非洲和远东的（尤其是在中国的胶东半岛）德国各殖民地修筑军用铁路系统，其主导思想是修建基础设施，以长期抗衡大英帝国全球势力的挑战。1860—1900 年，德国人大把大把花钱扩充陆军和海军，与此同时，他们在三大洲修筑了上万公里的铁路。这一工程的目的是，修建一个跨国铁路网，最终将德国境内的铁路与远在东方的印度至远东的铁路相连，往南与非洲开普敦的铁路相连。这一计划的唯一绊脚石是英帝国，因为它控制着关键区域。德国人非常清楚，将计划内这些铁路线连接起来以前，存在着如下危险：英国人有能力阻止他们。

19 世纪后半叶，德国的扩张野心极大地膨胀起来，并且在军事、政治、社会变革等方面对 20 世纪的世界起到了主导作用。

1870 年到 1871 年的普法战争成了对德国新建基础设施的试金石。在这次战争中，专业化的、训练有素的、准备充分的德国军队行动得像钟表一样准确无误，战争彻底摧垮了法国。这场战争的意义极为深远。首先，它导致了拿破仑三世的下台。在他的领导下，法国惜败。这彻底改变了法国社会的政治结构。其次，战争创造了统一的德国，使德国变得极为乐观和富足（这发生在接受法国 10 亿美元战争赔款后，相当于如今的 500 亿美元），所有这些变化埋下了竞争的种子，结出的果实就是第一次世界大战。

1871 年可以被看作德国扩张主义思想急剧膨胀的年份，也是当年的恺撒大帝可以实景想象德国征服欧洲的年份，更是德国可以向大英帝国对全世界的统治提出实实在在挑战的年份。那一年，作为筹划德国全面胜利的重要参与者，普鲁士陆军元帅赫尔穆特·冯·毛奇（Helmuth von Moltke）曾经这样说："不要再建城堡了，要多建铁路。"这引起与德国为敌的各国的警惕。普法战争中，法国在军事方面一败涂地。事后，法国政府开始集中财力，修建规模庞大的军民两用铁路网。那时，英国人也在做相同的事。德国东边的俄国人也开始扩建铁路网。到 1895 年，俄国人已经修建了 3.5 万公里铁路。这是个了不起的成就。因为，二十八年前的 1867 年，英国、法国、德国已经拥有非常庞大的铁路网，而俄国全境仅有1000公里铁路。

这种扩张的直接后果是异常短促却十分血腥的军事冲突——1904年的日俄战争。很大程度上，日俄冲突是因为俄国修铁路引起的。日本人意识到，俄国人突然开始修筑铁路，显然具有军事扩张目的。战争的导火索是拥有丰富矿藏的满洲领土。中国人仅做了微弱的抵抗，俄国人便成功地将穿越西伯利亚的铁路经中国东北修通了。这一战略激怒并惹恼了日本人，因为他们把自己当成了亚洲的守护神。

从1871年到1914年，欧洲铁路的长度几乎变长了三倍，从10.4万公里延长到了28.8万公里。政府资金对这一项目非常慷慨。这完全出于一个压倒一切的原因：政治家和军事领袖们发现，在和平时期，铁路网可以用来获利；每逢战争来临，它可以立即转为军用。

第一次世界大战初期，情况的确如此。英国、法国、德国铁路网的商业用途完全终止了。到1914年底，法国运送部队到战争前线征用的车次超过了一万次。在德国，207万人、11.8万匹战马、40万吨物资通过2.08万个车次进行了调运。1914年8月，英国远征军到达法国海岸后，总共征用了超过一千个车次，将整个部队运送到了战区。战争期间，通过临时铺设的铁路，专门设计的军列每天都会将交战双方的1.2万人从营房运送到战壕里。这被看作一种超乎寻常的运作。因此，1915年1月30日的《运输报》（*Journal des Transports*）发表社论赞叹道："平心而论，这场大规模冲突的第一个胜利应当归功于铁路人。"

当然，有些军事历史学家走得更远。A. J. P. 泰勒（A. J. P. Taylor）甚至提出了如下理论：铁路不仅是引爆这场大战的决定性因素，由于各国都希望拥有比邻国更大更好的铁路网，竞争进而也成了强化冲突的因素。"第一次世界大战的爆发，"他这样阐述道，"……起因是递交到欧洲政治家们手里的列车时刻表。在铁路时代，谁都没料到它会成为重中之重。"

军事野心、政治抱负、爱国狂热等均能催生创新想法,还能吸引游资,整合各种迥异的成分,构建新的社会结构,全球铁路开发史不过是一个生动的实例而已。这一切意味着,发展铁路的重要性绝不亚于发展海军,在发展强大的海军方面,欧洲各国竞争惨烈(见第六章)。与不久前美国和苏联开发和利用外太空方面的竞争相比,铁路发展史同样具有重要的意义。

4 生活在汽车时代

细数历史上影响最深远,对人类最重要的发明,汽车无疑会进入前十名。21世纪初,汽车占据着巨大的全球经济网的核心位置。据估计,这一行业雇用的人有数千万之多,每年创造的利润数以万亿美元计,每年约有3000万辆新车上路行驶。另外,有些统计数字表明,我们星球上的汽车保有量约为10亿辆之多。许多人认为,多如蝗虫的汽车是给人类带来最多磨难的灾害之一。汽车的反对者们集中攻击的是以下几点:它对环境造成破坏;被这些机器杀死和致残的人不计其数;到处停放的汽车对自然风景是一种摧残。汽车的支持者们则列举出以下事实:它使工业化国家的大多数人获得了解放;由于快捷的道路运输,贸易呈几何级数增长;它让工程师、设计师、科学家的聪明才智和创新思想得到了证实。

在人类历史上,许多思想家或多或少曾经设想过不用马或牛拉的车。英国哲学家罗杰·培根在他的《大著作》中用插图和文字描述过它;达·芬奇曾经画过一张安插着大炮的自行坦克,他和一些文艺复兴时期的思想家曾经设想过不用马拉的车,可他们提出的概念无非是画在纸上的一些想法和主意,在他们那个时代,这非常不现实;在1687年发表的《自然科学中的数学原理》一书里,艾萨克·牛顿描述过一种方法,利用"向后方喷射的蒸汽"推动车子前进。事实上,工业革命以后,人们才找到梦想中能使机器移动的动力源,人们才有能力发明蒸汽驱动的车子。1792年,美国人奥利弗·埃文斯(Oliver Evans)拿出了我们今天称之为蒸汽机车的方案,申请了第一个专利。当时他将其称为"水陆两栖车"(oruktor amphibohs),它体积庞大,长度达到10米,总重量高达15吨。

发现电力和发明电池后不久,发明家们即开始应用新技术驱动车子。1839年,一个名叫罗伯特·安德森(Robert Anderson)的苏格兰人造出了第一辆"电动车"。不过它并不十分成功。主要原因是,电池寿命太短。而且,它产生的电力除了能挪动一个非常轻的底盘,其他什么都挪不动。19世纪后期,长效电池诞生了,这又激起了人们的狂热。19世纪80年代,这一动力源已经发展得如此先进,人们在伦敦的大街上经常能见到电力驱动的出租车。不过,对维多利亚时代崇拜技术的人们来说,当时的出租车不过是好看的花瓶,它们的行驶距离非常短,必须不停地在精心布局的充电站里充电。

早期阶段,政府方面的金融家们对不用马拉的车几乎视而不见,负责军购的人们亦如此。很少有人能看出它们的价值所在。马匹是强壮的、忠诚的、可靠的牲口,军人们使用它们已有数千年历史。另外,还有一层非常重要的原因,铁路运输的成功超出了当年人们的想象能力。19世纪末,第一辆真正意义上的汽车制造成功时,蒸汽火车正处于巅峰时期,通过成千上万公里铁路输送的人,数量高达数千万,而且,它是长距离军事运输的中流砥柱,这已是不争的事实。

然而,汽车的狂热追求者置怀疑者们于不顾,他们自筹资金,继续进行试验。在富裕的赞助商们资助下,他们继续开发原型车。兰塞姆·奥兹(Ransom E. Olds)发明并制造了以他的名字命名的"奥兹莫比尔"(Oldsmobile)牌汽车。这是美国最老的汽车品牌之一。在发表于《科学美国人》(Scientific American)杂志的一篇文章里，论及汽车聊胜马匹的诸多优点，奥兹的说法如下："它不尥蹶子，不咬人，长途跋涉时不知疲倦。"他进而补充道："……天气再热它也不会出汗，也不需要人们去马厩照料。只有干活时，它才吃饭。"

在汽车演进过程中，最重要的突破是内燃机的发明。有了它，汽车制造商们就可以在金融家面前正儿八经地论说汽车，它不再是一番奇谈怪论，而是一台实实在在的机器。19 世纪 60 年代，法国的埃蒂安·勒努瓦（Étienne Lenoir）和奥地利的西格弗里德·马库斯（Siegfried Marcus），各自独立造出了可实际使用的内燃机。不过，两人造出的都是华而不实的模型，而且，勒努瓦和马库斯都没有为此申请专利，也没有将它安装到全尺寸汽车上。1900 年，勒努瓦去世时，可怜的他一文不名，内燃机也随之淡出了人们的视野。后来出现了两个德国发明家卡尔·弗里德里希·奔驰（Carl Friedrich Benz）和戈特利布·威廉·戴姆勒（Gottlieb Wilhelm Daimler），他们各自独立造出了内燃机驱动的、用于商业目的的第一批汽车。

戴姆勒和奔驰两人当之无愧是制造商用汽车的鼻祖。戴姆勒的前置内燃发动机四轮载人汽车是世界上第一辆"真正的"、实用的、可进行商业销售的汽车，这一说法得到诸多理由支持。

通过第二章的介绍，我们了解到，出于军方需求，诞生了生产线和大规模制造的观念——用标准化方式大规模生产军火，这样做既快又便宜。随着汽车的发明，大规模制造观念进入了平民生活。在这一过程中，汽车从少数富人的玩物变成了普通公众的日用品。将这一切变为现实的人是美国发明家亨利·福特（Henry Ford）。他几乎是通过孤军奋战做到了这一点。他把戴姆勒和奔驰两人在德国从事的小规模工程变成了全球性的跨国产业。

1868 年，福特出生在美国中西部，他的父亲是爱尔兰移民。年龄很小时，福特就有了强烈的工作意愿。16 岁时，他怀着一腔抱负，徒步来到离家最近的大城市底特律寻找工作。不出几年，他掌握了作为工程师必须具备的技术，并且在爱迪生照明器材公司（Edison Illuminating Company）谋了份差事。1893年，福特成了爱迪生照明公司的首席工程师，时年25岁，他以全心投入了这份工作。工作之余，他腾出时间，找到本钱，用于设计一辆类似于戴姆勒和奔驰两人制造的装有内燃发动机的汽车。

福特崛起，成为掌握巨额财富的名人，这一切并非发生在一夜之间。福特汽车公司1903年投产，在那之前，福特本人曾经花费十年时间筹集资金，设计最初几款车型，建设规模不大的工厂。不过，当他置身于商业竞技场，开始生产汽车时，他便义无反顾地向理想冲去。

亨利·福特最大的理想并非汽车本身，而是制造汽车的方法。福特汽车公司的生产车间建立前，所有汽车都是技术工人和工程师们手工打造。事实上，在福特革命性的公司拿到商业执照时，仅在美国境内，汽车制造公司就有近2000家，欧洲也有同等数量的汽车制造公司。福特公司的影响可以用一个数字准确地表示出来，1929年（那年"福特"已经成为家喻户晓的名字），生存下来的汽车制造商仅为44家。

福特的制造方法建立在伊莱·惠特尼半个世纪前曾经试验过和验证过的系统工程之上，即"美国工业化生产模式"。这使人们不由想起当年生产枪支和其他军用物资的方法。福特汽车由工人们组成的非常大的团队制造，制造过程分段进行，工作台建在传送带上。参与制造的每位工人只需完成一个简单的、至关重要的任务。从前，每制造一辆汽车，整个过程由一小批技术精湛的工人包干。与此相比，新方法的生产效率高得出奇。19世纪20年代中期，福特公司每24小时即可制造出1万辆标准型号的"T型车"。到1927年，已有1500万辆福特汽车开下生产线。

亨利·福特的生产方式引发了诸多争议。虽然他生性极为张扬，追求心中的目标坚定不移，他在生意方面的所作所为仍然遭到多方谴责。工会方面反对他，否定汽车的说客抵制他，一些人坚信福特公司正在泯灭人性，正在将工人们变成机器人，他们（有正当理由）以痛打落水狗的方式对待他。

不可否认，无论人们对福特的生产方式有什么样的争议，他毕竟改变了汽车的制造。另外，对汽车带给人类诸多重要的和巨大的变化，与其他人相比，他理应承担最大的责任。他的发明创造使拥有汽车的人群急剧增长，诞生了世界上最大的产业，使西方世界的生存依赖于中东的石油，并使数百万驾车人、乘车人、行路人死亡。与此同时，他的发明创造让全世界数百万人获得了极大的自由和无可限量的工作机会。福特公司对改进汽车做出了巨大贡献，使生活在工业世界的每个人都能拥有最受欢迎的物质财富，同时也是交通工具不断进行技术革新的推动力。

5　坦克车和吉普车

将发动机驱动的交通工具用于战争，这样的想法最早出现在不用马拉的车子刚刚诞生之时。1769年，尼古拉斯－约瑟夫·屈尼奥（Nicolas-Joseph Cugnot）在巴黎军械厂试制了一个安装火炮的自行平台，他是一个不起的法国工程师，也是第一个造出蒸汽汽车的人。可惜这种车子的最高时速仅能达到4公里，为等候蒸汽升压，每10分钟必须休息一次。这几乎无法得到军事计划制订者和金融家们的认可，因此没有了下文。

好在同样的原理最终获得了成功，即上述将大炮安装在自行平台上的想法。1899年，英国人弗雷德里克·西姆斯（Frederick Simms）制造了一台披挂装甲并安装两挺机关枪的机器，以戴姆勒发动机为动力，起名为"机动战车"。坦克就是在此基础上发展起来的。1917年，在康布雷（Cambrai）之战中，英国军队第一次将坦克用于实战，首战告捷。

弗雷德里克·西姆斯、亨利·福特、亨利·罗伊斯（Henry Royce）三人出生于同一年。近年来，人们逐渐认识到，弗雷德里克·西姆斯是汽车诞生初期最重要的发明家之一。第一次世界大战中，福特是个意志坚定和心直口快的和平主义者。西姆斯则相反，他把亲手制造的机器赞誉为潜力巨大的武器。他谙熟屈尼奥的实验，同时心知肚明，半个多世纪前，在克里米亚战争中，人们曾经使用过几台装有履带的、蒸汽驱动的装置。当然，他对这些装置的诸多缺陷同样了如指掌。他认为，安装枪炮的轮式交通工具肯定可行；然而，在恶劣的路况条件下，若想达到理想的速度，用蒸汽机驱动的交通工具体积过于庞大，因此不可行。同时他也清楚，实用的坦克必须拥有动力强大的发动机，还要具备能够保护其乘员的装甲。

西姆斯的多款设计包含了现代装甲车辆的总成。可惜的是，与他所处的时代相比，他的设计太超前。1902—1905年，他第一次尝试向军方推介他的装置，还进行了演示。然而，他得到的全是冷遇。评论西姆斯的机器时，当年的英国国防部长基奇纳勋爵（Lord Kitchener）说，那不过是"漂亮的机器玩具而已"。

1914年，泛欧洲大战终于触动了军方某些具有前瞻性的部门。当时，美国人阿尔文·隆巴德（Alvin O. Lombard）已经制造出一台实用的、由内燃机驱动的、在履带上行进的车子。英国军方的两位高级官员欧内斯特·斯温顿（Ernest Swinton）和莫里斯·汉基（Maurice Hankey）得知有这样的车子后，全都认为它能给军方带来极大的好处。经过不懈的努力，他们为温斯顿·丘吉尔安排了一次演示，后者时任海军大臣，这台机器得到了他的赏识。丘吉尔转而说服时任首相的戴维·劳埃德·乔治（David Lloyd George）拨出资金，开发第一批坦克。这导致英国随后成立了一个专门机构，其名称为"陆地之舰委员会"（The Landships Committee）。该机构将生产小型军用装甲车辆的任务下达给了位于林肯郡的威廉·福斯特军火有限公司。当时人们将这种车命名为"陆地之舰"，其制造过程高度保密。

这种车子抵达法国前线以前，欧内斯特·斯温顿早已给它起了个外号"坦克"（tank）。在那之前，他在多个场合将这种军用装备描述为"怪模怪样的大家伙"（shapeless mass）或"大鼻涕虫"（giant slug）。

两次世界大战之间，汽车变得越来越普遍，通过商业渠道销售的汽车，其设计得到了极大提升。这与人们在前线得到的教训密不可分。第一次世界大战向汽车产业贡献了许多创新技术和创新方法，例如，电子启动器、复合发动机油的使用，防冻液的推广，为得到纯度更高和燃烧效率更高的燃料，人们开发了石油提纯技术等。当时还出现了一个非常流行的口头禅，足以说明当年人们对机械装置和陆路运输的重视。那个口头禅是这样的："石油载着盟军奔向胜利。"

第一次世界大战对人力资源领域技术层面的冲击不可限量，特别是对机械师、设计师和工程师们。他们中的许多人在极端艰难的条件下、极大的压力下拼命工作，通过改善机械装置，找到了从智力方面超越敌人的方法。其结果为，战后双方的幸存者都收获了巨量的经验。敌对状态结束后，这些经验转而应用到了商业领域。

对参与第二次世界大战的双方而言，汽车和装甲运输工具是必需的。两次世界大战之间组建的全机械化作战部队几乎成了1939—1945年各次战役的主力。"二战"消耗的汽油是"一战"的80倍。敌对状态最严峻时，从美国装船运到欧洲的石油量达到每星期5000万吨。据信，为保障装甲部队动起来，一个师的汽油消耗量就达到每小时1.8万加仑。

与三十年前第一次世界大战后相比，第二次世界大战后，人们在汽车上做的改革要深刻得多。液压传动装置是"二战"初期开发的，20世纪40年代后期以来变得非常普及。合成润滑剂以及"聚乙二醇"防冻液最初的用途是提高飞机发动机的效率，战时用于所有机械化部队，战后成了全世界各种汽车的必需品。20世纪50年代，杜邦公司、太阳润滑剂公司、美孚润滑剂公司均推出了碳氢化合润滑剂，它不仅极大地改善了汽车的整体工况，还极大地延长了发动机的使用寿命。

从1942年到1945年，美国政府花费200亿美元，为制造业升级，并且将汽车制造厂都改造为军火工厂，以便大规模生产坦克和飞机。仗打赢后，汽车制造商重新接管了这些工厂。1945年后，它们成了大规模扩张的汽车产业的一部分。这一产业的繁荣，给市场带来了随时可以买到的廉价汽车，生活在工业化世界的普通人可以比从前更自由地旅行，出游价格也更趋合理。20世纪20年代，亨利·福特制造的T型车在汽车市场上突然改了型号。美国人在第二次世界大战中发了大财，经济极大地繁荣起来，因此有工作的人们第一次有了更多可支配收入，汽车销售的增速极为显著。

美国官方战时花费的200亿美元结出了硕果，也因为新形势下美国的富足，20世纪40年代晚期，交通工具领域的一大批创新设计在美国现身。这方面，卡车表现得尤为抢眼。战前的卡车笨重，速度慢，样子丑陋，战后的卡车变得效率高，速度快，光鲜耀目。大约从1947年开始，这样的新设计受到美国以及欧洲各地商人的欢迎，从而诞生了巨型卡车和种类繁多的拖车。

战后，在卡车获得快速发展的同一时期，吉普车也迅速进入民用车领域。当时，美国威利斯机械公司垄断着吉普车市场，其身份也从军火商成功地转型为民用品零售商，成了为中西部农民制造多用途耐用交通工具的主要生产商，每年有数十万辆汽车下线。后来，包括福特公司、克莱斯勒公司等其他主要汽车制造商渐渐控制了这一市场。如今，各种四轮驱动的SUV（多功能运动型汽车）都是"二战"中吉普车和装甲车的后裔。想当初，采用全轮驱动和全路况驱动的机械系统不过是为了应付各种天气情况和各种路面状况。

第一次世界大战时期，亨利·福特是个和平主义者（他甚至出资购买了一艘"和平之船"，原计划航行到欧洲，为双方休战进行调停），虽然如此，美国参加第二次世界大战后，准确说是1941年末，他成了反对德国、反对日本的倡导者。他的专业知识和经验无可限量，而他鲜明的参与态度更是推动了其他汽车制造商的积极参与。

那一时期，转行制造装甲汽车、坦克、飞机后，福特公司、克莱斯勒公司、雪佛兰公司，以及其他许多公司为美国赢得了一个雅号——"输出民主的兵工厂"。1942年，亨利·福特自豪地宣称，他已经将组装B-24轰炸机的效率从36人1500小时生产1架缩减为3人26小时生产1架。在美国参战的三年半时间里，奥兹莫比尔公司生产了4800万发弹药和35万个飞机发动机部件；别克公司每个月生产1000台飞机发动机；威利斯公司生产和运出了将近40万辆吉普车；克莱斯勒公司生产了2万辆坦克；福特公司产量最高，总共向军队提供了9.3万辆卡车、8600架B-24轰炸机、3000辆坦克、1.3万辆两栖作战车和近30万辆吉普车。

然而，战争对设计和技术的实际影响，不过是冲突给汽车制造业带来诸多变化的一个方面。第二次世界大战期间，随着石油公司和汽油公司赚取大量财富，它们不断地升格，突然之间，它们成了如今人们所见"一家独大"的实体。20世纪40年代，美国埃克森石油公司和英荷巨人壳牌石油公司，已经开始垄断西方市场，年收入高达数百亿美元。汽车及驱动汽车上路的汽油为上千万人提供了工作岗位，成了全球经济的支柱，同时也让西方世界变得十分脆弱。西方社会严重依赖石油，石油成了文明社会的血液，成了世界政治格局里一种全新的关键因素，成为一种不可替代的商品，迫使西方世界使出浑身解数保持它的稳定供应。

作为西方文明不可或缺的组成部分，汽车扮演的上述角色始自第二次世界大战甫一结束。它的到来恰恰赶在旧的世界秩序被新的世界秩序取代之时。尽管伴着血腥，汽车成为支撑美国霸权的中流砥柱，这一局面至今未变。冷战时期，美国所显现的踌躇满志，通过汽车形象设计得到充分彰显。从20世纪40年代末期到60年代中期，为展现美国的优越富足和技术实力，汽车变得越来越庞大，越来越粗犷，越来越鲜亮，也越来越浮华。东方和西方在竞赛中没有动用核武器比拼，反而在外太空探索方面展开了竞争，最突出的是登月竞赛；冷战也以相对微妙的方式在公众的意识里展开了不可避免的比拼。汽车在20世纪50年代的特色为：加长的尾翼、增大的马力、更艳的红漆，这些招人侧目的标志全都昭示着上述冲突。打赢宣传战、外太空项目解体后，对民族主义的热情迅即被关注经济、油耗、污染所取代，汽车设计也迅速返璞归真。

最初，人类发动战争靠的是双脚，尔后是利用马和牛，接下来是装有机械动力的交通工具，且目的也变为双重：既为商业也为战争。驯化马匹六千年后，人类的日常生活、经营活动、军事运输等，因为技术而彻底改变了。我们兜了一大圈，又回到了原点：不是人类开着车在前进，而是车子带着人类在前进。

第五章
从热气球到航天飞机

人类总是渴望飞翔,大约公元前1000年,古代中国人可能已经掌握用竹子和丝绸制作风筝的技术。风筝最初仅用于节日和庆典。一位名叫鲁班的著名工匠造了个飞鸟形的风筝,据说它在空中连续飘了三天没掉下来。到公元前400年左右,心灵手巧的中国人已将风筝用于军事目的:在向敌人发起进攻前,用其分散敌方注意力。

在各种西方传奇中,经常会出现引人入胜的关于飞翔的情节。神话人物伊卡洛斯(Icarus)飞到了离太阳太近的地方,结果一头栽向地面,因为他身上粘翅膀的蜡被太阳烤化了。这不过是一种比喻,而非现实。然而,几乎可以肯定,古时候,人们曾多次尝试利用空气的升力。例如,希腊神话中的人物代达罗斯(Daedalus)制作了一双翅膀,利用它从弥诺斯国王(King Minos)的塔楼里逃了出来。这样的描述可能是基于远古时期人们尝试像鸟一样飞翔的英雄壮举(或许是白痴行为也未可知)。

一些古代文献确实有模模糊糊的关于飞行器的描述。公元4世纪,一部中国古书《抱朴子》里有一段关于这种装置的描述:"或问登峻涉险、远行不极之道。抱朴子曰:'……或用枣心木为飞车,以牛革结环剑以引其机,或存念作五蛇六龙三牛交罡而乘之,上升四十里,名为太清。'"

中世纪和文艺复兴时期的发明家们以非常认真的态度对待飞翔。或许是因为受到陋规的严格束缚，罗杰·培根从未真正尝试过建造飞行器，不过，他详细描述了可能的飞行方法。他研究过飘浮概念，并且提出，如果设计得当，飘浮在空中的"固态"物质可以托起比空气重的东西。他在《密室操作和自然奇象》里这样描述道：

> 首先，依照成形之规，建造一些不用桨手的航海器，像乘风破浪的巨舰，仅需一个舵手操纵，它们比载满人的舰船更灵便；其次，要造出没有任何生物驾驭的迅疾如闪电的战车；其三，还要造出中间坐人的飞行器，转动发动机，人造翅膀即可像飞翔的鸟一样在空中扑腾。

达·芬奇的记事本有上千页关于飞行的记述，在存世的页码中，可以找到一些他设计飞行器的超前想法。意大利米兰的安布罗西纳图书馆（Ambrosiana Library）收藏着达·芬奇的《大西洋手稿》(*Codex Atlanticus*)，标注日期为1480年的页码上有这样的说法："有翅膀！……如果完成的不是我，也会是其他人。这种想法不能终结。人类会探明一切，也会有翅膀。"虽然培根在1250年已经描述过类似的飞行器，但达·芬奇的飞机依旧被认为是直升机最早的原型。达·芬奇还有一段描述如下："我发现，像这样一种螺旋状的装置……如果用浆过的亚麻布制作，只要旋转得快，即可飞升到空中。"

正如达·芬奇的坦克和其他陆路交通工具仅仅停留在文字描述阶段，他设计的飞行器不过是一些好看的图形和深思熟虑的计划。几乎可以肯定，他从来没有按照设计图制作过样机。正如他的其他设计一样，与其说困扰他的是当年无法做出飞行器样机，倒不如说，当时的技术条件使他无法做出更好的设计。人类面临的最大困难是，当时的动力源无非是人体肌肉、马匹、牛类、水力。对这位意志坚定的飞行家来说，这些都毫无意义。早期的一些发明家曾经认为，人类可借助肌肉力量飞行。事实上，若想让人体飘浮在空中，人类肌肉所提供的动力微不足道。即使人类延展双臂，插上巨型翅膀，由于体重过大，人类仍然无法实现飞翔的理想。

对上述人力所不能及，达·芬奇似乎并不知情。他在《论鸟类的飞行》（未出版，写作时间可能是 1505 年）一文里这样写道："鸟像一架按照数学规律做工的机器，鸟类的动作人类都能完成，人类当然具备成为这种机器的能力。"1680 年，意大利人乔瓦尼·博雷利（Giovanni Borelli）证实，人类依靠自身力量能够飞起来的假设根本不成立。他是个学医者，同时也是狂热的飞行迷。他向人们证实，人类的肌肉太柔弱，根本不足以带动飞行所必需的翼展面积。另外，为提供足够的动力，人的心脏搏动频率必须达到每分钟 800 次以上，而这是不可能的。

公平地说，18 世纪前，人类的飞行尝试全都由于误导走向了极端。几乎所有实验者都在尝试复制鸟类的行为方式，所有飞行器都在模仿鸟类扇动翅膀的动作，因此，失败是理所当然的。滑翔机的制作取得了一些进展，不过，滑翔机严重依赖多变的自然风。第一个成功的飞行方法来源于另辟蹊径的实践：若想开发空中交通工具，必须完全放弃模仿鸟类的飞行方式。

1　自古人类梦蓝天

1782 年的某天，42 岁的巴黎造纸商约瑟夫·梦高飞（Joseph Montgolfier）待在家里没出门。他坐在面对壁炉的地方，琢磨着直布罗陀海峡的军事形势。那叫一个丢人现眼呀！英国军队刚刚攻占了西班牙南部沿海离岸不远的小岛。法国人认识到，从那以后，无论是从陆路还是海路，都无法攻破那个小岛了。壁炉旁边的晾衣架上挂着几件衬衫，思考问题时，约瑟夫的眼睛一直盯着其中一件衬衫。突然，炉火中腾起一股烟，将那件衬衫掀起到空中，接下来，它又飘到了不高的天花板上。这件纯属偶然的事让梦高飞产生了一个想法：制作一个气球，让法国军队从空中进攻直布罗陀海峡中的小岛。

究竟是什么促使约瑟夫·梦高飞和他兄弟埃蒂安·梦高飞（Étienne Montgolfier）想到制作气球，上述故事至少提供了一种答案。像许多伟大的发明和发现背后总会有故事一样，这个故事的内容或许确有其事。然而，更有可能的是，它不过是梦高飞的家人或朋友根据一些事实所杜撰的故事。无论起因是什么，兄弟两人很快开始了试验。起先，他们用的是纸口袋，往里边充的是蒸汽；尔后改用纸质容器，往里边充的是用硫酸溶液和金属生成的氢气，两类试验均不成功。不过，第三次试验时，他们用塔夫绸做了个容器，以代替约瑟夫的衬衣，并且生了一小堆火。这一次，气球升到了天花板上。

梦高飞兄弟用塔夫绸做成小口袋，使它升起到客厅天花板，以此为起点到第一个载人热气球升空，前后费时不到一年，这足以证明两人的坚韧和决心。当然，也有人声称，在兄弟两人之前，另外还有人设计出了热气球。最有名的是秘鲁人巴尔托洛梅乌·劳伦可·德古斯芒（Bartolomeu Lourenço de Gusmão）。早在八年前，他已成功地试验过乘气球飞行一小段距离。不过，他没有为此申请专利。因此，利用比空气轻的技术在空中悬停，让梦高飞兄弟两人成了公认的此项技术发明人。

为正确评估梦高飞兄弟两人取得的成就，我们有必要回顾一下他们同辈人的态度。载人气球飞行前一年多，《巴黎报》（*Journal de Paris*）引用了一个名叫约瑟夫·德拉朗德（Joseph de Lalande）的学院派巴黎人说的一段话："人飞起来，然后飘浮在空中，根本不可能。为做到这一点，人必须拥有一对巨大的翅膀，还要达到每秒1米的速度。实现这些，简直是痴人说梦。"

虽然梦高飞兄弟两人都不是科学家，作为造纸商，他们的背景让他们获益匪浅。他们有钱进行试验，还拥有通向大人物的人际关系。最重要的是，他们的气球用纸张、棉布、丝绸做成。为了防火，所有材料都经过明矾处理。他们放飞的第一个气球像个12米高的大口袋，为将材料扣在一起，用了2000多个扣子。作为造纸商，他们天天都接触这些材料。

第一次实际飞行是特意为法王路易十六安排的，时间是1783年9月19日，地点在巴黎城外的凡尔赛宫。那个气球没有载人，不过，当时安排了三位乘客：一只小羊、一只鸭子、一只公鸡。气球飞行距离达2公里，最大高度达2000米。小羊和鸭子活了下来，公鸡在着陆时因颈骨骨折而毙命。

两个月后，11月21日，世界上第一次载人飞行终成现实。刚刚大规模改造过的梦高飞气球有两位乘客，一位是名叫让－弗朗索瓦·皮拉特尔·德罗齐耶（Jean-François Pilâtre de Rozier）的法国物理学家，另一位是法国贵族阿朗德侯爵弗朗索瓦·洛朗（Françcis Laurent, the Marquis d'Arlandes）。在20分钟的飞行中，他们飞越了8公里，他们的胆略让他们两人以及世界上第一种飞行机器发明人成了法国英雄。事实上，约瑟夫和埃蒂安的名气之大出乎人们的意料，以至从那往后相当长一段时间，人们干脆将热气球称作"梦高飞"。

在不足6个月时间里，法国科学院将梦高飞哥儿俩美誉为"……在科技史上创造了新纪元，让人类享受到新技术的科学家"。当时，这不过是个预言，不久，它就被证实正确无比。在极短的时间里，乘气球飞行成为一项极富刺激性的运动，成为有钱人的一种带冒险性的消遣，也成为一种科学工具。最重要的是，在军人手里，它成了一种最具价值的工具。

令人惊讶不已的是，气球到底依靠什么"力量"飞离地面，梦高飞兄弟两人并不知情。他们错误地以为，燃烧的炉子里冒出的烟是气球的动力。其实不然，气球飘浮依靠的是浮力定律。气球里的空气遇热膨胀，在特定情况下，它里边的空气分子比同体积的冷空气中要少。由于密度小，热空气会飘浮在密度大的冷空气之上。气球因此会上升。气囊里的空气遇冷后，气球会下降——除非利用挂在吊篮和乘员头上的热源再次将空气加热。

解析这一原理的人是著名科学家雅克·亚历山大·查理（Jacques Alexandre Charles），他是查理气体定律的发明人，如今全世界大部分在校的孩子们都被要求死记硬背这一定律。他是世界上第一批气球乘员之一。正是查理将乘坐气球变成了一门科学，他试验过不同气体，设计过多种吊篮，将梦高飞发明的气球变成了切实可行的空中运输工具。

从世界范围说，人们对乘坐气球的兴趣迅速高涨起来。法国人不仅率先使用了气球，而且开发出许多早期的飞行方式。首先认识到气球具备军事用途的人也是法国工程师和科学家们。第一次热气球飞行后不到十年（由于法国革命时期出现的种种恐怖场面，人们备感焦虑），法国军队开始利用气球从事侦察，第一个专为军事用途制造的气球被命名为"进取号"（*L'Entrepremant*）。1794年初，受法国公共安全委员会委托，法国科学家查理·库泰勒（Charles Coutelle）设计了该气球。

"进取号"和其他三个气球——法国人接着又制造了三个气球，分别是"蓝天号"（*Celeste*）、"大力神号"（*Hercule*）、"无畏号"（*Intrepide*）——均为氢气球。它们高高地飘浮在战场附近的天空，利用粗绳子锚系在地面。与地面联系，则通过锚绳往地面送纸条，或者利用旗语联络。作为"进取号"第一次升空试验期间的乘员，库泰勒宣称，他可以看见30公里开外的部队调动情况。气球可作侦察装置，第一次展示就给法国公共安全委员会留下极其深刻的印象。1794年，法国组建了世界上第一支空军部队，名称为"空中勇士部队"，亦称"气球部队"。

这支部队还未完成组建，便投入了实战。1794年6月，在比利时弗勒吕斯（Fleurus）战斗中，人类首次在实际冲突中——这可不是实景演示——使用了气球。是役，法国人打败了入侵的奥地利人。

战争的果实

这一次又是库泰勒操纵气球。他所看到的情况与人们身处地面所看到的情况相比，他可以提前1小时准确报告敌方部队的调动。这使后来的一些观察家断言，法国人的胜利，关键因素是侦察气球。此话不假，在震惊之余，奥地利人甚至倡议禁止使用气球，因为它破坏了交战双方的公平。有消息称，许多未受过教育的奥地利陆军士兵甚至认为，他们的行动那么早被对方的气球看到，气球肯定是魔鬼的帮凶，而魔鬼帮了法国人的忙。

气球技术很快走出了国门，法国人随之丧失了军事优势。1798年，在征服埃及的战役中，拿破仑的智囊们力荐使用气球部队，但这支部队从未进入过实战，因为英国人偷袭了法国人的营地。在决定成败的位于尼罗河口的阿布基尔湾海战开战前，英国人将法军所有气球和与气球有关的设备摧毁殆尽。返回法国后，拿破仑随即解散了气球部队。这一事件的影响极其深远，乘坐气球的航空活动由此至少延误了两代人。另外，从短期说，这也使法国军队里一小撮狂徒的梦想彻底破灭了。他们曾经花费数年时间做了一个规划，试图以气球部队为先锋，入侵不列颠群岛。

五十年后，人们再次将气球应用于军事领域。那时候，狂热的气球痴迷者们已经使气球航空技术取得了令人瞠目的改观，而他们的目的不外乎是运动和休闲。在星空观测、天气试验、大气研究诸方面，科学家们也在充分利用气球。19世纪60年代，由于远离欧洲的一场冲突（美国内战），气球技术已然成熟到掀起了一次复兴运动。

人们对气球的再感兴趣应当归功于两个人。首先是企业家兼马戏团老板萨迪厄斯·洛维（Thaddeus Lowe），他是个以自我为中心的人，跟任何人都合不来。他的朋友和代理人穆拉特·霍尔斯特德（Murat Halstead）则是个富商。凭借巧舌如簧，霍尔斯特德让北方军队的高级指挥官们认识到气球的好处。为得到亚伯拉罕·林肯总统支持，洛维和霍尔斯特德在华盛顿特区上空安排了一次表演。1861年8月，洛维的"企业号"（Enterprise）气球高高地飘浮在华盛顿市中离地面大约 200 米高度，他还向人们展示，通过电报即可将观察结果向地面报告。理所当然的是，林肯对此印象不错，并立即批准资助和成立一支气球侦察小分队，以观察南方联邦军的阵地。

洛维做的一切适逢其时。因为，同一时期，另一位企业家兼探险家约翰·拉蒙顿（John LaMountain）也开发出一种实用的侦察气球。不过，后者找到政府的项目部门太晚，因而未能获得批准和资助。拉蒙顿并未因此灰心丧气，他决定绕过政治家们，而且直接去了位于华盛顿南部弗吉尼亚的门罗要塞，找到了北方联盟军指挥官本杰明·布特勒（Benjamin Butler）少将。拉蒙顿的热情和决心让布特勒大受鼓舞，他批准拉蒙顿使用自带的"大西洋号"（Atlantic）气球执行侦察敌军前线的任务。

拉蒙顿和洛维都属于性格乖戾的人，因此两人均无法延续与军方的合作。洛维属于那种寸步不让、出口伤人的类型，极尽排挤拉蒙顿之能事，决不与其进行合作。洛维让他的气球高高飘浮在北方军队的阵地之上，拉蒙顿则把气球一会儿当作侦察平台，一会儿当作交通工具，而且飞到了南方联邦军的阵地上，随后被击落。不过他设法跑回了北方阵地，报告了观察到的情况。拉蒙顿甚至冒险进行过一些用于军事的创新实验，包括从停泊在詹姆斯河上的一艘小船"范妮号"（Fanny）上放飞气球。

洛维和拉蒙顿两人谁都无法和军队维持正常的生意关系。战争结束前，两人都丢掉了与军队签订的合同。洛维在政治方面有些影响力，因而他与军队的合同关系维持得稍长一些。不过，拉蒙顿的形象几乎未受损。部分原因是，他在报界的好友们让他乘气球冒险的想法成了家喻户晓的故事。美国内战期间，他做出了创造性贡献，他去世时年仅 40 岁，当时内战结束尚不足十年。

对气球重新感兴趣的人们并不仅限于美国人。美国内战结束五年后，1870 年，普法战争进行得如火如荼。是年 9 月，普鲁士包围了巴黎。法国人几乎没办法解除包围，人们也无法将急需的物品运送到法国首都。得知美国人开发出气球的多种用途，受此鼓舞，一群气球狂热分子说服了法国邮政总管，授权他们投递邮件到邻国和盟国。当年年末，包围圈被解除时，乘坐气球成功出逃的人已经过百。同样重要的是，据信，通过气球投递到境外的邮件数量则超过了百万。

1870年，巴黎人使用气球的创新方法让全欧洲的军事分析师们大受鼓舞，许多国家模仿七十年前拿破仑那支短命的气球部队组建了自己的空军部队。法国人也重新组建了自己的空军部队，并于1874年组建了空中交通委员会。19世纪70年代末，俄国人、德国人、奥地利人均组建了自己的空军部队。英国有两位在军队里任要职的气球狂人，一位是弗雷德里克·鲍蒙特（Frederick Baumont，1862年他曾和洛维共过事），另一位是乔治·格罗夫（George Glover）。由于他们的坚持，英国军方终于同意在皇家伍尔维奇兵工厂组建一支气球部队。

大约同一时期，气球在军事领域的应用提升了人们将之应用于科技领域的兴趣。早期以科学名义进行的一些飞行，其研究仅仅涉及高海拔空气的特性。不过，时间移至20世纪头十年，至少有数十家科研单位定期组织高海拔的实验项目。1912年，一位名叫维克多·赫斯（Viktor Hess）的科学家带着验电器登上气球吊篮，以便测试不同高度的无线电辐射。这次试验得到了重大发现：海拔越高，无线电辐射越强烈。同时，这次试验还证明，地球并非无线电辐射的唯一来源。这次试验另外还证明，太阳永不停息地放射着离子流，由太阳风将其带向地球。

如今，气球被广泛应用于大气研究领域。使用气球比使用飞机和航天器便宜许多。以相同的价格，气球可运载体积非常大的货物。在无人操控状态下，气球可长期悬停在空中。科学家们继续利用气球从事研究的领域包括大气状态、气象变化（科研人员最早进入的气球研究领域），还可用其研究陨星和微陨星的活动，观察磁场现象，以及其他令人费解的大气现象。对气象学家来说，这些研究都极为宝贵。

气球对天文学家也极为有用。安装在吊篮上的大型天文望远镜获得的影像远比地面天文台捕捉到的影像清晰许多。事实上，在1990年哈勃望远镜发射升空前，由于不受空气污染和其他大气异动的干扰，安装在气球上的天文望远镜为科学家提供了最好的观测地。

气球首先被用于战时侦察。然而，没过多久，航空摄影师也开始利用它们。首先在这一领域进行尝试的是法国气球飞行师加斯帕德-菲利克斯·图纳松（Gaspard-Felix Tournachon）。1859年，他从一个气球上拍摄了第一幅高质量航空照片。气球飞行可轻易打破高度纪录，因此航空照片变得越来越壮观。由于广大公众以前从未见过这样的东西，一些照片看起来真的非常奇特。1935年，驾驶"探险者 I 号"（*Explorer I*）氦气球的阿尔伯特·史蒂文森（Albert Stevens）上校上升到了2.2万米高度，拍摄了一些美国南达科他州的全景照片，向人们展现了那里的壮丽景色。

在整个气球发展进程中，最重大的进展莫过于飞艇，然而，它遭遇新闻界不公平的诟病也最多。它由早期的气球发展而来。所谓飞艇（也有人将其称作飞船）不过是由螺旋桨驱动的、内部有支撑的气球。它自身带动力，在某种程度上可以进行人为操纵。

最早尝试制造飞艇的也是法国探险家，不过，他们当时的想法仅仅是为了操控气球。1884年，两位法国陆军工程兵团的军官查理·雷纳尔（Charles Renard）和阿蒂尔·克雷布斯（Arthur Krebs）设计并制造了带动力的气球"法兰西号"（*La France*）。它由电池驱动，可产生7马力动力，飞行距离达到8公里。不过，真正意义上第一艘内部带支架，自带动力，并且可操控的飞艇为"LZ-1号"。1890年，在其设计者斐迪南·冯·齐柏林（Ferdinand von Zeppelin）伯爵的驾驭下，飞艇进行了处女航。

齐柏林作为外交使团的成员参与了美国内战，并且目睹了气球在战时的表现。作为军人，他最初的一些想法仅仅涉及如何将气球应用于战争。将它们用于商业领域和民用领域，都是他后来想到的。最初，他完全依靠自有资金进行实验，然而，他的财源很快便枯竭了，因而他的实验进了死胡同。后来，他花费两年时间，筹集到了足够的资金。1905年，他成功地拿到了军方合同，建造了"LZ-1号"的改进型，将其命名为"LZ-2号"。

第一次世界大战初期，德国军队已经拥有一支庞大的飞艇队，俗称"齐柏林飞艇队"。1914年到1918年，这支部队对法作战超过500次，最远飞到了伦敦。然而，它们的作战效能却不高。与二十年后闪电战带给人们的恐惧相比，与其说齐柏林飞艇队带给人们的是重大破坏，倒不如说它更能激起人们的愤怒。不过，它确实让英国军方忧心忡忡，后者认为，这种技术确实可以开发和雕琢为效能非常高的武器。这种认识在英国军方和德国军方之间掀起了竞赛，以至在"一战"结束前，英军投入现役的飞艇就达到了约200艘，成为当时世界上最强大的空军部队。

对飞艇设计者和制造者来说，第一次世界大战给了他们相当大的助推力。在两次大战之间，英国冲在了前边。英国最顶尖的成就是"R-100号"和"R-101号"飞艇。两种型号的飞艇均能搭载数十位乘客，在伦敦和欧洲主要城市间通航，提供较为舒适的客运服务。不幸的是，这一冒险性项目到头来以悲剧形式告终。1930年，"R-101号"飞艇发生空难，47名乘客和机组成员遇难，无一生还。这次空难使商业飞艇项目寿终正寝。

不过，德国仍在继续制造飞艇，据说希特勒本人是齐柏林飞艇的狂热推崇者。这一项目同样以悲剧形式告终。1937年5月6日，在成功穿越大西洋后，人类有史以来建造的最大的飞艇"兴登堡号"（Hindenberg）在美国新泽西州莱克赫斯特（Lakehurst）的锚地上空灾难性地爆燃。当时的场景正好被摄影机拍了下来，长期以来，这段胶片被后人当作具有标志性的记录。灾难过后，第二天早上，全世界的报纸都在转载这一消息，公众对飞艇的兴趣转瞬间消失殆尽。

飞艇的终结具有两重性：不成熟和令人惋惜。其实，这种交通工具本来是可以大有作为的。"R-101号"飞艇和"兴登堡号"飞艇等早期飞艇最致命的错误是，它们内部充填的是氢气。众所周知，氢气是一种极易燃烧的气体。如今的飞艇已经在有限的范围内重新找到了合适的定位，其内部充填的气体为氦气。氦是惰性气体，因而很安全。与飞机相比，飞艇是一种慢速交通工具。世界上所有交通工具都必须在速度、安全、舒适、经济等几方面找到适当的平衡点。飞艇崇尚节奏缓慢，它是举止优雅的产物，深陷于它那个时代而无法自拔。它原本可以向人类提供清洁的、廉价的，同时也是非常壮观的空中交通方式。正当早期飞艇由于灾难频发和设计观念有缺陷而逐步走向没落之时，一种崭新的、人们更乐于接受的方式已经崭露头角，为人们开启了未来空中交通的大门。

2 像鸟儿一样飞翔

1908年，威尔伯·莱特（Wilbur Wright）在法国航空俱乐部对听众说："我承认，1901年我曾经对我弟弟奥维尔（Orville Wright）说过，人类在五十年内不可能飞上天……从那以后，我甚至对自己都失去了信心，不再做任何预言了。"

米尔顿·莱特（Milton Wright）主教和苏珊·凯瑟琳·莱特（Susan Catherine Wright）有四个孩子，奥维尔和威尔伯排行老二和老三。老两口是美国中西部人，孩子们长大前，一家人居无定所。直到1884年，这家人才定居在俄亥俄州的代顿（Dayton）。

威尔伯1867年出生，比弟弟奥维尔年长四岁，兄弟两人关系特别密切。虽说他们都没上过大学，成年以后，两人都对工程学和科学兴趣盎然。1889年，他们一起创办了一份有四个版面的报纸《西部新闻报》（West Side News）。尔后，他们又创办了一家自行车制造和零售公司,地址是代顿市西三大街1127号。由于有了这些基础,从1896年起,兄弟两人利用工厂的设施设计并制造了一连串技术产品,最终造出了世界上第一架比空气还重的飞行器。

莱特兄弟是思想单纯的人。他们对力学的理解完全出于本能,并且从理论和实践两方面自学了工程学。虽然两人都没有受过高等教育,他们却显现出异乎寻常的本领和想象力,他们能做特别精确的实验,而且留下了特别专业的记录和分析报告。他们首先试验了简单的滑翔机,以便掌握基本的飞行原理。后来,他们终于发现了用自制发动机推动飞行器的最佳方法。他们一起工作,不过,他们各干各的。他们对保密的追求几乎达到癫狂的程度,后来的结果证明,这么做对他们理应得到的商业回报有百害而无一益处。

1903年12月17日,第一次比空气还重的飞行成功,地点在北卡罗来纳州基蒂霍克(Kitty Hawk),那是一处不毛的海滩,常年有风。1901年以来,莱特兄弟在这里进行过一系列试验。奥维尔·莱特在他们的报纸上对这次试验进行了报道。后来,某杂志刊登了一篇对他和威尔伯的采访文章,其中写道:

> 1903年12月17日,我们成功地进行了数次由机械力驱动的飞行。除了我们,还有另外五人在场。他们是来自斩魔山(Kill Devil Hills)救助站的约翰·丹尼尔斯(John T. Daniels)、W. S. 多尔(W. S. Dough)、A. D. 埃瑟里奇(A. D. Etheridge),来自曼蒂奥(Manteo)的 W. C. 布林克利(W. C. Brinkley of Manteo),来自纳格黑德(Naghead)的约翰·沃德(John Ward)。事实上,我们向10公里范围内许多人发了邀请,不过他们多半以为我们飞不起来。很少有人会在12月心甘情愿冒着刺骨的寒风再次见证飞不起来的飞行器。

第一次试飞的滞空时间为12秒,由威尔伯·莱特驾驶,飞行高度为3米,飞行距离为近40米。这是人类有史以来第一次乘坐比空气重的、由人造动力驱动的机器飞离地面，因而它创造了历史。当天结束前，莱特兄弟又进行了三次飞行。奥维尔曾经飞出近70米距离。在暮色渐渐隐退时，威尔伯最后一次驾机飞出了260米距离，滞空时间为59秒。

莱特兄弟从事这项研究（为此他们没少花自己的钱），只不过是因为他们想飞起来。1908年，当兄弟两人回首往事时，他们是这样说的："我们做航空这事，也就是把它当作一项运动。可后来我们发现，这件事太有意思啦。于是我们越陷越深。"不过，1903年那会儿，做这件事的远不止他们兄弟两人。他们有所不知，当时他们还有个竞争对手。然而双方一辈子也没见过面。对手塞缪尔·兰利（Samuel Langley）并非等闲之辈，而是当年世界上最重要的科学家之一，他不仅有雄厚的科学知识，声望卓著，而且还得到美国军方的资助。

兰利是享誉世界的天文学家。当年他在位于华盛顿的史密森学会（Smithsonian Institution）工作。1898年，美国与西班牙开战期间，他从国会得到5万美元拨款，用于设计和建造一架用蒸汽驱动的飞行器。他和助手兼首席飞行员查尔斯·曼利（Charles Manly）将其称为"飞行号"（*Aerodrome*）。曾经有消息说，莱特兄弟改写航空史的七年之前，主要是因为兰利的影响力，他才成功地说服一些政治人物拨给他那么大一笔款项（按如今的标准，达数百万美元之巨）。

为研制飞行器争取项目资金，可谓难上加难。令人尊敬的科学家和功成名就的大人物们对载人飞行的可行性议论颇多，从他们的说法即可窥其一斑。1895年，即兰利拿到资助的三年前，世界上名望最高的科学家、伦敦英国皇家科学学会会长开尔文勋爵曾经断言："比空气重的飞行器，是根本不可能的。"同年，远在美国的另一位伟人托马斯·爱迪生这样写道："依我看，两三年前，大家还认为有可能造出飞机，为长期以来没有出路的飞行器找到出路，如今幻想破灭了。我们只能另寻出路。"几年后，也就是莱特兄弟试飞几个月前，在美国约翰·霍普金斯大学讲授数学和天文学的西蒙·纽科姆（Simon Newcomb）教授曾在课堂上对学生们说："乘坐比空气重的机器飞行，如果不说绝对不可能，至少是不现实的，是不足挂齿的。"意识到这样的说法未免太绝对，他又自圆其说如下："人在空中飞翔，属于人类永远无法解决的问题之一。"

显而易见的是，实权派里确实有比较开明的人物，加上他们都是兰利的朋友的朋友，而兰利作为著名的天文学家，其影响力的确非同凡响，他这才得以拿到资助。然而，无论投给兰利的资金有多少（美国政府的5万美金不过是启动资金而已），他的设计存在着先天的缺陷：发动机太重，动力不够。而两个整天在家庭作坊式自行车工厂里忙活的、初出茅庐的年轻人抢在他之前征服了天空，更让他丢尽了面颜。

奇怪的是，即使威尔伯·莱特和奥维尔·莱特兄弟二人成功达到目的后，即便有试验现场拍摄的照片以及电影胶片为证，对他们两人获得的成功，许多人依然无法相信。对此，莱特兄弟应当承担部分责任：他们行事过于保密，他们信得过的人，亲眼见过他们缜密的实验记录的人寥寥无几。他们心知肚明，他们的技术成就潜藏着巨大的商机，他们当然乐见来自军方的兴趣，乐于得到军方的资助，以便进行后续研究。一位历史学家评论如下："他们（莱特兄弟）拿到了早期的一些政府合同，卖飞机给军方，为军方训练飞行员。他们知道军方驾驭飞机的重要性。"但是，早期的一些合作总有些磕磕绊绊。因为，莱特兄弟一连好几年拒绝为政府派来的人做演示。这反而助长了其他人的胆子，让那些具有商业意识的人瞅准空子，造起了飞机，在巨大的市场需求利诱下，那些人做起了赚钱的买卖。

人们通常会认为，没有充分的展示，美国政府不可能给莱特兄弟资助。给兰利以巨资，导致的是失败，在莱特兄弟的飞行器成功升空九年前，兰利造价高昂的定型产品"飞行号"一头栽进了波多马克河。有了这一前车之鉴，如果当政者里的什么人能够被说服，提议资助飞行器研究，反倒会让人感到吃惊。

醒悟到美国政客和军人的不情愿，莱特兄弟带着一些飞行器专利找到了英国政府。他们得到的答复是："陛下的臣子们认为，这些技术对海军没有实用价值。"幸运的是，遭到拒绝后不久，美国国会里的一些大人物开始认识到飞行器的潜在军用价值。1907年，当时在财务上捉襟见肘的莱特兄弟终于同意向人们展示一下他们的飞机。这次展示过后，有人出价3万美金，让兄弟两人造一架加满油可搭载两个人以65公里时速飞行200公里的飞机。

在不到三年半时间里，世界各地到处都有人参与飞行技术试验，人们的参与甚至达到痴迷的程度。所以，飞行技术的进步疾如闪电。莱特兄弟最早的几架飞行器既不坚固又不稳定，飞行距离仅为数百米。1908年，他们已经可以按照军方合同的规定制造飞机。他们交付政府的飞机已经达到规定的飞行距离，而飞行速度则超越了最低性能要求。莱特兄弟第一次试飞成功仅仅十一年后，第一次世界大战爆发初期，英国人、德国人、法国人、意大利人、俄国人、美国人均拥有了军用飞机，许多飞机没过多久即投入到法国境内的军事行动中。

看到德国和法国飞机狂们的追捧如痴如醉，英国人亦步亦趋，追上了时代步伐。人类对航空的兴趣在世界各地疯长，英国人当然也会受影响。战争爆发前六年，莱特兄弟创建了一家为美国军方供应飞机的公司。同样的公司当时仅有两家，竞争来自一家航空工业先驱人物格伦·马丁（Glenn Martin）创建的公司。1908年，马丁创建了自己的飞机制造公司。那年年底，莱特兄弟公司和马丁公司早期生产的飞机已经开始在美国陆军通讯兵团服役，成为全世界最早的现役军用飞机。当时，人们指望这些飞机做的事不过是侦察，它们担任的角色也是五十年前美国内战时期热气球担任的角色。然而，飞机带给人们的兴趣并不仅限于军事领域。1914年1月1日，第一家航线民用航空公司在美国佛罗里达州成立，当时采用的是水上飞机。公司名称是佛罗里达航空公司（Florida Airlines），它的寿命仅为一个冬季。当时的航班每次只能搭载一位乘客，费时23分钟才能飞越29公里的坦帕湾（Tampa Bay）。然而，那一时期，佛罗里达航空公司搭载的乘客总数达到1200人。同一时期，胆大的飞行员不断地冲破极限，飞机越飞越远，越飞越快。飞行员无论走到哪里，总会赢得当地人们的崇拜，成为报刊的头条新闻。

第一次世界大战期间，飞机开始参战。除了用于侦察，还能用来做其他事。军事计划制订者们对此印象颇深。从战争初期开始，英国的、德国的、法国的飞行员们总是飞临战壕上空捉对厮杀，每当飞越前线，他们总会从飞机上往下扔手榴弹。尽管飞行员们表现得非常勇敢，飞机对第一次世界大战的结局几乎没有任何影响。

不过，1914—1918年，飞行技术进展之神速超乎人们的意料。在很短的时间内，飞机已经变得非常结实和可靠。第一次世界大战期间，飞机的最高时速增长了一倍。两次大战之间，人们已经在尝试210公里的时速了。飞机进展如此神速，主要归功于发动机设计的巨大飞跃。随着推力更大、效率更高的发动机相继出现，人们已经可以制造个头更大、重量更沉的飞机。1918年，英国和德国均可造出跨越英吉利海峡的轰炸机，并对平民目标进行轰炸。

两次世界大战之间的那段日子让飞行家们财运亨通。一方面，人们成立了一些纯商业性航空公司，将轰炸机改装成客机，出远门走空路已经非常普遍。另一方面，航空技术几乎处于停滞状态。因为，战后到处充斥着剩余飞机，还因为战时四年技术发展过于迅猛。不过，第二次世界大战风云乍起时，商人们对飞机的兴趣迅速膨胀，飞机逐渐成了现代生活的组成部分。

1936年，具有标志意义的"DC-3型"飞机首飞。人们将它看作最早的商用飞机，因为这一型号的飞机让美国的航空公司有利可图。另外，第一次世界大战激发的革新狂潮终于在年轻的设计师和建造师们身上充分体现出来。"DC-3型"飞机比它的前辈"DC-2型"飞机载客量多出50%，而它的运营成本仅仅增加了10%。它采用了降噪隔音材料，让乘客们感到更为舒适；起落架则采用了液压装置；还采用了推力更大的发动机；另外，它还采用了新开发的铝合金做机身。所以，飞机机身比以前更结实，当然也更安全。这一机型深受人们喜爱，使航空公司迅速成为以千万美元计的全球性企业。

第一次世界大战期间，飞机的作用十分有限。不过，二十年后，第二次世界大战开战伊始，对双方军队来说，飞机已经成为不可或缺的工具。1945年，人们已经将飞机当作决定战争结局的关键因素，而且，制订未来军事计划时，飞机还成了必须考虑的一个层面。它们的价值有事实为据，简单明了：1939年，美国服现役的飞机总共不过300架；六年后，制造商一年的产量就达到5万架。据信，在世界各地服役的美国飞机达到了30万架。在有限的六年时间里，飞机制造已经成为有史以来最大的产业。

"二战"伊始，单翼飞机几乎完全取代了双翼飞机（当然，一些双翼飞机一直服役到20世纪40年代初）。当年，最先进的现役飞机是英国的喷火式（Spitfire）战斗机和德国的梅塞施米特式（Messerschmitt）战斗机。在速度和机动性两方面，这两种飞机一直在较劲。1939—1945年，英国工程师们对喷火式战斗机进行了上千项技术改造，增强了它的操控性，提高了它的安全性和耐用性，将它的最高时速提升了上百公里。

第二次世界大战中，以及战争结束初期，对飞机进行各种技术改造的人几乎都是欧洲人。这有两个原因。第一个原因是，驾机格斗的双方主要是英国人和德国人；还有就是，1939年到1945年，使用轰炸机的也是英国人和德国人。因此，这两个国家的军方不吝金钱，不遗余力，对改造飞机设计劲头十足。第二个原因是，战后美国的航空业正苦于提升燃油效率，降低飞行成本。战争甫一结束，眼看出游人数快速增长，美国各航空公司的主要心思都花在了如何盈利方面，因而在接受新技术方面行动迟缓。不过，在成本核算方面具备直接和显著效益者除外。

在航空领域，第二次世界大战带给人类的最大进步是喷气式飞机的发明。敌对双方两个为军方服务的人分别制造了喷气式飞机。首先提出喷气式飞机理论的是英国航空电子专家弗兰克·惠特尔（Frank Whittle），然而，第一架能飞的喷气式飞机是德国人制造的，是惠特尔的竞争对手汉斯·冯·奥海恩（Hans von Ohain）设计的。

1937年，惠特尔的喷气式发动机样机已经在实验室里运行。然而，直到1941年，英国人才造出第一架格罗斯特E.28/39型（Gloster E.28/39）喷气式飞机，晚于德国人的亨克尔He-178型（Heinkel He-178）喷气式飞机十八个月。不过，英国人最终迎头赶了上来。战争结束时，已经有双发动机格罗斯特E.28/39型飞机和亨克尔He-178型飞机的后续机型在两国服役。1944年，皇家空军的流星型（Meteor）喷气式战斗机已经用于击落德国人所谓的V-1型无人驾驶飞弹。与此同时，"D日"登陆行动过后，向德国本土进攻的盟军部队常常遭到德国空军亨克尔He-280型喷气式战斗机的攻击。该型飞机在试验中曾经创下900公里最高时速。

即便如此，对第二次世界大战的结局，喷气式飞机仅仅起了微不足道的作用。喷气式飞机是一种复杂的机器，战争结束前，它的进步非常缓慢，因此无法大规模生产。然而，喷气式飞机在战后掀起了一场世界范围的航空革命，使飞机制造商们开发出航程更远、飞行速度更快的航线飞机，而且比老式螺旋桨飞机成本更低。

20世纪50年代，由于空中加油系统的革新，英国人、美国人、苏联人将轰炸机发展到很高的水平，使它们能够飞越特别长的距离。这些飞机体积庞大，人们将它们设计成后掠翼，以克服阻力（在战争最后阶段，这种设计特性诞生于辛勤工作的设计师们的绘图板上，直接用在了飞机制造上）。另外，它们被造得很节食，以便应付接踵而至的战斗。装上喷气式发动机，使推力增加一倍，这样的设计立刻应用到了第一批喷气式航线飞机上。

英国航空公司（British Airways）的前身英国海外航空公司

第五章　从热气球到航天飞机

（British Overseas Airways Corporation）是第一家将喷气式飞机投入运营的公司。1952年，英国彗星型（Comet）喷气式飞机进行了第一次载客飞行。它是格罗斯特和亨克尔飞机公司于20世纪40年代制造的轰炸机和战斗机的嫡系后代。它的飞行时速可达900公里，满载情况下可实现欧洲版图内任何两个城市间的直飞。几年后，它又成了实现伦敦和南非的约翰内斯堡之间直飞的机型。事实上，设计彗星型飞机的本意是使其成为航线飞机的标准。由于金属疲劳导致了一系列事故，这一机型最终停飞了，同时也让英国的航空工业滞后了好些年。

英国海外航空公司和彗星型飞机为恢复名誉而战之际，美国飞机制造商们取得了成功。制造商们使各航空公司相信，喷气式航线飞机的飞行成本低于当时服现役的螺旋桨飞机。第一种美国商用喷气式客机为波音707，泛美航空公司因采用这一机型获得了巨大成功。当年，波音707是一种极为特殊的机型，因为它烧的是航空煤油，装有四个巨型发动机，每个发动机可产生1.7万磅推力，可穿越美国，相对舒适，满载可达181人。这一机型后来演变为波音飞机家族，其中包括世界上最受欢迎的机型波音747。

20世纪40年代末，大力发展飞机的同时，另一种极为特殊的飞行器开始装备军队，并且很快成为民用领域的常用交通工具。最早投入使用的直升机由胡安·谢尔瓦（Juan Cierva）设计制造，首飞时间为1923年。谢尔瓦将其称为旋翼飞机。谢尔瓦是一位西班牙工程师，他最初建造的旋翼飞机并非一种实用的飞行器，主要是因为，它无法悬停在一个点上，而且只能搭载一个人，飞行距离也非常短。虽然谢尔瓦的发明极大地激发了后来的设计师们，他本人设计的机型却不被人们看好。直到20世纪80年代，人们重新认识了这一机型，并催生旋翼飞机运动。

德国航空工程师们在直升机设计方面处于领先地位。第二次世界大战初期，他们最先推出的军用型号为福克－安格利斯Fa-61型

（Focke-Achgelis Fa-61）直升机。这种机型的直升机飞行速度为每小时115公里。1945年，德国人从欧洲大撤退时，这种直升机被用于救助边远地区陷入困境的部队。

让直升机从幻想变为现实，成为航空电子领域军民两用主要机种的人是出生于俄国的伊戈尔·西科尔斯基（Igor Sikorsky）。1919年，他移居美国，一心一意想造出一种全新的飞行器。还在孩提时代，西科尔斯基已经制作出一些木质的直升机模型。赴美国前，他已经花费十年时间，潜心研究了这种机器的飞行理论。在美国军方的资助下，西科尔斯基成功地制造出一架全尺寸的、由乘员操控的旋翼直升机，即VS-300型直升机，并于1939年进行了处女航。

与喷气式飞机相比，直升机在"二战"中的亮相可谓姗姗来迟，因此，它在军事上仅发挥了极其有限的作用。第一种规模化生产的机种为R-4B型直升机，1944年末它才正式服役。然而，自装备部队伊始，直升机便获得了空前的发展，成为一种无可替代的机型。从20世纪50年代初开始，直升机陆续进入了几个快速发展阶段。这些发展由军事计划制订者们全额资助。因为，他们意识到，直升机可以将部队投送到偏远地区，可以在建筑物顶端起降，或者从舰船上起降，还可以运送大型物资。在民用领域，直升机是应急状态下的主力运输工具，也是在荒无人烟地区工作的人们的得力助手。

有人甚至提出，在人类的所有发明中，飞机、计算机、汽车是改变当代人类社会的"三大件"。令人惊愕的是，不过一个多世纪前，没有人相信只靠动力的飞行器能飞上天。如今，人类在空中飞行已成家常便饭，同样的事当年却超出大多数人的想象。遥想当年，威尔伯和奥维尔兄弟两人在某个12月的清晨从北卡罗来纳州的一处沙滩上飞离地面时，一些当年的幼童们如今仍然健在。同样是这些人，如今环绕地球时，可以用小时来计算自己的行程。

自1903起，由于飞机的发展，世界迅速变小了。如今，我们可以在一天之内到达世界上任何地方，航空工业始终是世界上最大的产业之一，航空成了人类生活的一部分。几乎所有飞机设计领域的重要进展都源自战争时期，尤其是1939年之后。不过，人类如何使用飞机，却主要受制于经济学。值得人们深思的是，除了已经退出市场的协和式（Concorde）超音速客机，如今仍在服役的各型航线飞机的飞行速度仅比半个世纪前快了一点点。这是因为，制造飞行速度更快的飞机受制于成本，载客量大的飞机也超出了成本线。数十年前，航空公司已经意识到乘客们的需求：他们需要的客运飞机应当有合理的速度，舒适且安全，无论如何，价格都要尽可能做到最低。既然这些要求已经得到满足，人们对超音速航线飞机几乎完全没有兴趣。

不久的将来，人们极有可能看到模仿军用飞机的高超音速航线飞机；例如，快得不可思议的洛克希德SR-71型（Lockheed SR-71）军用飞机的时速曾经达到3500公里；再比如，美国航空航天局的新式X-43A型超音速冲压喷射飞机最近曾飞出9.8马赫的速度（时速11200公里）。然而，必须开发出新型发动机和新型燃料，设计师和工程师们才能造出飞行成本和如今的航线飞机等同的飞机，不仅飞行速度极快，还能搭载数千乘客。不过，至少时至今日，公众还没有对空运速度提出更高的要求。

3　太空梦造福人类

世界上第一个军用火箭（rocket）是一只鸟。9世纪时，中国的军事家突发奇想，在经过训练的鸟背上绑上竹管，让它们飞向敌方的进攻队列，竹管里塞着刚刚发现的神奇物质，后来人们才知道，这种物质是火药。理所当然的是，这种技术常常会产生相反的作用。想想吧，让鸟类自己选择目标，执行"二战"期间日本神风特攻队那样的作战任务，结果会多么难以预料。大约同一时期，最早的烟花也在中国出现了。每逢过节和庆典，人们会燃放烟花。出人意料的是，尽管中国人在杀敌方面总会推陈出新，但直到很久以后，他们才想起利用火药制作高效武器。

人类应用火箭的故事可谓千奇百怪，从古代流传至今，有如天方夜谭。其中一个故事是这样说的，一位名叫陶成道（被封为万户）的富裕贵族让工匠们为他手工打造了一把绑有 47 支火箭的椅子。他在椅子上坐稳当后，命令家仆同时点燃 47 支火箭。据说，浓烟散尽后，他消失得无影无踪。

在第二章中，我们曾经领教过中国人如何利用装满火药的大桶发射"火"箭（fire arrow）。可以肯定的是，在公元 1000 年前，这样的方法已经在使用了。我们暂且放下此事，先说说最早的有关自推火箭的描述。它出现于 1232 年的汴京之战中。这次战役的亲历者有这样的描述："其守城之具有火炮名震天雷者，铁罐盛药，以火点之，炮起火发，其声如雷，闻百里外，所围半亩之上，火点着甲铁皆透。"汴京之战是宋朝军队与强敌蒙古军队之间的战争。很大程度上，中国军队的胜利得益于火箭技术。不过，火箭技术由此流传开来。十几二十年后，蒙古人也开始制造火箭，并且将其用于战争。13 世纪末期，伴随阿拉伯商人以及哲学家们的欧洲之旅，他们将中国的军事思想和技术带了过去，火箭也随之传到了西方。

叙利亚军事史家阿里哈桑·阿拉姆（al-Hasan al-Rammah）1280 年的作品是最著名的阿拉伯军事著作之一，他记述了宋朝人和蒙古人的火箭。可以肯定的是，1285 年，意大利人已经用上这样的装置。一个世纪后，"火箭"一词已经被收入意大利的词典。不过，正如此前中国人没有及时想到利用火药制造火箭，在很大程度上，因为火炮（人们认为火炮用途更多，更易于使用）出现在同一时期，文艺复兴时期的欧洲人认为，与火炮相比，火箭未免太小儿科了。

作为名噪一时的火炮的补充手段，火箭的身影也出现在 15 世纪和 16 世纪的欧洲战争中。甚至还有这样的说法，1429 年，圣女贞德在保卫奥尔良的战斗中部署了火箭。接下来几个世纪，作为一种战术武器，火箭出现在许多人的著作里。令人称奇的是，同一时期，火箭现身于节日和庆典的描述出现在更多著作里。最著名的当属汉斯莱特·洛兰（Hanzelet Lorrain）于1630年完成的《火箭发展史》（La Pyrotechnie）。这本书用相当多篇幅记述了火箭在军事方面的应用，不过，更多的篇幅则用于描绘如何在节日和其他公众庆祝场合使用火箭。

直到18世纪，军事家们才开始认真对待火箭。法国人在这方面处于领先地位。据信，拿破仑对使用火箭尤其热心。最出人意料的是，在18世纪末的印度，火箭用于军事已经成为寻常之事。在抗英作战中，印度人为部署火箭颇费了一番心思。13世纪，中国人的知识扩散到欧洲之际，将火箭设计成庆祝活动和公共庆典的传统在印度诞生了。当然，显而易见的是，将火箭技术用于军事，印度人比欧洲军事家们来得快。18世纪的最后二十年，在入侵印度的漫长进程中，英国军人在印度火箭兵手下没少吃苦头。

1799年，印度防守军队的长官提普苏丹（Tipu Sultan）率领6000人的火箭部队参加了塞林伽巴丹（Seringapatam）之战。他们的武器相当原始，不过，由于他们人数众多，而且直接瞄准冲过来的英军队列开火，给英军造成了不小的损失。

对于敌人拥有这种武器，英国军事家们理应更清楚才对。塞林伽巴丹之战打响前的1790年，苏格兰旅行家昆廷·克劳弗德（Quentin Craufurd）出版了一部广为流传的游记，其中有对火箭威力的描述，内容如下："毫无疑问的是，在阿拉伯人和欧洲人很少涉足的印度内陆地区……我们也见识了火箭。这是当地人在战争中广为使用的一种武器。"

不过，英国人从中获得了宝贵的经验，在不到十年的时间里，英军已经拥有一支装备精良的火箭部队。1806年，这支部队在法国的博洛涅（Bologne）参战，次年又在丹麦的哥本哈根参战。在后一次战役中，英军向哥本哈根发射了大约2.5万枚火箭，导致了大规模破坏和恐慌。亲历这次战役的一位士兵（显然他没听说此前对博洛涅进行的轰击）撰写的报告如下："我相信，这是康格里夫火箭第一次参加实战。在黑暗中划过夜空时，它们像无数喷火的巨蟒。依我看，它们让处于围困中的人们感到极度恐慌。"

在上述战役中，人们使用的火箭是威廉·康格里夫（William Congreve）设计的。当时他在英军伍尔维奇皇家兵工厂任职。他的火箭是根据缴获的印度火箭设计的，是一种非常简单的装置，或许是最初级的火箭，只不过是一支架在桩子上填满火药的管子，管子上插着一根点火用的纤维捻子。康格里夫的设计很快被英军采纳，最终成为一系列产品，最小的仅有18磅重，最大的重达300磅。

拿破仑时代过后，19世纪中叶，威廉·黑尔（William Hale）设计的黑尔火箭取代了康格里夫火箭。此前，火箭部队如雨后春笋般出现在世界各地，装备的基本上都是康格里夫火箭。1809年的秘鲁卡亚俄（Callao）之战、1810年的西班牙加迪斯（Cadiz）之战、三年后的德国莱比锡（Leipzig）之战，英国军队都动用了康格里夫火箭。最露脸的是，1812年的美英之战也部署了康格里夫火箭，在弗朗西斯·斯科特·基（Francis Scott Key）笔下，火箭成了代代相传的美国国歌《星条旗永不落》里的一段歌词："火箭拖曳红色烈焰，炮弹空中掀起浓烟，黑夜过后黎明初现，啊，星条旗依然可见。"这段歌词是为了纪念美国抵抗者在巴尔的摩港的麦克亨利要塞（Fort McHenry）与英国海军的战斗。不过，当年的一位亲历者乔治·格雷格（George R. Gleig）上尉从完全不同的角度评论了这场战争："从未见过拿枪的人逃命的速度会有这么快。"

在早期阶段，康格里夫火箭除了用于战争，还派生出了民用版本。捕鲸人用康格里夫火箭取代了从前的大炮，另有一位英国人亨利·特伦格鲁斯（Henry Trengrouse）向人们指出，它们可以帮助遇难的海员脱险。1807年12月，他目睹了一场巨大的海难。岸上的人们在惊恐中眼睁睁地看着英国海军的"安森号"（Anson）护卫舰在离岸 300 米处撞上了礁石。船上有 300 位水手，其中 190 位当晚便死于这场海难。特伦格鲁斯总结道：用火箭可以将重量轻的缆绳发射到遇难船上，将缆绳拴到绳索上，即可在船只和海滩之间架起一条生命线。这场海难过后不久，火箭被当成闪光和报警的信号使用，它与无线电和莫尔斯电码一起，成了危难关头的应急手段。

由于火箭的应用进入了和平领域，用于救命而非夺命，所以，它与军队的关系渐行渐远。理解这一点并不难。枪炮变得越来越轻，越来越便宜，越来越精准。从道理上说，规模化生产方式的到来，让火器的生产可以达到百万数量级。它们在使用中安全性高，使用者经过简单培训即可开火并命中目标。因此，火炮和便携武器渐渐成为广泛使用的武器。

第一次世界大战期间，英国、美国、法国、德国军队均使用了火箭，不过，使用范围极其有限。这一时期，武器设计师们一直在尝试开发多级火箭，以便它携带的有效载荷超过各种大炮，以便射程达到 10 公里以上。为达到上述目的，技术方面的困难令人望而却步。不难理解，随着战争的结束，人们对花费精力开发新武器几乎失去了兴趣。火箭项目犹如接力棒，自然而然地传给了民间工程师和科学家们。这些人相信，火箭具有令人振奋和令人鼓舞的前途。这些人还认为，火箭至少可以将有效载荷送到地球以外，它也是最终能够将人类送往其他星球的装置。

19 世纪下半叶以及 20 世纪初期，科幻小说成了热门。儒勒·凡尔纳（Jules Verne）、赫伯特·乔治·威尔斯（Herbert George Wells）分别写出一系列畅销小说。这些书籍不仅卖得好，而且影响特别深远。威尔斯 1901 年出版的《月球上的第一批人》（*The First Men in the Moon*）和凡尔纳 1902 年出版的《从地球到月球》（*A Trip to the Moon*）里所描述的科学远不够严谨，不过，对全世界具有科学头脑的人们来说，这些书籍成了跳板，认真思索外太空探索的年轻人因此大受鼓舞。

1898年，在俄国，科幻小说狂人康斯坦丁·齐奥尔科夫斯基（Konstantin Tsiolkovsky）写了一篇石破天惊的文章——《通过反作用力装置探索宇宙空间》。齐奥尔科夫斯基是一位在小城镇任教的老师，写作此文时仅有31岁。1903年，这篇文章终于在《科学纵览》（Science Survey）上发表，当时，多数人都没有留意到它。但凡读过这篇文章的人，都觉得其内容犹如白日梦。这篇文章后来被扩展为一本书。在这篇文章里，齐奥尔科夫斯基描述了深层太空探索火箭的基本要素、宇航员的着装样式、火箭乘员的呼吸方法和活动方式、补充食物和水分的方法。齐奥尔科夫斯基讲述的都是未来的发展远景，比他的同代人超前了好几十年。这里仅摘录该文的一个段落：

> 实地踏上小行星的表土层，亲手捡起一块石头，在广袤的宇宙中建起太空站，在环绕地球、月亮、太阳的轨道上建设生态圈，在数百公里距离内观测火星，在火星的卫星或直接在火星表面着陆——没有比这些更疯狂的想法了！然而，一旦反应装置投入应用，将开启一个太空新纪元：对外太空更加深入研究的新纪元。

在多个场合，齐奥尔科夫斯基表示，他深受儒勒·凡尔纳灵感的启发。1911年，他曾经写道："像其他人一样，很久以来，我是从消遣角度和小规模应用角度来看待火箭的。我从什么时候开始严肃地对待与火箭有关的研究，我已经说不清准确时间。我只是模糊地记得，这些想法的种子是著名作家、幻想家儒勒·凡尔纳播下的。是他唤醒了我在这一领域的探索。然后就有了愿望，随之而来的是思维活动。如果没有科学的帮助，这些思维活动理所当然会毫无结果。"

齐奥尔科夫斯基只是个理论家，而且是非常棒的理论家。他从未涉足任何火箭建造计划，也没有进行过任何真正的试验。进行火箭试验的是一位类型与他完全不同的人，是个名叫罗伯特·戈达德（Robert Goddard）的美国人。后者是个双手常常沾满油污的实干家，是个能够将复杂理论与完美实践相结合的人。

如果有人问，谁是最早的远程火箭的实际开拓者，谁为后来的太空技术定了型，答案无疑是戈达德。他是另一位远远超越他那个时代的天才。他在火箭领域创造了许多"第一"，他一生从事研究，在火箭和太空探索领域，他获得了超过70项专利。

1911年，戈达德获得了物理学博士学位。在马萨诸塞州伍斯特市（Worcester）的克拉克大学（Clark University）讲授物理学期间，他开发了许多用于航天设计的数学模型，以及摆脱地球引力的机制。20世纪20年代初，在史密森学会的资金支持下，以及他所在的大学的资助下，他开始建造火箭，探索液体燃料推进器的可行性。这些成果为后来的V-1和V-2型火箭、搭载"阿波罗11号"（Apollo 11）登月飞船的"土星5号"（Saturn V）火箭，以及至今的所有火箭提供了样板。

事实上，到那时为止，广大公众只有通过科幻小说和猎奇小说才真正知道了太空探索，戈达德无意间唤醒了人们沉睡的兴趣，将人们正面的兴趣和众多怀疑论者的刻薄奚落集于一身。1920年，他编写了一份冗长详尽的科学报告，阐述其研究成果的前途，目的是从史密森学会得到5000美元资金。在这份报告里，他用大量篇幅详尽分析了他到那时为止在科研领域的斩获，以及他对未来的展望。不过，在报告的结尾处，他是这样勾勒的：如果对大量的未来研究给予相应的资金支持的话，他的火箭可以将人类送上月球。

关于戈达德的报告，一些消息甚至传到了欧洲和亚洲。不出几个月，他收到大量狂热爱好者的来信，他们个个都希望尽快前往月球。与此同时，有些报刊文章开始批判和嘲讽戈达德的想法。美国各地急于提高刊物销量的记者和编辑们开始四处挖掘能够提出反驳意见的专家。戈达德的反应非常务实，一位持怀疑态度的记者曾经引述他的一句原话如下："我想做的无非是让这一研究有点起色而已。"

批判戈达德想法的最著名的一段评论来自《纽约时报》1920年

1月13日的社论。文章这样写道：

> 作为将火箭送得更高的一种方法，或者说送达地球大气圈最高层的一种方法，戈达德教授的火箭不失为一种可行的装置，因而也是一种前途无量的装置。不过，当人们考虑利用多节（多级）火箭作为工具前往月球时，这就令人怀疑了……因为，火箭一旦脱离大气层，真正开始月球之旅时，仅仅依靠自身携带的燃料的爆燃，它的飞行既无法加速，也无法保持。看来，在克拉克大学某学院占有一席之地，在史密森学会挂有一衔的戈达德教授，对作用力和反作用力之间的关系有所不知啊！必须有某种物质而不是真空做反衬，作用力才会起作用……当然啦，看起来，戈达德教授对高中课堂上每天讲授的课程也有所不知啊！

事实上，误导公众的不是戈达德，而是《纽约时报》的编辑。他错误地以为，火箭是依托喷出的气体"推"在飞行中经过的介质上前行的。如果这种介质是真空（火箭飞行太高所致），它就没有东西可"推"了，因而也就如他所说，"不可行"了。

事实上，火箭的工作原理并非如此。火箭究竟是怎样飞行的，最形象的解释为，想想孩子们玩的气球吧。气球里的空气包含每秒运行300米的分子，如果气球是封闭的，它会停留在原地不动。这是因为，气球内部的空气分子一律撞击在气球内表面上。假设这时将气球的口子打开，理所当然的是，它会高速在屋子里乱飞。这是因为，气球里的空气不再继续均匀地撞击气球内表面，内部的空气从某个位置外泄，因此气球会向空气外泄的相反方向运动。

人们可以将火箭的工作原理理解为与此相同。如果火箭是个封闭的圆筒，其内部爆燃的气体从各个方向撞击反作用力室的内壁，火箭会岿然不动，结果会是火箭整体爆炸。可是，如果火箭内部燃烧的气体通过其底部某个喷嘴外泄，压向火箭内壁的气体就会向相

第五章 从热气球到航天飞机

反方向推动火箭向天空飞去。

火箭的移动完全依靠其自身携带的要素，完全不需要外部介质"助推"。诸如《纽约时报》编辑那样的误导性批判让思维严谨的戈达德不胜其烦，虽然如此，媒体的关注却让军方对火箭的关注得到了提升。20世纪最初十几年间，这样的关注度逐渐萎缩了。直到1926年，戈达德创造性的工作才得以拿出来向世人展示（即便如此，最初的几次火箭试验实在让人惨不忍睹）。所以，在第一次世界大战中，他的试验对军事计划制订者们来说姗姗来迟了。而且，战后最初几年，人们对军事的兴趣迅速萎缩，因此，戈达德的研究主要集中在科学应用领域（因此，他需要向自己任职的学校和史密森学会之类的组织申请经费）。

事实上，在戈达德的火箭第一次成功发射升空很久以前，早在1916年，他已经有了非常超前的想法，即必须抓住两个要点：第一，必须获得实际的资金支持，他才能完成实验，无论资金来源是学术单位还是军方都无所谓；第二，如果想让世人认可自己的成就，必须从最开始就让每个成果带上自己的烙印。1916年，在写给朋友的一封信里，戈达德非常清楚地阐明了这两点："已经完成的那篇文章应当被冠以'戈达德火箭'或其他类似的称谓。"对自己的成就即将得到认可，戈达德解释说："如我以前所说，这是因为，我想让这东西最终用于科学领域。由于它需要不菲的投入，看来我很可能得申请资助或招募捐款了。"

美国参加第二次世界大战初期，美国军方雇用了戈达德。即使那时，军方也没有充分利用他的才能。人们觉得他十分怪异，与当时的战事脱节，没有用武之地。所以，戈达德的许多建议要么遭到忽视，要么被搁置。从1942年起，到三年后他去世（原子弹投向广岛后没几天）为止，戈达德一直为海军工作，分给他的任务是设计一款以火箭为动力的战斗机，即喷气助推起飞（jet-assisted take-off）。从军事工程学角度来说，这个项目是死路一条。

由于戈达德的才能被用在了错误的地方，火箭设计没有和"曼哈顿计划"相结合，火箭不是由盟军首先设计的。相反，由于德国为战争目的不惜血本，在火箭研究领域有大量投入，有科技天才和政府意愿两相结合，德国在火箭领域取得了决定性突破，也为开创太空时代打下了技术基础。随后又使美国航空航天局以及苏联（后者也充分利用了俘虏的德国科学家）取得了巨大的成功。

让美国航天计划成为现实的科学家是沃纳·冯·布劳恩（Wernher von Braun）。他是另一位深受儒勒·凡尔纳以及赫伯特·乔治·威尔斯幻想鼓舞的年轻人。他梦想着有朝一日前往其他星球，在轨道上建立太空站，在月球表面建造人类基地。不过，还没等到他的幻想在现世变为现实，他已然成了纳粹某项目的负责人。他制造的火箭袭击了伦敦和比利时安特卫普（Antwerp），以及盟军的其他城市。另外，如果战争再延续几年，他制造的火箭甚至能打到纽约。值得庆幸的是，借助希特勒政权买单建造武器这一过程，冯·布劳恩掌握了相应的知识。后来，他把自己的技术和研究成果转化成以和平为目的的方案，设计并协助建造了人类前往月球的第一枚火箭。

冯·布劳恩的事业从狂热的爱好开始，不过，他的确是一位聪颖的学者。他做到了将数学能力与工程天赋相结合。另外，他还有明确的志向。从孩提时代开始，布劳恩就沉湎于追梦火箭和太空探索。13岁那年，他阅读了赫尔曼·奥伯特（Hermann Oberth）所著的《火箭探索行星空间》(*The Rocket into Planetary Space*)。奥伯特也是个狂热的火箭爱好者，当时他已经是太空旅行学会（Society for Space Travel）的重要成员。这是一群柏林业余爱好者的组织，其目的是筹集资金，用于在家庭作坊里打造火箭。五年后，也就是1930年，冯·布劳恩加入了太空旅行学会，并且很快成了学会的领头人，与赫尔曼·奥伯特一起建造更大更好的火箭。学会在柏林拥有一块巴掌大的小场地，用于发射他们自制的火箭。

20世纪30年代，由于纳粹的崛起，对火箭爱好者们来说，各项事情进展得非常顺利。也由于一位名叫瓦尔特·多恩贝格尔（Walter Dornberger）的特殊高官感兴趣，学会受到军方有分量的战略家们的注意。在纳粹党内部，多恩贝格尔当时正平步青云，他对冯·布劳恩不仅赞赏有加，而且坚信后者具备成为伟大科学家的潜质。1934年，年仅22岁的冯·布劳恩取得了航空航天工程学博士学位，成了德军军官，也成了纳粹先进军用火箭计划的关键人物。这一切主要归功于瓦尔特·多恩贝格尔。

希特勒亲自批准了火箭研发计划。1936年，德军在波罗的海佩纳明德岛（Peenemunde）建立了专用基地，用来设计、试验和发射火箭。也就是在这里，冯·布劳恩将太空旅行学会业余爱好者们早年追梦时期的设计变成了可行的装置，并且最终发展成了V-2型火箭。1944年9月到1945年5月，进行了上千次发射。

德国军队从未真正信任过冯·布劳恩。他曾经被关押过一小段时间，罪名是为盟军刺探情报。由于恩师多恩贝格尔的施救，他才免遭刑罚。一直以来，经常有人指控冯·布劳恩是纳粹分子和希特勒同情者，虽然如此，但没有人拿得出确凿证据。反而不断有证据显示，纳粹认为，布劳恩和他的团队过于危险。第三帝国垮台时，来自上级的命令说，与其让负责V-2型火箭的团队落入敌军之手，不如将其成员斩尽杀绝。

冯·布劳恩事先得知了这一命令（或许要再次感谢多恩贝格尔）。1945年，英国人、美国人、苏联人攻入德国时，大部分团队成员及其家属前往哈尔茨山区的小城布莱谢罗德（Bleicherode）躲了起来。1945年5月，正是在这里，冯·布劳恩向进攻中的美国军队投降了。从那时开始，火箭团队接受了问讯和调查，然后被遣送到伦敦，接着是美国。

在这一历史时期，至少在两代人时间里，世界上发生了一系列促成人类前往太空探索的怪事。佩纳明德岛的大多数科学家跟随冯·布劳恩去了布莱谢罗德市，从那里辗转去了美国，在美国奠定了新的事业，建立了家庭。少数留在佩纳明德岛的科学家则成了苏联军队的俘虏。更为重要的是，冯·布劳恩和他的团队离开火箭基地时，由于有关V-1和V-2型火箭的档案、规划、各种文件数量巨大，他们仅能从中选择一部分带走。理所当然的是，有关建造火箭的数据，相当一部分落到了苏联人手里。冷战开始后，德国火箭团队里的大多数科学家在为美国人工作，而苏联人手里则掌握着大部分信息，他们可以用其制造自己的武器，开发自己的太空项目。

战争甫一结束，军备竞赛便开始了。在使用资源方面，由于美国军方几乎不受限制，来自佩纳明德岛的科学家们在工作中进展神速。他们的第一个基地设在美国白沙试验场，这里紧邻得克萨斯州艾尔帕索（El Paso）的布利斯要塞（Fort Bliss）。不过，1949年，这一团队与上千后勤人员一起搬到了阿拉巴马州亨茨维尔（Huntsville）的红石军械厂（Redstone Arsenal）。正是在这里，这一团队（那时他们都已成为美国公民）开发出了早期的红石火箭。这些火箭成了太空项目中最早的一批运载火箭，这里也成了美国生产弹道导弹的核心基地。1950—1953年，朝鲜战争为这种耗资巨大的火箭研发项目助了一臂之力。

1955年，即第二次世界大战结束十年后，艾森豪威尔总统集美国陆军和海军资源于一体，设立了一体化项目，用于建造射程为2500公里的中程导弹，其结果是，开发出了"木星号"（*Jupiter*）火箭。1958年1月31日，美国用这种火箭发射了第一颗人造卫星"探险家Ⅰ号"（*Explorer* Ⅰ）。"木星号"火箭是"土星5号"火箭的前身，后者十多年后将人类送上了月球。这种火箭也是"北极星"（*Polaris*）火箭的核心部分，而"北极星"火箭最终发展成了三叉戟弹道导弹发射系统。

然而，颇具讽刺意味的是，尽管苏联人事实上仅得到少数佩纳明德岛原班人马的帮助，他们所掌握的仅为纸介质数据，而不是世界上首席火箭设计师们头脑里的数据，"二战"结束后，至少在二十年里，无论是在太空竞赛领域还是在洲际弹道导弹竞赛领域，苏联人一直领先美国人好几个时间跨度。部分原因是，得到德国人的数据很久以前，苏联人已经开始设计火箭。另一个相关的因素是，苏联人从一开始就相信洲际火箭是可行的。然而，在美国，由于政客们怀疑德国流亡者们是否有能力建造航距数千公里的导弹，在很大程度上，这种影响拖了研发项目的后腿。在相当长一段时期内，政客们的态度全面压倒了人们的热情。后者希望开发太空项目，更希望第二次世界大战的伟大军事成果原子弹与火箭相结合，发展成一种全新的、威力巨大的武器。在苏联，持怀疑态度的人要少得多。

苏联太空项目和弹道导弹项目总工程师名叫谢尔盖·科罗廖夫（Sergei Korolev），他1906年出生，早于冯·布劳恩六年。这两人的人生轨迹几乎相同。由于他们主持了各自国家的太空开发项目和军事开发项目，两人均成了民族英雄。战争甫一结束，科罗廖夫就来到了佩纳明德岛，虽然如此，这两人终身从未谋面。正是在科罗廖夫的协助下，苏联将许多有关火箭的重要文件运回了国。科罗廖夫毕生担任总设计师，在整个20世纪50年代和60年代，他全面主导了苏联的太空技术和军用火箭技术。

这一时期，苏联人创造了许多太空时代的伟大第一：例如，1957年的"斯普特尼克1号"人造卫星；1959年溅落在月球表面的"月神2号"（Luna 2）成了有史以来人类送达另一天体的首个探测器；1961年，尤里·加加林（Yuri Gagarin）成为第一名宇航员；这一切都让苏联人在发射太空飞行器和洲际弹道导弹方面将美国人远远甩在了后边。多亏"曼哈顿计划"，西方在开发原子设备方面领先了许多年。然而，苏联人有更完善的运载系统，弹头也比西方多。这种情景对美国当政者来说实在太可怕了，他们曾一门心思维护西方在技术方面的领先形象。

在很长一段时间里，无论是苏联人还是美国人，各方都把太空科研项目和武器开发项目混在一起攻关。如今，在俄国，这种掰扯不清的关系依然如故。不过，在美国，作为对"斯普特尼克1号"人造卫星的回应，1957年10月，美国国会通过了《国家航空航天法案》。当年晚些时候，1917年设立的美国国家航空顾问委员会也被改组成了美国国家航空航天局，并获得如下授权："……授权其进行大气层以内及以外涉及飞行问题的研究，或进入其他领域。"在这一条款里，"或进入其他领域"非常重要，因为它决定了美国航空航天局当年的作为，以及迄今为止各阶段的作为。这一机构被定性为民事机构，其主要角色为科研，然而，它当年（如今依然）与军方密不可分。所有美国航空航天局的飞行员都经历过军事训练，绝大多数航天员是军人出身。

在执行航天计划的早期阶段，几乎每次发射任务，美国都会搭载军方的有效载荷进入轨道。美国之所以在太空竞赛中胜出，如今仍在太空探索领域占有领先地位，这是最根本的原因。投入美国航空航天局的大量资源帮助了军方（主要是向军方提供侦测和通信手段），同样极大地促进了民用太空探索项目。1969年7月，人类在月球表面成功着陆，收获了广泛的赞誉，且不说这是否受了冷战宣传的激励。而美国军方在导弹研究领域数十年研究积累的知识堪称价值无量，其民用太空技术的发展也十分不错。

在苏联，军事太空研究和民间太空研究之间的关系如此密不可分，同一个游戏中有两个层面，几乎没人能将其分清楚。在初期阶段，对苏联科技来说，这种密切关系的优势极为明显，因为前期阶段投向研究领域的经费源源不断。在美国，军方和科研之间的关系则不那么密切。正因为如此，对纯科学性的太空研究进行资助，往往发生于政府对武器开发投入上百亿美元之后。然而，随着时间的推移，苏联人的系统渐渐玩不转了，不过将航天器首先送上月球除外。苏联的所有研究都是军事需求主导的，军事上的要求必须首先得到满足。另外，苏联的研究过分强调保密，这对研究是一种苛刻的限制。与此形成鲜明对照的是，美国的太空计划（与苏联的太空竞赛由此拉开序幕）真正起飞后，美国航空航天局从各科技学科和工业领域广泛吸收了一些顶尖人才。凡涉及武器开发的项目，美国军方的保密工作处处都超过苏联人，不过，他们对待民间太空项目的态度却开放得多。

1961年5月，约翰·肯尼迪总统第一次公开采取官方动作，试图超越苏联人在太空和导弹研究领域的领先地位。他对国会的演讲如下：

> 由于认识到苏联人掌握了大型火箭发动机而处于领先地位，使他们领先于我们数以月计；也由于认识到他们似乎在未来一段时间试图利用这一优势，以获取更大成功：有鉴于此，我们有必要采取一些措施……我相信，我们国家有必要在十年内达到目的，我们承诺十年以内将人类送上月球，然后安全返回地球。

肯尼迪的讲话立即振奋了美国民众、政府和业界。按照肯尼迪政府科技顾问们的看法，将人类送上月球是一个可行的目标。当然，人们都知道，这一项目代价高昂，却没人想过这一项目会带来怎样的副产品。人们普遍认为，美国这样做，是对全方位敌人的唯一回敬方式。

最能说明本书主题思想的例子莫过于肯尼迪政府于1961年5月掀起的太空竞赛。20世纪初期（这一世纪见证了人类有史以来最恐怖的几场战争），火箭概念已经从绝大多数军事思想家的头脑中消失了。那时候，火箭最多也就被人们当成玩具，当作科幻小说家和猎奇人士的素材。可是，到第二次世界大战临近结束时，人们将火箭改造成了武器，使之具备了改变世界军事和政治地图的潜力。因为，它的开发成功恰恰和原子弹的出现处在同一历史时期。

军队掌控了火箭，并且非常严肃地对待它。尽管火箭昂贵，它们在战略战术方面的重要性是显而易见的。人类建造火箭的速度之快令人吃惊，它们很快就全面超越了以往的火箭，飞得更远、更高、更快。火箭提供了一种远距离杀伤敌人的方法，而自己人却没有生命之虞。军方的兴趣同时也促进了科研，因而导致社会从中受益匪浅。

太空探索给民用领域带来的好处数不胜数，20世纪60年代，它甚至能满足特别有远见卓识、特别有想象力的科幻狂热分子的所有期盼。部分原因是，启动一个太空探索计划，必须涉猎非常广泛的创新领域，这必然会带来极为丰厚的技术回报。

卫星是太空探索带给人类的最明显的好处，也可以说是最生财的好处。自从1957年10月"斯普特尼克1号"人造卫星升空以来，人类已经发射了大约4500颗卫星。除了美国和俄国，另有七个国家（日本、中国、法国、印度、英国、以色列、澳大利亚）将自己的卫星送入了轨道。类似欧洲航天局（ESA）那样的国际组织也监督发射过上千颗卫星。每天的任何时间段，都会有近千颗处于工作状态的卫星在轨道上运行，它们中的大多数是军用卫星，其中有间谍卫星，有协助搜索和协助通信的卫星，也有对敌方目标进行定位的卫星。在最近的几场战争中，特别是1991—1992年的第一次海湾战争和2003年的第二次海湾战争，对以美国为首的联军的军事行动来说，卫星起到的作用无可替代。它们被用于确定目标，协助完成军事通信，确认军事行动是否成功。卫星使媒体能向世界各地数以亿计的家庭实时传输来自前方的图像。

2001年进行的调查显示，美国航天产业每年的产值为613亿美元。这使它与纺织业、计算机业、农业等支柱产业并驾齐驱。在上述产值里，仅有15%与火箭、助推剂、硬件等发射成本有关。超过半数产值来自与使用卫星有关的间接收入。在上述领域，最值得注意的是通信卫星产业，它涉及绝大部分国内国际电话业务、手机业务、因特网业务。这个年收入丰厚的产业创造了50万个就业机会，其中90%涉及卫星制造和服务，使它成为全球最大的雇主之一。

所有这一切始于美苏的竞赛，谁能够首先抵达月球，谁能够在洲际弹道导弹领域超过对方，双方在各领域捉对厮杀。卫星以及它所提供的服务仅仅是冷战在商业方面和国内生产方面带给人类的好处之一。

从20世纪50年代末期的太空竞赛开始，到1972年12月"阿波罗17号"执行最后一次阿波罗飞行任务过后不久，媒体开始对太空探索带来的副产品高度关注。它们经常报道那些著名的产品，例如，不沾涂层（1938年已经发明，得益于设计师们在阿波罗飞船上的大量使用，才迅速进入商业领域）和液晶手表。后者对航天员特别重要，但进入民用领域不过几年，10多美元即可买到一只。美国人赢了登月竞赛，然而，太空竞赛的光彩熄灭后，媒体对这类报道的兴趣迅速降温。太空竞赛如何催生技术的故事已经从各种报纸的版面上消失得无影无踪。

医药是太空竞赛的最大受益者之一。利用为航天飞机设计和建造燃料泵的技术，人们开发出了第一种人造心脏。美国航空航天局的技术对计算机辅助断层分析（CAT）扫描仪，以及核磁共振技术（MRI）起到了关键作用，如今，结合这两种技术的产品成了医学界不可或缺的设备。

激光技术是个完美的例子，当年，太空工程师接触到它时，激光仅处于萌芽阶段。尔后，它演进得非常快，如今它已经成为我们这个时代用途最多、用处最广的装置。20世纪50年代，激光技术诞生于新泽西州默里山（Murray Hill）的贝尔实验室。1958年，查尔斯·汤斯（Charles Townes）和阿瑟·肖洛（Arthur Schawlow）拥有了激光的专利。随后这项技术很快被军方采用，成为导弹制导技术的核心，并且其自身也成为一种武器。尔后，在位于加利福尼亚州帕萨迪纳（Pasadena）的喷气推进实验室，美国航空航天局的科学家进一步开发了激光技术。该实验室的主要任务是研究星际通信。最近进行的载人航天飞行任务所装备的都是他们研制的通信装置，无人航天器从太阳系中遥远的距离外传输图像的设备,部分采用了他们的装置。我们用手机通话以及在网络上使用搜索发动机,使用的都是这一技术。

对目前的能源危机,人们认为,太阳能是潜在的解决方案。也许它无法满足人类企盼的对未来能源的需求,但它至少可以家用,也可以跟其他几种"干净的"能源共同用于工业。将太阳能转换成驱动机器的能量,以及为房屋供暖的能量,此种技术直接源自太空研发项目。20世纪60年代,该技术首先用于为人造卫星供电。对所有执行太空飞行任务以及飞离地球不太远的装置来说,一旦飞入太空,太阳能是可以依靠的最重要的能源。太阳能为航天飞机携带的电力系统提供电能,太阳能维持着国际空间站的正常运转。有朝一日,这种能源会成为载人火星飞行计划的关键。在如今的地球上,太阳能为第三世界的村庄提供电能,为无人值守的气象台提供电力。但凡传统电力无法企及的地方,都是它施展身手的广阔舞台。

在第七章里,我会阐述来自太空探索领域的另一大技术进步——计算机革命。若不是受太空探索的推动,计算机的进步是无法想象的。改变当代技术、通信、全球经济布局的,唯有卫星技术;而与之并驾齐驱的,唯有计算机技术。

如我此前所说,太空探索的副产品不一而足,最突出的是,它们的形式数不胜数,而且深入到了人类活动的各个层面。卫星颠覆了传统的通信,帮助了第三世界(这里仅举三个例子:天气预报、通信、资源探测)。激光应用到了人们日常使用的大量家电产品上,从光盘读写到激光手术刀,应有尽有。各种应用于医学领域的副产品从根本上改变了医院的治疗方法。来自太空研究领域的其他技术产品虽不那么耀眼,却数量众多。

我们不妨看看为建造太空船专门开发的先进材料,例如,登月飞船指令舱隔热层和航天飞机机头部位使用的隔热材料。太空工程师开发的其他产品还包括发动机材料、超轻太空服纤维、火箭喷口衬里等。所有这些所谓的"智能材料"都是为专门用途设计的，而每种材料都在诸如建筑、纺织、医药、汽车、飞机、电子等商业领域得到了应用。

红利从航天领域注入其他各领域，有诸多原因促使其在商业领域最为成功。原因之一是，在太空探索中，活动空间限制和失重环境必须加以考虑，因而太空工程师经常会面对挑战，需要重新设计传统机器和设备。遥控器、无绳家电、传统机器小型化，全都出自太空研究项目。这些改进之所以会出现，每次都是因为将某些传统机器设备应用到陌生的太空环境中，必须进行适应性改造。

不过，说到人类的收获，还有一件事不得不提，它植根于军备竞赛和冷战时代的太空探索，它与技术或节省劳力的设备几乎没有关系，然而它却是有待人类文明进一步演进的核心目标。

美国著名天文学家和教育家卡尔·萨根（Carl Sagan）曾经写道："所有人类文明仅有两条出路，要么进军太空，要么灭亡。"他还写道：

> 在整个人类历史长河中，只有某一代人能够首先探索整个太阳系。处在孩提时代的那代人觉着，行星是遥远的，是慢慢划过夜空的模糊的圆盘；进入老年行列时，他们会觉着，在星际探索的进程中，那些行星不过是外地，或是不同的国度而已。在未来历史中，终会有那么一天，人类将摸清整个太阳系，散居到整个太阳系，然后将目光投向系外恒星，向那些星球进军。对于他们的以及我们的所有后人来说，我们目前所处的时代是人类历史的一个重要转折点。

在如今的我们看来，萨根的观点未免过于乐观，虽然如此，探索外太空仍是不可回避的。如果人类的存在得以长期延续，我们在地外星球上殖民，奔向系外恒星，也是不可回避的。事实上，同样不可回避的是，战争使人类具备了探索外太空的能力。开发火箭，使之成为战争武器，开启了太空探索的大门，因冷战而引起的两个超级大国的军备竞赛接踵而至。这就是历史。

战争利益，各个国家的自我防护，将人类带进了太空时代。如今，这些仍然是探索太空的动力。每年有数以百亿计美元的资金投向与火箭、卫星有关的军用太空研究领域，投向20世纪80年代星球大战计划启动的、处于萌芽状态的诸如导弹防御系统之类的军用领域。然而，对军方来说，太空探索同样显得过于庞大和代价高昂。未来，探索太阳系和系外空间的经费仅有一部分来自军方，其他资金会由工业、商业和旅游业提供。

来自不同行业的资金会帮助人类，将人类送往其他星系。顺理成章的是（事实正如卡尔·萨根曾经阐述的那样，这一点至关重要），人类必须具备探索太空的能力。如果我们不这样做，作为物种，人类就会自取灭亡。如果有朝一日我们忙里偷闲地靠在椅背上，回首那段穿越遥远星空的旅程，如果我们能轻松地往返于人类居住的不同星球，人类绝不应当忘记，唯有借助如此复杂的技术发展史，人类才有了今天，而这一切都植根于战争和冲突中产生的诸多想法，以及在和平利用中实现的突破。

第六章
从木桨船到跨海巨轮

　　大陆与大陆隔海相望，人类的许多追求代代相传，却无法成为现实。不过，出乎意料的是，人类一旦掌握造船工艺和造船科学，世界就变得豁然开阔起来。技术进步的动力主要来自每个国家与周边国家的攀比，以及对于更强、更大战争机器的孜孜不倦的追求。这样的追求曾经导致许多帝国的兴衰，以及统治和被统治的不断交替。

　　20世纪，尽管东西方阵营的军备竞赛一部分源于宣传，另一部分源于铤而走险的政策，但它却给人类带来了大量技术创新，还重组了人类社会。尤其值得指出的是，它为我们带来了计算机、卫星和全球通信。延续数个世纪的海军军备竞赛改进了武器，影响了战争的进程，也影响了一些国家的命运。然而，这一切并没有像20世纪的太空竞赛和军备竞赛那样改变人类社会。从竞赛的终极目标是提高生产力来说，无论如何，本章讲述的海军竞赛无法像枪炮、飞机、医药那样影响到日常应用技术。不过，战舰、商船、海军舰队等的演进，对如今人类文明的形成起到了至关重要的作用。战争和冲突提升了舰船设计和动力系统，放大了它们扮演的角色。这些进步使人类能够随意开拓世界的每个角落，促进贸易的发展。而贸易反过来强化了工业革命的重要性，同时也推动了银行业务，形成了国际关系的新格局。

几乎世界各地的所有大都市都傍水而建，它们环绕港口发展。这是因为，到20世纪中叶为止，所有贸易都必须依靠陆路和海路运输。而所有国际贸易，无论是欧洲和亚洲间的还是欧洲和美洲间的，主要依靠商船运输。

无论是大洋大海，还是河流湖泊，全都为世界各地的文明进化提供了基础设施。亘古以来，伴随人类进化的两样东西是战争和贸易。这两样东西总是如影随形，并且其发展都得益于航海。征服大海会使国力强盛，舰船发展会使文化、经济、军力潮涨潮落，使帝国主义者的梦想具备生命力，使小国成为全球统治者。

1 得海军者得天下

人类多久前第一次尝试渡水，早已无从精确考证。最有可能的是，远古时期的人们首先借助圆木，然后才想到掏空树芯，借以横渡河流，目的不外乎寻找更好的食物源，或者前往对岸攻击同类。随着文明的演进，探险、征服、居留等人类内在的冲动驱使勇敢和意志坚定的人们为达目的不惜采取任何手段。所以，造船发展了，而且，船只越造越硕大，越造越结实，越造越省时。

人们倾向于认为，人类第一次动用船为的是实现入侵行动。所以，古人一旦有了船，立刻将水域变成了人类的"第二"战场。对此，如今的读者大可不必感到意外。然而，由于当初人类还没有能力将船只建造得足够大、足够结实，船只的实用性受到极大限制。如我在本书第二章中所说，人类早期制造刀剑和长矛的能力，受限于能否找到适用的金属。依此类推，每个族群的航海能力，受限于木料的规格。

一个非常有说服力的实例是关于腓尼基人的。他们生活在地中海东端（如今的以色列和黎巴嫩）。他们从雪松林里砍伐大树，用以建造硕大结实的、由数十个桨手划动的快船。公元前700年，腓尼基人已经掌握了严丝合缝地拼接长板材和封堵拼缝的方法。此前已然在航海领域野心膨胀的古埃及人却受制于木料的规格，他们使用的板材总是短于期望值，因而他们无法出海远航，只能在尼罗河及其支流航行。

当年埃及人没有专门为军队建造船只。相反，他们利用商业船队管辖其治下的领地。在造船领域，正由于他们没有严格划分军用和商用的界限，造船业凡有创新，立刻就回馈给了社会，而非专门用于军事目的。

公元前5世纪，古希腊历史学家希罗多德在其所著《历史》第二卷中论述埃及人的造船过程如下：

> 他们用刺金合欢（thorny acacia）建造货船。这种树的外形很像库列涅（Kyrenian）的莲花，此种树会渗出树胶。他们将树砍成大约两腕尺（相当于1米）之板材，码放齐整如码砖，用无数长栓紧固此种板材成船形。船体定型后，他们压着外层船体拼缝铺一层衬里。船体两侧无龙骨，两层板之间充填纸草。他们用一支桨穿过船底为舵，用洋槐做桅杆，用纸草做船帆。除非不停地刮风，此种船无法溯流而上，因此需要纤夫在岸上拉船。

古埃及人如何利用军方的经验促进商业利益呢？军方工匠开发船帆的过程便是很鲜明的实例。最古老的埃及帆船均使用固定船帆。这意味着，如果军事行动涉及徒手格斗，甲板上会非常混乱，船帆会成为障碍物。大约在公元前1000年，一位不知名的工程师发明了索具，使每条船的船长可以任意升降船帆和帆桁。这导致了缩帆索（一套将船帆连接在桅杆上的短索绳）的发明，随后人们又开发出了全套索具，此后，所有船只都装备了这样的索具。

古希腊人是热心的航海家。与古埃及人不同，他们分门别类设计船只。虽然当时所有商船上的船员都必须自备武器，且有能力抵御海盗和外国海军，古希腊人仍然将战船和商船分开建造。事实上，在深入探索军队专用船只巨大的潜能上，古希腊是第一家。古希腊人首先认识到，大船不仅可以攻守兼备，而且可以将士兵运往战场。据说，与波斯人交战期间，以及镇压斯巴达人起义期间，雅典人曾用三层桨手的大船组成舰队，成建制地大量运送部队，每批次高达6000人。

三层桨手的大船既高雅又漂亮，此外，古希腊人还欣赏它的多功能性。也即是说，这种船可根据具体情况使用帆或桨，或者两种驱动方式兼而用之。不过，希腊船在相对平静的地中海海域不会出问题，来到外海就没有用武之地了。部分原因是，它们不够结实，难以操控；其他原因是，当时缺乏可靠的地图，没有精确的航海辅助设备。

然而，人类仍然顽强地尝试远赴海外，并且留下了记录。种种迹象表明，不少年轻人怀揣寻找世界尽头的想法，没准儿还怀揣半路发现新大陆的想法，或许古希腊神话里两位远赴海外寻找金羊毛的亚尔英雄伊阿宋（Jason）和"阿尔戈号"（Argonaut）上的群雄的原型正是这些人。当时人们只能依靠天上的星星，外加从上古流传下来的知识和道听途说辨别方向，以及并非牢靠的航位推算术确定方位。在这样的航行中，划桨技术毫无用武之地。一位桨手仅能提供八分之一马力的动力，而他们占用的空间相应地挤占了储物空间，因此，这样航行不切合实际。桨手驱动带来的另一个问题是，船只吃水太浅。对航行在内陆水面和近海水面的船只来说，这没什么大问题。然而在波涛汹涌的海面，这种船只没有任何用处。

世界上第一次真正意义上的海战发生在公元前480年9月的萨拉米斯（Salamis）之战。是年，在国王薛西斯（Xerxes）领导下，波斯人在陆地上赢得了一系列胜利，将伯罗奔尼撒半岛大部分地区置于他们控制之下。可是，由大约700艘战船组成的薛西斯舰队随后却溃败了，因为他们被规模小得多的有三层桨手的大船堵在一处狭小的水域。薛西斯心知肚明，若想在新征服的领土上站住脚，必须保持海上供应的畅通无阻。薛西斯没有攻击希腊人，而是撤回海上，将东地中海的控制权拱手让给希腊人好多年。

古罗马人维持着庞大的海军，他们使用种类繁多的专用船只供养军队，保卫帝国。在古罗马鼎盛时期，罗马海军至少拥有 500 艘战船。大部分时间里，这些战船的主要任务是向帝国版图内的新领地运送人员和物资。不过，公元前 31 年，这些船只至少卷入了一场大规模的海上冲突，即亚克兴角（Actium）之战，卷入冲突的战船超过 700 艘。那天帝国打了个胜仗，因此阻止了马克·安东尼（Marc Antony）和克莉奥佩特拉 Cleopatra）的许多野心。

在罗马帝国鼎盛时期，海战战法包括撞船、跳帮、徒手格斗等传统甲板作战方式。后来引进了"飞叉"和"抛叉"战法，进一步完善了甲板作战方式。那是一种利用鱼叉做武器的战法，不仅可以重创敌人，置敌人于死地，还可以发射抓钩，与敌人贴身作战。这是人类首次在船上使用抛射装置。这种装置为罗马人赢得亚克兴角之战起到了关键作用。

然而，在古罗马时代，除了"飞叉"战法，无论是舰船设计，还是造船技术，或是海战武器，各领域鲜有其他改进。这或许是因为，罗马帝国从未真正面临来自海上的威胁。罗马帝国的倾圮，是北方陆路入侵者造成的，主要是来自东哥特人和西哥特人的威胁。

罗马帝国解体留下了真空，引得拜占庭帝国周边许多海洋国家竞相介入。与罗马前辈们相比，公元 700 年左右，拜占庭帝国的军事领袖们更富于创新精神，也更足智多谋。最能说明他们足智多谋的例证是，他们发明了世人熟知的希腊火。这种武器主要用于海战，破坏力极大。

据认为，发明希腊火的人是一位名叫卡利尼可斯（Callinicus）的叙利亚工匠，发明时间是公元 7 世纪中叶。那是一种极易燃烧的液体，储存在增压的桶里，通过船身侧面一根又粗又长的管子发射。

往敌船发射时，船员们躲藏在围绕虹吸管布设的金属防护板后边。希腊火的配方为人所知不过五十年左右，随后便失传了。不过，今人大胆猜测它包含有危险物质如硫黄、生石灰、石油、镁粉。不仅被攻击一方对它恐惧有加，进攻的一方也是如此。后来它臭名远扬，因为它引燃的大火（由于配方中有镁粉，它在水下也能燃烧）非常难以扑灭。说实在的，人们不难想象这种武器的巨大威力。对生活在 7 世纪的普通水手来说，希腊火的威力看起来肯定像一种超自然的力。

从文献记载中可以看出，第一次使用希腊火的军队是拜占庭水军。公元 672 年，他们在自己的领水部署希腊火，以抵御阿拉伯舰队的进攻。虽然从现存古代文献中找不到关于使用这种武器的详细记录，13 世纪时，有人摸索出了它的配方，并且在陆地上试用过。希腊火当年曾带给人们何等恐慌，我们从文献中可窥见一斑。法国香槟城（Champagne）的管家、有贵族头衔的让·德茹安维尔（Jean de Joinville）在他的论文集里记述了希腊火在第七次十字军远征中的使用情况，见下：

> 一天晚上，我们在龟甲防护瞭望台上站岗时，看见他们将一种叫作"抛射台"的装置推到我们跟前（以前他们可没这么干过），然后往抛石机上安装希腊火……和我在一起的善良的骑士居莱尔的沃尔特（Walter of Cureil）勋爵看到了这些，他对我们说了如下一段话："先生们，我们面临着前所未有的巨大危险。因为，如果他们向我们的炮楼和掩蔽所开火，我们将面临失败，被烧死；如果我们背弃大家的信任，放弃抵抗，我们将颜面扫地；所以，除了上帝，没人能救我们于危难。因此我的看法和建议如下：每当他们向我们放火时，我们就脸朝下趴到地面，在心中默念上帝保佑我们脱离危险。"

所以，他们第一次开火时，我们都按照教诲，脸朝下趴到了地面上。第一发希腊火在两个炮楼间穿过，正好落在我们眼前，打中了刚搭起来的障碍。我们的救火员早已做好准备，立刻赶来救火。由于萨拉逊人（Saracen，阿拉伯人的古称）无法直接瞄准，他们测算了国王在两翼建造的小楼，直接对着云层开火，火球直接落到了小楼上。

希腊火的使用如下：它前端开口，如酿醋之大桶。发射时，火球后拖着一个长矛样子的巨尾。它划过天空时，响声之巨如惊雷，其形如出海之龙，引燃大火直冲云霄，在夜色中，愈显明亮无比，极目所至，营区一览无余，如同白昼。是夜，他们向我们发射希腊火三次，用石弩攻击我们四次。

英国著名学者李约瑟（Joseph Needham）博士是研究中国古代文化的大师。按他的说法，最迟在公元 900 年，中国人已经在使用某种类型的希腊火。虽然中国人极有可能独立开发了配方，而且版本也有些不同，确实存在如下可能性：他们的配方源自拜占庭帝国。大多数历史学家认为，中国人的武器比地中海早期的同类武器强得多。因为，从那时上溯一千多年，中国工匠已经发明了有双向风门的风箱，借助它可以源源不断地生成很旺的火焰。这种复杂装置早在公元前 4 世纪就已经用于往敌方士兵身上喷毒气了。

中国的武器更致命，效率更高，另外还有一个原因。他们冶炼金属的技能极为高超，使他们能够利用含铜量高达 70% 的、质量最好的炮筒级黄铜制造更结实和更耐用的虹吸管和储存罐。这意味着，中国战船可以携带更多危险弹药，而船员们面临的伤害则小得多。

一位中国历史学家史虚白在其著作《钓矶立谈》中描述了公元 975 年发生在长江水域的一次水战，其中有类似希腊火的描述。"朱令赟将军所部遭宋朝皇帝大军袭击。"作者接着写道：

其日，令斌独乘大舰，高数十重，上设旗鼓，蔽江而下。王师聚而攻之，矢集如猬，令斌窘不知所为，乃发急火油以御之。北风暴起，烟焰涨空，军遂大溃，令斌死之。

中国人也是造船科学领域最早的创新者。他们早期所造之船适航条件低下，仅为内陆河系，后来才发展成适于近海海域航行的商船和战船。中国最早的航海记录已经失传，然而，宋朝水军拥有战船上千，兵力5.2万人。

　　大多数中国水军的船只不可能航行到离海岸很远的地方，因为南中国海海况多变，弱不禁风的船只根本无法生存。当时的航海设备数量不足，也不够精确。虽然中国人最迟在12世纪已开发出制图科学，但总的来说，外海和遥远的内陆地区还没有得到测绘。因此，不难理解，中华帝国影响力所及的范围止步于内陆河系，离开大陆的航行能力超不过一天。

　　13世纪初期的成吉思汗和五十年后的元世祖忽必烈双双扩建了中国水军。水军因此成了数代王朝战争中的生力军，使中国在数个世纪里战乱频仍。忽必烈是蒙古帝国（当时的领土范围东抵今天的朝鲜，西达今天的匈牙利，其治下人口占世界人口的一半）无可争议的统治者，据说，他掌握着一个拥有5000艘战船的水军。由于当时所造船只非常结实，他已经成竹在胸，做好了开辟新疆域的准备。

　　忽必烈是个"前无古人"的帝王，他非常清楚，征服成功后，勘探必须跟进；冲突过后，贸易必须跟进。1281年，他计划攻打日本时，进入战备的船只高达4400艘。十年后，他备好了一支规模相同的军力，准备横扫爪哇。那一时期，作为世界帝国，中国的许多梦想得以实现，主要是因为，他们在舰船设计领域超前，经大规模测绘后重新制作的各种地图比他人的更好。

　　忽必烈几代人后，明朝取得了政权。不过，元朝的水军建制却完好地保留下来。而且，至少在明初不长的一段时期内，中国人一直眼光向外，急于开拓疆域。在帝国南疆之外，他们发现了印度和锡兰（Ceylon，即今斯里兰卡）。他们还穿越东南亚，与太平洋沿岸国家建立了强大的贸易往来。中国甚至还有自己的哥伦布，他的名字叫郑和。15世纪前半叶，郑和绘制了西到印度、北达俄罗斯的大陆和海洋的地图。与当年的葡萄牙航海家瓦斯科·达·伽马（Vasco da Gama，他在半个世纪后步郑和的后尘进行开拓，不过他的航行方向与郑和正好相反）的船只相比，郑和所率船只的平均吨位是达·伽马的五倍。郑和奉献给皇上的不仅有数不胜数的金银财宝，更有利润丰厚的新开辟的贸易通道。

不过，这种外向发展是短命的。郑和为国效力，无论做过多少事，15世纪30年代，坐拥大权的朝廷敌对势力成功地说服了皇帝，不再资助他的继续开拓。与此同时，数个世纪以来，作为军事对手的日本一直在积蓄力量。这也促使中国统治者将目光放到自家门口。明朝宫廷随后上演了一场派系斗争，一派坚持继续开拓，向海外扩张，进行贸易；另一派实力更强，主张采取收敛政策。后一派系的胜利导致中国转向内敛，这一变故将它从主张贸易和开拓的强大帝国转变成一个闭关自守的巨人，从世界历史舞台上一连消失了好几个世纪。

中国从海外消失，几乎是一夜之间的事。后来，中国的所有贸易都止步于自己的领水范围内。明朝皇帝不但禁止海外开拓，更是禁止建造海船。数以十万计的水军和商船队船员转行到了活跃于内陆水系的船只上。水军被人们遗忘了。这种从海外撤退的强大趋势，从宣德元年（1426）——所有中国舰船被召回之前两年——内阁大臣范炽撰写的一篇奏折中可见一斑：

> 尚武为邪恶之首，圣贤之人避之，及至万一。古之明君，历代贤士，决无滥用民力，以张挞伐之事。此为长久之国策……内阁诸臣万望圣上垂旨，禁耀武于海外，止扬威于番邦。弃异域之荒滩，养民生于中华，鼎力治家办学。自此，前方无战事，军中无损伤，乡间无哀鸿，将帅无沽名钓誉者，军士无命丧海外之虞。四海之人自俯首，五洲之地终一统，大明基业将永延。

范炽的观点不难理解。或许，他内心深处真的以为，这么做对全国百姓是最好的出路。显而易见，对于战争威力会给国家带来何种好处，他有所不知。不可否认，他的天真在上述讲稿的最后一句话里充分体现出来。他真的以为，自己什么都不用做，海外国家会争相投靠。当然，这种事根本没出现过。

1426年，上述奏折跃然纸上之际，中国正好处在一个命运攸关的十字路口。虽然没有直接的可比性，当时中国所处的时代以及所面临的地缘政治形势和今天的我们（译者注：写作本书时，作者为英国人）别无二致。我们应当做何选择？向外发展还是更关注自身？作为世界大国，我们必须汲取历史教训，三思而后行。我们今天面临的问题和他们五百多年前面临的问题几乎一样。虽然人类生存的细微之处变了，人类的本质和人文条件并未改变。范炽的倡议受到赞誉，中国选择了摆在它面前的诸多道路之一，结果走上了一条长达数个世纪的下坡路，导致中国从世界舞台上销声匿迹。这一选择与当年西方国家的选择截然相反。走这条路固然减少了军事冲突，仅有的几次战争也是抵抗近邻的入侵。然而，作为先进技术第一大国的中国却因此寿终正寝了。这无异于作茧自缚。与此同时，西班牙、葡萄牙、意大利、法国、荷兰、英国的帝国梦潮起潮落，然而它们都实现了工业化和对外开放。中国却一直闭关自守，既不对外征服，也不追求财富，几乎停滞不前，以至整个20世纪和21世纪初期，它不得不尽全力追回数个世纪累积起来的落后局面。

综上所述，中国黯然退出舞台后，那些从暗无天日的中世纪挣扎出来的欧洲国家却依靠从东方传来的知识复活了，而且进入了一个崭新的时代。它们选择了中国历代皇帝所放弃的另一条道路，并在这条路上走向了辉煌。帝国的兴衰——地中海南部诸国的崛起和衰落、条顿帝国的兴起和落败、法兰西权力集团的诞生、大英联邦独霸一方，等等——都是武力扩张和科学用于实践的结果。说得更露骨一些，前述每个国家的成功，都动用了海军军力，也都是利用海军和诉诸武力进行文化渗透，扩大影响，在科学和发现的基础上建立人们称之为理性帝国的范例。

虽然许多涉及航海、地图绘制、舰船设计的核心内容是中国人首先掌握和发展起来的，当他们将技术超前和社会超前的接力棒（通过阿拉伯人）传给欧洲人后，后者将其重新整理和改造了，并且在西方文化快速而不可抗拒的崛起中扮演了极为重要的角色。

2　海军强则帝国强

自古以来，欧洲人对航海就有浓厚的兴趣。古希腊人和古罗马人偏爱有桨船，以奴隶之力驱动，船名统称为"狭长有桨船"（galley）。然而，由于北欧和斯堪的纳维亚诸国地理位置处于外海，海况比地中海危险，因而科技进步速度更快。在 8 世纪到 9 世纪，维京人已经成为技术高超的航海家，他们出海远航乘坐的是名为"长船"（longship）的大船，其驱动力既来自船帆，也可借助船桨。13 世纪，维京人的后辈出了许多经验丰富并长期在海上远航的指挥官。在他们率领下，船员们最远可航行到地中海。就当时的情况而言，在海上航行那么远的距离，已经非常了不起。

与古希腊人和古罗马人建造的各种船只相比，维京人的船更大，也更结实。如果用维京人的船向远方投送军队，效率会更高。在维京人的势力范围内，他们几乎没有对手。所以，维京人的长船几乎不会用于海上作战。每当它们被用于海战，维京人总会采用数世纪以来久经考验并百试不爽的古代撞船术和跳帮术。

借助来自东方的知识和经验，深受影响的地中海沿岸各国后来居上，赶上并超过了维京人以及他们的后代。他们的大部分知识来自远古时期的学者、工匠、海上探险家撰写的古代文献。对于寻找记录古代造船术的著作，欧洲人热情有加，他们依据文献记载，按图索骥寻找那些高超技艺以及知识宝库的所在地。在此过程中，他们将能力发挥到了极致，到达了人类当年所能到达的最远海域。对这类行为，佛罗伦萨的科西莫·德·美第奇，以及其他富裕的资助人慷慨解囊，极尽所能鼓励富于冒险精神的年轻人踏上征程去远航，前往未知世界，从寻找知识中获取回报，获得黄金和荣耀。从东方，从古希腊和古罗马搜集资料，追寻当年阿拉伯作家和抄写员转手传输的知识（这使欧洲学术在中世纪暗无天日时期依然保持了生机），在学到知识的同时，通过艰苦卓绝的阅历，这些航海家还收获了许多其他东西。

对海员来说，当年最重要的创新之一是三角帆（lateen）。那是一种三角形的帆，有一根很长的下桁与主桅杆相连，这种帆的优势超过了方形帆。自古埃及时代到斯堪的纳维亚时期，方形帆一直是水手们的最爱。大约从 9 世纪开始，三角帆就出现在地中海了。三角帆的名字（lateen 与 latin 接近）是一种误传，人们以为它是罗马人占领君士坦丁堡时期由罗马人发明的。然而，它很可能源自中国，是阿拉伯人带到西方的许多中国技术之一。

13 世纪和 14 世纪，使上述追寻知识发源地的远航成为可能的条件之一是三角帆，它让船桨迅速成为多余装备。三角帆的下桁可调整方向，因此，在经验丰富的高手指挥下，装备三角帆的船只可以充分利用不断变换方向的海风高速航行，操控自如。

航海领域的另一个重要进步是引进了先进的船舵。在最古老的船上，已经可以见到尾舵的身影。对操控小船来说，这是一种很实用的装置。然而，出于贸易和作战的需求，用作航海的船只体积越来越大，巨大的载货量让老式尾舵失去了作用。现代船舵（其正确说法仍然是尾舵）是插在船底吃水深部的一种装置，由缆索与舰桥相连。这是另外一种已经失传的古代秘密技术。最先使用这种技术的是宋朝的中国人，制造和使用这种船舵的技术后来传到了阿拉伯地区，大约 13 世纪中叶，又从阿拉伯地区传到了欧洲。德国魏玛市和易布林市（Ebling）商人们使用的封印为这种说法提供了依据。

上述船舵为航海增光添彩的同时，缆索系统也变得异常复杂。三角帆的实用性再清楚不过地说明，对船帆结构和桅杆结构稍加改进，即可极大地提高船只的航行速度，改善其灵活性。这些细微之处的改变，外加更为复杂的船舵投入使用，彻底改变了航船的性能。

1150—1300年，欧洲贸易获得了空前的发展，上述改变是促进其发展的主要因素之一。当时，各种货物的价格猛涨了30%。对各国海军来说，现代船舵和三角帆至关重要。13世纪，人们已经可以见到来自不同国度的各种各样的船只自由自在地遨游在地中海的海面上。有桨船仍然可见，只不过已经越来越稀罕。为抗御海盗，当时的商船都装备了弩机和长矛。因此，必要时，可以用它们增强海军的战斗力。对所有海洋国家来说，海军舰船已经成为各国军事力量的中流砥柱。由于各海港处在贸易中心区，外加军事设施的存在，它们的重要性也日渐突出。

大约从公元1200年起，舰船的体积开始逐渐增大。这不仅是因为它们越来越容易操控（同时由于三角帆的出现，航速也越来越快），更是因为人类的造船手段已经大为改观。北欧人的长船用双层长木板建造，此种技术被称为"穿钉法"。地中海沿岸的造船商也采用相同的技术。不过，由于地中海人受到木料的限制，其木料的质地远不如斯堪的纳维亚的松木和云杉，他们只好将其制作成较短的板材。这种情况制约了他们的船体设计。

由于贸易的发展，木材可以进口了，因而地中海的船只发生了变化。与此相应的是，这意味着船只会越来越大，从而可以容纳更多的船员和武器。进入15世纪后，许多商船和海军舰只的体积比13世纪的前辈大了好几倍。双桅船已经成为寻常物，而且，船上可以安装更多的大炮。事实上，船体越造越大，安装的重武器越来越多，这种趋势一直延续到20世纪，成为海军发展的一大特点。

15世纪，西班牙人和葡萄牙人成为先行者，英国人在世纪末也赶了上来。他们都特别重视海军建设，海军成了这些国家防御和战略规划的不可分割的有机体。大型帆船的建造成了这一时期的亮点，从体积上说，一个世纪前的船只根本无法与它们相比。与此同时，为满足市场对舶来品不断扩大的需求，商船的货运量越来越大，商船的体积也越来越大。这些船只需要保护，以免遭到海盗（包括敌国海军）的袭扰。过去，人们造船时，将功能不同的两类船只合二为一，这一时期，船只又重新按功能分类建造了。

与伊斯兰国家的海军相比，欧洲国家的海军占压倒性优势。前者没有做到与时俱进。具有讽刺意味的是，那些曾经扮演了中介，传递了先进技术（不只是航海技术，还有许许多多其他技术）的民族，在14世纪和15世纪已经远远落后。这打开了殖民主义的大门，纷纷涌入的有西班牙人、葡萄牙人、英国人、法国人、荷兰人，他们个个都想成为世界级的霸主。

15世纪前后，西班牙和葡萄牙是地球上最强大的两个国家。它们统治着大海，它们的影响力逐渐扩大，它们在国际贸易中的主导作用使它们变得非常富有。与此同时，由于与全球贸易网的联系，意大利的城市国家同样变得非常富有。由于地理位置绝佳，正好处在东西方联络节点上，威尼斯和热那亚成了这种商业变化的主要受益者。在当年的超级巨富的资助下，这两座意大利城市和其他城市在商业及航海方面的成功，如同为意大利文艺复兴注入了燃料，让意大利为后人留下了一笔辉煌的艺术和文化财富。

然而，当时的竞争非常惨烈。虽然西班牙和葡萄牙通过贸易和海军力量已经初步形成了帝国的轮廓，荷兰却后来居上，英国（后来于1707年通过《联合法案》统一了英格兰和苏格兰）则紧随其后，这是自罗马帝国消亡后首次出现具有全球影响力的帝国。

扩大海军和确立英国全球霸主地位的君王是亨利八世。1509年登基时，他已经认识到，强大的海军对保卫政权、开拓和殖民海外是何其重要。1485年，他父亲亨利七世在博斯沃思（Bosworth）之战中打败了理查三世，夺取了王位。当时英国根本没有海军。英王们此前的传统做法是，出钱雇用外国海军和舰船为其打仗。对于野心勃勃的国家和统治者来说，这是致命的弱点。1509 年，亨利七世去世，当年英国海军仅有 5 条战舰。亨利八世继承的就是这样的海军。1547 年，亨利八世作古时，他已经为英国海军增加了 35 艘战舰。虽然规模不大，当时的英国海军（17 世纪 60 年代查理二世执政时，英国海军已经被命名为"皇家海军"）已经成为一支令人胆寒的力量。这完全是因为，英国战舰设计先进，舰体庞大，而实现这一切的经费是亨利从教廷夺取的。

这一时期，舰船已经有了前甲板和后甲板，而且个个都满载武器，舰载大炮的数量甚至可达 120 尊之多。为了使舰船稳定，大炮全都安装在吃水线以下，通过新设计的炮口开火。如今，商船的许多装货方法是从当年为各种战舰设计炮位、人员舱、弹药库的方法中总结出来的，有些甚至是付出沉痛代价才总结出来的。1545 年，在一场小规模冲突中，亨利最引以为傲的、最喜欢的，并且最著名的"玛丽·玫瑰号"（*Mary Rose*）还没来得及开火，便在英国怀特岛（Isle of Wight）附近水域沉没。当时，法国舰队的指挥官正试图登上英国朴次茅斯（Portsmouth）数公里外的怀特岛，因而引发了那场冲突。"玛丽·玫瑰号"的额定乘员仅为 400 人，当时船上却有 700 位船员（全部罹难了），并且装载了过多的大炮和弹药。所以，刚遇上风浪，船进水没几分钟，"玛丽·玫瑰号"便不可避免地沉没了。

亨利八世无疑是英国海上传统的奠基者。不过，将英国海军从一支令人胆寒的防御力量变为全球霸主的人，却是他女儿伊丽莎白女王，以及为她服务和受她资助的著名航海家和开拓者们。伊丽莎白时代的显著特点是，信奉新教的英国和信奉天主教的欧洲各国之间相互仇视。这一时期被誉为充满军事冲突，贸易拼杀，为进行殖民寻找新领地而互相倾轧的血腥时代。

伊丽莎白执政时，出现了三位胆大包天因而也功勋卓著的航海家，他们是沃尔特·雷利（Walter Raleigh）、弗朗西斯·德雷克

（Francis Drake）、约翰·霍金斯（John Hawkins）。在拯救英国免受外族入侵，寻找新大陆以便殖民，以及将偷盗、发掘、截杀而来的财富夺取到手然后奉献给鼎力支持他们的女王方面，三个人都扮演了至关重要的角色。首先发现美洲新大陆的是克里斯托弗·哥伦布（Christopher Columbus），那是伊丽莎白登基前半个世纪的事。那时，欧洲主要国家都参与了抢夺：西班牙和葡萄牙当时已经走向没落，法国人正怀揣着扩张的梦想，荷兰人和英国人则刚刚踏上辉煌的征程。

在这场权力交锋中，让西班牙和葡萄牙降格为二流国家，同时将英国提升为世界帝国建设者的转折点，或者说重大事件，是1588年西班牙无敌舰队入侵英国时被打败。由于一系列毫无关联的因素，英国人摧毁了实力更强的西班牙舰队。天气有利于英国人，西班牙人做规划时犯了致命错误，不过，这两支海军最大的区别，或者说决定战争胜负的关键因素，非技术莫属。英国战舰设计得更好，更灵活，航速更高，在三位伟大的英国航海家督导下，女王陛下的水手们接受了更好的训练。

这种技术上的优势，以及造船实践方面的精益求精，彻底改变了历史。在对新发现的大陆进行殖民上，英国人渐渐占了上风，唯一能与之竞争的对手是荷兰人。英国影响所及，促成了早期美国的形成，非洲北部和亚洲的开发，后来英国又渗透到了印度、加拿大、澳大利亚和中东地区。说实在的，论及实力，虽然当年做到这一切的大英帝国如今已经沦为二等国家（作为国家它依然富有，依然稳定，依然有话语权），当年那个帝国所奠定的基础，已经在世界很大范围内留下了深深的印记，跨度之大，涵盖许多政府的社会制度，以及英语语言的现状。英语至今仍然是世界上应用最广泛的语言。

3　海图和全球导航

15世纪和16世纪，从英国海军的崛起到欧洲国家的力量角逐，人类最重要的收获是基于海军实力演绎的海外开拓、海外移民、领土扩张，以及由此激发的不断增强的信心和决心。那一时期的特征是，国家将膨胀的军事实力直接用于开拓殖民地，向势力范围以外耀武扬威。然而，人们绝不应忘记，航海技术的进步与人类的开拓愿望同等重要。那些穿越大海的先驱和冒险家们离开了技术装置，永远也不可能成功地到达遥远的彼岸。他们需要实实在在的导航设备。

15世纪末，航船远不够结实，甚至差到令人无法接受的程度，船上的生活条件也常常令人不堪忍受。船上不仅拥挤，人们还完全不知道什么是营养均衡。所以，大多数船员总是因为病痛受到可怕的折磨，例如，由缺乏维生素C引起的坏血病，那时人们也从未考虑过是否需要讲卫生。在早期寻找新大陆的过程中，人们早就习以为常的是，每次航行都会死掉一定比例的船员。船员们的死亡原因不一而足，病死的，因意外事故死的，被海盗和外国海军杀死的，各种死法都有。许多活下来的人则患上了精神病。虽然船员们意志坚定，因贪图黄金而义无反顾，还经常需要忍受船长的粗暴对待，但如果没有发明指南针和航海图，他们几乎不会有什么收获。

上述两项重要发明是来自远古时期的技艺。当年，人们不仅没有充分利用它们的功能，甚至完全忽略了它们的潜力。最初的指南针特别原始，可能仅仅是一种放在青铜盘子上的特制的勺子。这种装置的名称为"占卜盘"，这一名称清楚地说明了指南针最初的用途。受地球磁场影响，勺柄会指向固定的方位。公元前2世纪，中国人相信，将占卜盘和《易经》的详细解释结合起来，便可以预测未来。

关于指南针，一部出版于公元8世纪的中国启蒙读物《管氏地理指蒙》有如下描述：

> 磁者母之道，针者铁之戎，母子之性，以是感，以是通，受戎之性，以是复，以是完，体轻而径，所指必端……磁石受太阳之气

而成，磁石孕二百年而成，铁铁虽成于磁，然非太阳之气不生，火实为石之母，南离属太阳，真火针之指南北，顾母而恋其子也。

不过，这一时期，哲人们已经在尝试利用指南针做导航工具。有证据表明，公元1000年以前，中国航海家们已经在使用一种简易指南针。从那以后，直到15世纪初，指南针已经成为保障中国航海家完成航行的关键。对于我此前提到的郑和，指南针尤其重要。从航程和航行范围两方面说，郑和已经在中国人里做到了极致。指南针的重要性在郑和的航海日志里有详细记载。15世纪初，他已经完成七次国际航行。

当然，也是在中世纪暗无天日的时期，有关指南针的信息通过阿拉伯翻译家和改良家们传到了欧洲。指南针被西方重新认识，大约是在13世纪以后。不过，理所当然的是，那一时期，极少有人知道指南针如何工作。人们根本分不清北磁极和真正的北极。因此，即便使用了指南针，船只也经常选错航向，甚至会完全迷失方向。直到1600年，英国科学家和医生威廉·吉尔伯特（William Gilbert）出版了他的著作《论磁力》（De Magnete）后，人们才知道了指南针的特性，以及北磁极和真正的北极的区别。

人们认为，到那时为止，借助指南针导航绘制的海图不过是在海上航行期间漫不经心绘制的许多海图之一。数千年来，海员们一直沿用比对星空图确定方位，而这种图借助太阳、月亮、行星位置手工绘制。利用直角器和星盘，参照北极星的方位，有经验的水手可以计算出自己所处的经度。公元1世纪时，古罗马天文学家兼地理学家托勒密就曾使用过星盘。不过，即使在相对平静的海面，海船也很难保持平稳，测量技术很难正常发挥。碰上恶劣的天气，这样的导航技术会变得毫无用处。

在航行中，另一种确定方位的方法是航位推算法，然而，这么做需要借助参照物，必须贴近陆地标志，或人们熟悉的大陆板块来航行，这一方法才有效。再一种方法是借助恒星识别图，经过计算，即可知道自己的方位，前提是海员必须知道船只的航速。通常，人们的做法是在船上设一条有恒定间隔的线，在每小节上用绳子打结。用打结方式计算时间和距离，即可知晓船只的航速，这也是航速"节"的出处。

如果说计算纬度都很困难，计算经度简直就不可能了。1700年，人们对指南针的了解已经跃升到新的高度。其时，人们已经接受真正的北极有别于北磁极的观念，所以，人们用不同的地图标识世界不同地区北磁极的变化（真正的北极和北磁极之间的极差）。对海员们来说，这些标识图不可或缺，因此它们成了出海远航者的必备品，它们使指南针成为精确可靠的导航工具。每艘船上的指南针都安放在一个结实的盒子里，而且尽可能安装在船体摇晃幅度最小的地方。

上述改进到头来止步于上述领域。17世纪，英国海军成了世界各海区的主宰，英国控制的世界贸易为英帝国的扩张不断地输送血液。然而，由于沉船事故，每年仍有数百万英镑的财富和几百条人命葬身大海。由于人们的疏忽大意，一些船只会误入危险水域，另外一些则会漂流数月，始终找不到目的地。这主要是因为，当时的航船很难确定自身所处的经度。

这是一个令人头疼的问题。1714年，英国政府通过海军部设立了一个奖项，以2万英镑奖励能让船长们确定其所在经度的发明，允许的误差范围是半个经度。若想赢得奖项，发明人必须"从大不列颠出发……穿过大洋，到达海军部专员选定的西印度群岛某港口……所测经度必须在事先设定的范围以内。另外还必须证明……经得起反复验证，切实可行，有很强的适航性"。

很久以前，人们就已经知道，无论是往东还是往西，每行走15°，当地时间就会差1小时（一圈360°正好是24小时）。所以，无论是向东航行还是向西航行，如果船上的时间和某个事先设定的标准时间（例如，格林尼治时间）之差能被认定为极其准确，航海人即可准确计算出航船所处的位置。这种方法的弱点是，它需要一种可以随船携带的极为准确的计时装置。但1700年时，世界上根本不存在准确的计时装置。

英国政府适时成立了一个组织，名为经度理事会（Board of Longitude），其目的是管理和评定"经度奖"（Longitude Prize）。这件事让公众的参与达到空前的程度，以至"确定经度"成了当年的一句流行语。似乎每位发明家和狂人都为解决这一难题投入了无穷的精力，甚至步入老年人行列的艾萨克·牛顿也在制造时钟，不过，他的尝试无果而终。

真正取得成功的是约翰·哈里森（详见第三章），他把人生最易出成就的时光花费在追求经度理事会设定的"精确计时标准"上。哈里森只是个劳动阶层的普通工匠，因此，当年学术界对他并不认同。然而，他技术超凡，同时还是坚定的完美主义者。他追求的目标有二：其一为造一个"完美的"时钟，其二为给学术界瞧不起他的人一声棒喝。哈里森最终造出了一个能够满足经度理事会"苛刻标准"的计时装置。但理事会百般苛责，甚至在国王乔治三世出面为他说好话的情况下，哈里森仅仅得到承诺的部分奖金。即便如此，1775年他才拿到这笔奖金，那已经是这个奖项设立六十一年以后的事。拿到奖金十二个月后，他便辞世了，享年83岁。

哈里森遭遇了极为不公的对待。幸好他长寿，这才得到某些经济上的回报。他最满足的是，他乐见自己充分展示出工程和设计方面的才艺。可以毫不夸张地说，他的发明改变了航海。英国海军上校和航海家詹姆斯·库克（James Cook）船长利用他制作的时钟航行到了澳大利亚。经度理事会认可哈里森的时钟不出十年，每艘英国商船和海军舰艇都安装了一只固定座钟。每艘船均可参考格林尼治时间确定自己的方位。根据哈里森的方法改进的装置种类繁多，不过，这种确定经度的方法一直沿用到20世纪人们发明无线电之时。

然而，确定自己所处的经纬度仅仅是航海的一个方面。同样重要的是，航海人应当事先明确目的地是哪里、目的地的地理环境，与航行区域有关的陆地环境等是什么样子。远古时期，传播这些知识的方式为口口相传，古希腊人将这种方式称作"顺着找"（periplous）。水手们会根据回忆做如下介绍：往西走三天，有一片70英寻（fathom，1英寻为1.8288米）深的水域，岸边是纯灰色沙滩，从那儿往北再走一天就到。

一些最原始的地图或多或少与航行有关，它们标明了地貌和参照物。时间可上溯到公元前500年的实物包括因纽特人画在兽皮上的地图，以及古代亚述人画在泥板上的地图。他们的绘图方法不同，不过，他们展现了古时候的先辈们如何描绘他们所处的地区，以及他们对所处地区之外的世界是多么孤陋寡闻。

地图制作在西方发展得相当缓慢。古代西方有不少发明和发现，然而，制作地图的方法却失传了。直到文艺复兴时期前期，人们才重新发现了阿那克西曼德（Anaximander）制作的年代久远的古希腊地图，以及古罗马世界地图《寰宇概观》（*Orbis terrarum*）。据说后者是罗马皇帝奥古斯都于公元前12年下令制作的。人们认真研究了这些地图，掌握了仿制地图的技术。

文艺复兴时期，最著名的地图制作人是格哈德·墨卡托（Gerhard Mercator）。1512年，他出生在比利时安特卫普。16世纪50年代，他已经制作出详尽的欧洲地图、非洲地图和亚洲地图，另外，他还出版了几部关于地图制作的书籍，包括《海图勘误》（*Certaine Errors in Navigation*）。在人们尚不知道如何确定经度的年代，这些地图对水手们的帮助无疑是巨大的。为了纪念墨卡托，他的名字常常被用来命名船只、卫星导航系统，甚至还有导弹。

恰如其他先进的航海技术此前所经历的那样，海军使用地图的经验很快传到了商人和探险家的耳朵里。人们通常认为，商业船队的船长和自立门户的探险家大多曾在海军服过役，退役后随身带走了知识和经验。不过，事情远非如此简单。英国人首先认识到航海图表的重要性。1745年，英国人刚刚处理完詹姆斯二世党人的造反，便开始了有史以来第一次大地测量。当时，承担这项任务的是军械委员会（Board of Ordnance），它是英国国防部的前身。如今，英国陆地测量局（Ordnance Survey）承担着利用卫星数据制作数字地形图的任务。

在提高地图制作效率和地图标识效率方面，战争同样起到了极大的促进作用。最具说服力的实例为航空摄影技术的开发。第一次世界大战期间，航空摄影被列为军事领域的重要突破。当时飞机发明未久，其主要作用不是武器，人们更多地用它拍摄敌方的军力部署。随着照相技术和飞行技术的提升，航空摄影技术受到越来越多的重视。第二次世界大战期间，航空摄影在战略规划方面扮演着极为重要的角色。

自20世纪50年代第一次太空发射以来，人造卫星在军事领域的重要功能之一便是侦察。侦察卫星使用专门设计的照相机，以便拍摄清晰度高得令人难以置信的地貌照片。照相机不仅使用光学成像技术，还使用远红外成像技术和其他先进的成像技术。上述各种技术的应用，让现代地图制作师具备了制作高清地图的能力。

对现代导航技术而言，卫星已然成为至关重要的因素。全球定位系统（GPS）的前身是美国国防部于20世纪60年代到70年代为世界各地军用飞机和军用舰艇开发的导航辅助系统。这一系统的初期版本仅有七颗在低轨道运行的导航卫星。不过，五角大楼于1973年划拨80亿美元，用于大规模改造这一系统，将其改造成所谓的"导航卫星全球定位系统"，并于1995年全面投入使用。

20世纪80年代末，发达国家的大多数人已经熟悉了GPS。如今，它在民用领域已有更为广泛的用途，从汽车导航到空中管制和船只导航，无所不包。1983年，最初上市的商业版导航仪售价为15万美元，需要两个人同时操作。如今，全世界有数千家制造GPS设备的公司，手持终端的价格低于150美元，仅为初期版本的千分之一。

由于 GPS 在军事领域的极端重要性，在商业领域的广泛用途，自 20 世纪 70 年代末以来，利用此项技术的军事部门和民间公司竞相投入大量精力不断完善这一系统。因此，我们常常会发现，在日常生活领域，它居然还会有全新的和令人惊诧的其他用途。最先进的 GPS 可以在地球表面任意位置对任何物体进行精确定位，其误差不超过 1 米。随着定位精度的提高，为巡航导弹和航线飞机导航的技术也逐渐为测量员、设计员、民间工程师、媒体工作者所采用。将 GPS、因特网系统、手机系统互联，会进入高精尖技术的全新层面。不久的将来，令人感兴趣的全新应用方向为，广告商们可根据"领域"投放信息。譬如说，当我们临近某一看不见的广告区域，GPS 会提醒我们的手机或带在身边的计算机，同时推送一条介绍周边餐厅的广告信息，或推送一段介绍某部电影的片花。这一技术虽属高精尖，事实上却是人们从指南针上剥离的一个古老功能，即利用指南针预测未来的功能；也是先民们在海豹皮上尝试刻痕时的古老技艺，那一时代的人拥有这种技艺不过是为了制作地图而已。

4　海洋和军备竞赛

大英帝国的基业是 16 世纪打下的。在三百年间，虽然它变得非常大，18 世纪初期以前，"帝国"一词与英国的实际并不相符。一些历史学家认为，1876 年维多利亚女王被封为印度女皇后，英帝国才达到它的顶峰；另一些人认为，大英帝国的实力和疆域在 1900 年左右才达到巅峰。不可否认的是，如下格言印证了当年的事实：照耀大英帝国的太阳永不落。大英帝国的疆域有 5000 万平方英里，据估计，其治下的人口有 5 亿之多（为 1900 年世界人口的四分之一）。从地域面积上说，大英帝国位居 13 世纪和 14 世纪的蒙古帝国之后，是历史上的第二大帝国。

在 18 世纪和 19 世纪，虽然英国人称王称霸，但他们并非没有对手。法国几乎与英国同时进行了一场工业革命，并且在世界上大片地区进行殖民，然而，他们不像英国人那样满足于成功。18世纪最后十年，大革命在法国国内造成了特别大的混乱，这种混乱放慢了他们的扩张速度。拿破仑·波拿巴从法国革命的废墟上崛起，名声大振，作为新共和国施展宏图大志的关键，他把英国当成了对手。他建立了强大的海军和陆军，并且尽力将法国打造成超级大国，然而，他最终失败了。

在拿破仑的武装里，关键战斗力包括几支海军·（尤其是西班牙舰队）。这都是他的军队通过侵略获得的。对英国海军的统治地位而言，这种联合战斗力是一种严重威胁。拿破仑战争（1803—1815）是在陆地和海洋同时展开的，所有战事在1815年滑铁卢之战后平息下来。1805年，拿破仑计划以35万兵力入侵英伦三岛时，英法两国的争斗达到了顶峰。是年10月，特拉法尔加（Trafalgar）海战不仅使他的入侵计划破产，还使英国海军此后独霸海洋长达一个世纪之久。特拉法尔加海战成了19世纪最重要的一场海战。这场胜利让英国多了一些海军英雄、不朽的航海家、保卫帝国的标志性人物，例如，前边提到的沃尔特·雷利、弗朗西斯·德雷克、约翰·霍金斯。

在特拉法尔加，英国的胜利有多重原因。荣耀应归于海军上将霍雷肖·纳尔逊（Horatio Nelson）。作为指挥官、战术家、航海家，他的能力远胜法国对手皮埃尔·德·维尔纳夫（Pierre de Villeneuve）。不过，战争的结果出于另外两个重要因素。第一，虽然法国的战船比英国的结实，但英国海军舰船航速更快，更灵活，最重要的是，它们装备的火力更强大；第二，英国人的优势为，他们开发出了短炮筒和大口径的舰炮，他们称其为"大口径短炮"（法国间谍一直未能发现这一价值连城的战争秘密）。大口径短炮的开发归功于英国的工业制度。虽然其他欧洲国家的改革家、制造商、买卖人等对发源于英国的工业革命穷追不舍，18世纪之交，英国工业和商业的扩张速度已经无可匹敌。采矿业和冶炼业成了英国工业发展的两个重要组成部分，这两个产业聚集了当年最有干劲的一些改革者。

英国海军在特拉法尔加的胜利还有第三个因素，即海军指挥部门和军事计划制订者们善于总结教训。18世纪末，英国海军是世界上唯一一支各级部门均与政府密切合作的武装力量。英国政府与海军部建立了一条通信链，给他们以信任和财政支持，使他们能紧密配合，既能保证人员和船只的供应，又能保证上万种其他物资和商品的供应。整个舰队高效运转期间的不时之需总会得到满足。这一复杂的行政管理系统是从大英帝国在美国和加拿大的扩张中形成的，那里有10万人需要武器、弹药、服装、食品以及其他供应，这些都必须得到保障。为完成任务，一帮军事计划制订者和民事行政官员走到了一起，由此形成了一个系统，使资金流保持畅通，还使海军的运转发挥到极致。

为维护各殖民地的运作，海军的发展日趋完善。然而，海军接手的重要遗产可不止这些。英国海军的创建者是亨利八世，从16世纪以来，政府和海军之间的密切关系日臻完善。18世纪末，英国最强大的对手法国可没有这样的传统，即使在革命前，法国海军具备了这样的传统，当年法国的政治改革家们也会迅速将其一扫而空。

飞机和导弹诞生前，衡量国家真正实力的尺度是海军。拿破仑战争过后，世界上首次出现了两强鼎立的局面。这意味着，为防备敌人的联合进攻，英国必须长期维持一支强大的舰队，以应付实力上排名世界第二和第三的舰队联合进攻。这种海上霸权一直维持到华盛顿会议（Washington Conference）召开。那是第一次世界大战刚刚结束时召开的多国会议。会议决定，美国海军和英国海军的军力必须对等。这种由海军实力概括的军事优势同时还意味着，世界上实力最强的国家也是商业上最成功的国家。海军总是适时地被派往世界各地，通过其影响，在文化和意识形态方面改变着世界。早在16世纪，沃尔特·雷利勋爵就明白这些道理。在打败西班牙无敌舰队后，他曾经说过："海之王者即贸易之王，贸易之王者即世上财富之王，盖世界之王也。"

为保持这种地位，英国军方必须不断地进行革新，战略家和规划家们很有必要接受革新家、发明家和设计家的指教。工业革命的成功，以及18世纪和19世纪英国政坛和社会制度的相对稳定，形成了一种良好的氛围，使英国出现了一大批工程师、科学家和一流工匠等。这意味着，英国不乏创新型人才。不过，虽然海军管理部门效率极高，运转良好，英国军方常常受到抱残守缺的指挥官们的困扰，他们宁愿守住那些经过反复验证的方式方法。19世纪中叶，美国军方对新思想和新事物则开放得多，其结果是美国后来居上。美国内战期间，以及内战结束后，许多军事上的新生事物成了主流。而美国的对手们，包括英国在内，要么接受这些创新，要么只能自甘落后。

新生代革新家里最耀眼的人物是一个名叫约翰·埃里克松（John Ericsson）的人。他出生在瑞典，20岁出头移民到了英国。到英国后，他参与了一系列工程项目，包括船用螺旋桨和大口径炮的设计。他还利用业余时间设计蒸汽船。在设计过程中，他和一位名叫罗伯特·斯托克顿（Robert Stockton）的美国高级官员成了朋友。后者对利用最新科技发明和工程发明改造军用装备有着浓厚的兴趣。1840年，斯托克顿终于说服埃里克松来到美国。在美国期间，通过斯托克顿的关系，埃里克松为美国陆军和海军贡献了一系列发明。

到美国后，埃里克松的第一个革命性的想法是他称作"直热型舰船"（Caloric Ship）的东西。这是他自费设计的东西，他原本希望这一设计能颠覆航海技术。这种船的独到之处是它的锅炉设计。标准锅炉的工作原理是将水加热，以产生蒸汽，而埃里克松的机器不用蒸汽，直接利用热空气的膨胀驱动活塞。从理论上说，这种机器效率更高，可以让船只行驶得更快。然而，令人伤心的是，在他的设计中，现实与理论不相符。埃里克松的直热型发动机遇到的问题太多，包括机体过热，重量远超传统发动机。这意味着，这种机器的效率由于其多出的重量完全被抵消了。尽管直热型发动机一开始让人们兴奋不已（包括一位热心的企业家曾提议出资 100 万美元购买其专利），埃里克松的想法最终没有结出果实。数十年后，英国贵族查尔斯·帕森斯（Charles Parsons）获得专利的蒸汽轮机完全取代了他的设计。

埃里克松思维极其活跃，他对科学和工程的各个领域都感兴趣。他当然知道，用不同学科的知识解决同一个问题，其效率会有多高。不过，他对舰船有着非同一般的情结，对于改善海军舰船的航行能力和作战能力，他矢志不移。美国内战期间，他为北方军队建造了一艘革命性的舰艇"莫尼特号"（Monitor），船上装备了旋转炮塔。"莫尼特号"后来出尽了风头，于 1862 年 3 月被用于抗衡舰体比它大得多、威力比它猛得多的南方舰艇"弗吉尼亚号"（Virginia）。

在普及螺旋桨的使用方面，埃里克松助了一臂之力。居留英国期间，他从一位名叫弗朗西斯·珀蒂·史密斯（Francis Petit Smith）的工程师的经历中学到了许多关于螺旋桨的知识。19 世纪 30 年代，史密斯也在伦敦工作，其间，他曾经在帕丁顿运河（Paddington Canal）卷入一次事故。那次事故中，他的船和另一条船相撞，螺旋桨因此受损。将事故船从现场开走时，他发现，船的航速比平时快了。回到车间检查时，他发现，螺旋桨的叶片都被削短了，因此，螺旋桨比以前小了许多。他改变设计，造出了有许多小叶片的螺旋桨。如此一来，在水中行船时，船的航速比以前几乎快了一倍。可以想见，这样的设计让伊桑巴德·金德姆·布吕内尔（Isambard Kingdom Brunel）大受启发，当时他正在建造世界上最大的船"大不列颠号"（Great Britain）。于是他改变了该船的螺旋桨。"大不列颠号"于 1843 年下水。

史密斯和埃里克松在螺旋桨领域拥有不同的专利，不过，埃里克松的设计对全球海军的影响更大。埃里克松的"莫尼特号"装备的是传统锅炉，螺旋桨则采用了史密斯的设计。战胜"弗吉尼亚号"

以后，沿着同样的思路，埃里克松为美国海军建造了一系列战舰，然后转向潜艇、鱼雷，以及为战列舰装备的重型火炮等实验领域。

19世纪中叶，远航舰船推进系统和建造领域进行了两项重要变革——蒸汽推进系统的采用和船体装甲化——对全世界海军产生了重大影响。随后，这两项变革彻底改变了商船以及其他船只的设计理念和用途。不过，一成不变的是，若想让政策制定者和手握财政大权的人们看到它们对海军未来发展的好处，这些新生事物背后的发明人必须付出不同凡响的努力。

英国和竞争对手间进行的一系列军备竞赛促使这种变化成为不可避免的。首先扩大军备的是法国人，紧随其后的是美国人、日本人、德国人。这些均迫使英国战略家和规划家们进行改革。军界和政界那些有实力和有影响力的人物心里非常清楚，亘古不变的硬道理是，如果敌人掌握了某种革命性的新装备或军事技术，而己方无法超越，那么至少必须拥有与之对等的东西。

从19世纪70年代开始，军事强国的海军军力成了一系列军备竞赛的核心，也成了20世纪后半叶美苏进行军备竞赛的预演。就当时的情况看，这些竞赛耗资巨大，技术进步获利颇丰，对维持世界力量的均衡同样至关重要。

法国人觊觎英国人的海上霸权由来已久，因此他们捷足先登。1840年，法国人试图干预发生在埃及的一场冲突，英国海军迫使他们撤了回去。从此，他们的不安全感被放大了。法国政府和军界的实权派人物感到，必须尽一切努力，以抗衡英国海军。从那往后，他们对新生事物越来越热心。两国在埃及冲突后不久，那些更具冒险精神的法国战略家和军事计划制订者已经认识到，利用蒸汽轮机驱动海军舰艇前途无量，也许这是一次千载难逢的超越老对手的机会。如果法国舰艇的航速比英国的快，他们无疑会取得压倒性优势，至少有人这样认为。

事实上，第一艘这样的船是美国人发明的。一位富有远见卓识并意志坚定的工程师兼发明家罗伯特·富尔顿（Robert Fulton）于1807年推出了第一艘蒸汽驱动的船只，并驾驶它在哈德逊河（Hudson River）进行了处女航。从这次相当业余的试验开始，蒸汽驱动的船只飞速发展起来。富尔顿首航成功后不过三十几年，蒸汽船已经可以横穿大西洋。

不过，促使诸多事情以极高速度取得进展，是在军方接管一家商业机构以后。1839年，英国人开启了通往美洲的邮政服务。政府授予承担该项服务的公司拥有独家承运权，还提供了政府补贴。这一新生事物促使诸多公司为争抢业务而展开惨烈的竞争。

这一竞争推动舰船研发向航速更快和体积更大的方向发展。在这一领域领衔的是伊桑巴德·金德姆·布吕内尔。应当说，他是伊丽莎白时代最伟大的造船工程师。他建造的"伟大西方号"（Great Western）是第二艘横穿大西洋的蒸汽船。"伟大西方号"比它的竞争对手晚12个小时抵达纽约，后者是一艘名为"天狼星号"（Sirius）的轮盘式驱动船。不过，"大西方号"比"天狼星号"航速快，因为它的启航时间比后者整整晚了80个小时。

在蒸汽船领域，英国政府非常清楚法国人的兴趣所在。他们高度关注将这类船只用于军事的可行性，并且用政府补贴的方式资助布吕内尔和他的竞争对手。政府向这些民用船只提供补贴是有条件的，最关键的约定是，在设计舰船时，必须融入可以将商船既快捷又简便地改装成战舰的因素。这不禁让人想到，他们的出发点与古人设计战船的方法不谋而合：凡遇战争，所有商船均可改装成战船，以增强水军的战斗力。

维多利亚时代及其以后，虽然这一方式运转得非常好，且使英国始终处于领先法国的地位，英国海军保守派不得不面对严峻的现实：要么张开双臂拥抱革新，要么放任海军沦落到卑微地位。在布吕内尔乘坐部分建造资金由军事计划制订者赞助的航船横穿大西洋十年前，时间最迟在1828年，英国海军部发表了一份声明，其中有如下内容:"诸位阁下一致认为,全力阻止建造蒸汽驱动之舰艇,实为我等义不容辞之职责。建造蒸汽船,无异于落井下石,毁我帝国海军之霸业。"

人们很容易即可看出那些人为什么会那样想。对海军部里的许多大人物而言,改革思想等于异教邪说。然而,对其他人来说,这样的态度无异于自杀。在危险来临时,最糟糕的情况莫过于自己将脑袋一头扎进沙子里。法国人,以及后来居上的德国人和美国人,他们均不认同某些坐在高位上的英国海军遗老的担忧。真实情况是,他们正确地看待革新,尤其看准了蒸汽驱动的舰艇,认为这是一次千载难逢的机会。对维多利亚女王和英国海军来说,幸运的是,尽管海军部抱残守缺,另外还有足够多的企业家、有势力的政治家,以及战略家们心知肚明,英国面临着危险,他们不惧怕进行变革。

尽管有上述人等在背后鼎力支持,英国人仍然有两次被法国人全面超越,在不太长一段时期内,英国海军感到了切肤的威胁。1850年,"拿破仑号"(*Napoleon*)下水,法国人向世人显示,他们拥有了航速最高的海面舰艇。这艘舰艇的航速达到了13节,着实让英国人吃惊不小。资金立刻涌进来,英国人在朴次茅斯开始建造一艘更好的、航速更高的舰艇。十年后的1860年,法国人再次提高了赌注,他们造出了一艘不仅航速超过所有英国海军舰艇的新船,这艘船还能更有效地抵御敌人的炮击。新下水的"格洛里号"(*Glorie*)是世界上第一艘装甲战列舰。"格洛里号"整个舰体覆盖着4英寸半厚的铁甲防护层,使它成为一个革命性的战争机器。这促使英国海军工程师们更加努力,全力以赴,迎接挑战。

这一"冷战式"军备竞赛随后持续了近半个世纪。英法两国在研发全新的船型、更好更快的发动机、防护更完善的战列舰等领域都投入不菲。然而,由于两国政府签署的一项协议,一夜之间,欧洲的政治和军事格局发生了逆转。1904年4月,英法两国签署了所谓的《友好议定书》(Entente Cordiale)。尽管两国的出发点明显是为一己之私，尽管因殖民地分歧延续数百年的恩怨有必要做个了断，两个经历过上千年竞争和流血拼杀的国家，突然间共同面临着以强国面貌崛起的德国，后者对欧洲的稳定构成了切实的威胁，因此两国政府抛弃前嫌，成了朋友。德国正在高速成长，正以令人震惊的速度和明显的扩张野心加强其军事实力。

面对德国人的威胁，两国的反制措施不可避免：作为抗衡措施，英法两国的做法不外乎加强自身的军事实力。强化军力最显著的结果是，创造和建造无畏级战列舰。这是一种前无古人的军舰，甲板上布满大炮和鱼雷发射管，身披厚甲，由巨型蒸汽轮机驱动，劈风斩浪最高时速可达28节。在这一级别的战舰里，舰身最大的战舰装有八门自重百吨的38厘米口径大炮，这种大炮可以将885公斤重的炮弹发射到20公里开外。英国海军的无畏级战列舰真的做到了前无古人。

建造和养护这些舰艇的开销可谓天价！对当年正处在巅峰时期和拥有巨量资源的大英帝国来说，这也是一种沉重负担。为筹措资金建造这些巨型战舰，英国海军当年面临着非常窘迫的处境。对此，温斯顿·丘吉尔曾经以他独到的精辟留下一段名言："……终于出人意料地达成了特有的共识。海军部要求建造6艘，经济学家们只同意4艘，各方共同妥协的结果是8艘。"

无畏级战舰的出现不仅给英国带来了沉重的经济负担，也加速了战争的到来。因为它刺激了德国人，促使他们理顺和集中原本混乱无序的资源，用于重新打造舰队。眼看德国人的军力日渐强大，英国海军的"无畏号"（*Dreadnought*）于1906年驶向大海，使英国保住了海上霸权。而此前德国人曾经组建过所谓的隐身"亚舰队"，依靠小型舰艇改变过游戏规则。新建的庞然大物让英国海军的其他舰艇成了摆设。无论是对海军将领而言，还是对政治家而言，无畏级战舰成了他们心中挥之不去的情结。德国人很快得出如下结论：如果他们建造的无畏级战舰比英国人的多，他们即可获得优势地位。

据说，对英国海军部发起的这种竞赛，德国皇帝作出了如下评论："你们英国人疯了，疯了，疯了，都疯成发情的野兔了！" 20 世纪，第一次军备竞赛由此拉开了序幕。

为提升海军的地位，德国于 1908 年出台了提尔皮茨计划（Tirpitz Plan），拨专款建造 12 艘无畏级战舰，完成时间为 1912 年之前。这一计划不仅圆满完成了，而且超额完成。因此，1914 年，第一次世界大战爆发时，德国投入现役的无畏级战舰已经达到 13 艘，而英国海军则部署了 20 艘无畏级战舰。

对于无畏级战舰的重要意义，以及它们在第一次世界大战中的重要性，历史学家们长期以来一直存在争议。这些舰艇花销太大，船上的乘员太多，寄托了人们太多的期望和情结，让人很难下决心将它们投入实战。哪怕损失一艘珍贵的无畏级战舰，加上舰上乘员，对大英帝国（对德国同样如此）都是一次不可承受的打击，因此，政府很不情愿动用它们。唯一的一次例外是 1916 年 5 月的日德兰海战，那是第一次世界大战中英德两国舰队规模最大的一次正面冲突，也是历史上最后一次没有飞机和潜艇参与的大规模海战。交战中，英国海军部署了 33 艘无畏级战舰，德国海军则部署了 18 艘。

战斗结果对整场战争没有太大影响。然而，人们比较一致的看法是，发展无畏级战舰的整个过程让舰船设计师和工程师们学到了太多东西。他们很快将所学用于建造更好的民用船只。

有史以来，舰体最大的无畏级战舰是英国海军的"虎威号"（Tiger）。它于 1911 年下水，排水量为 2.85 万吨。为了在水中驱动如此庞大的船身，使其航速达到 28 节（至今它的航速仍比吨位差不多的所有其他战列舰快上好几节），必须为它装备动力特别强、效率特别高的发动机。为建造推力如此大的舰艇，迫于压力，设计师们开始研发世界上第一台燃油发动机。两次世界大战之间，巨型豪华邮轮开始出现在远洋航线上。如果世上未曾有过无畏级战舰，那些以"泰坦尼克号"（Titanic）为代表的巨型豪华邮轮的航速肯定会慢很多，包括近年建造的那些令人瞠目的巨轮的航速也会慢很多，例如，2004 年进行处女航的德国丘纳德邮轮公司的"玛丽二世女王 II 号"（*Queen Mary II*）。

事实上，20 世纪 80 年代签署的一系列限制核武器条约都是 1922 年和 1936 年条约的翻版。其时，美国和英国分两次达成协议，在世界范围内限制新建战列舰的吨位（航空母舰不在此列）。根据协议，舰艇的最大排水量上限为 3.5 万吨。协议对舰炮的口径也设定了限制，上限为 40 厘米。

不过，即使这些限制都得到遵守，海军工程师们全都循规蹈矩地设计航速更高、外观更漂亮、能够携带各种武器的舰艇，但在其他领域改变海军面貌的创新已经呼之欲出，从而为探险家、商人和科学家们勾勒出了巨大的创意空间。

5　潜艇发展路不平

纵览人类开发海洋的历史，无论对军事活动还是民事活动而言，影响最深远的创新莫过于潜水艇。公元前 400 年，亚里士多德曾经说过这样的话：亚历山大大帝的战士利用潜水装置破坏敌人的船只。而两千年后的达·芬奇曾经绘制过潜艇设计图。不过，直到近代，人类才制造出基于上述设想的潜艇模型。达·芬奇曾经在他的笔记中透露，他会刻意阻止这样的发明。他写道："按照人类的杀戮本性，海底也会成为人类实施暗杀的场所。"

正如人类曾经梦想飞往遥远的未知世界，在波涛汹涌的海面之下远航，也曾经激起过人类无限的遐想。儒勒·凡尔纳妙笔生辉，在其经典小说《海底两万里》（*Twenty Thousand Leagues Under the Sea*）中为我们勾勒出一系列激动人心的曼妙场景。他创作上述小说的年代，刚好是人类研发潜艇的起步阶段。

在儒勒·凡尔纳于 1870 年创作潜水故事之前至少两个半世纪，

最早的潜水员已经在实验他们的潜水机器。一位名叫科尔内留斯·德雷贝尔（Cornelius Drebbel）的荷兰人声称，他曾经乘坐潜水船在泰晤士河兜过一圈。不过，他的说法得不到任何官方文件证实。当时他是詹姆斯一世国王的御用实验师。一个半世纪后的1776年，一位勇敢的美国反殖民主义者试图利用一艘名叫"海龟号"（Turtle）的潜水船炸毁巡游在纽约港湾里的英国海军"雄鹰号"（Eagle）战舰。但是他没能成功，因为他发现，潜水船铜质的外壳根本无法悬挂设计好的爆炸装置。

在造出用机器驱动的潜水艇方面，西班牙业余爱好者纳尔奇斯·蒙图里奥尔（Narcis Monturiol）是世界上第一人。他是一位不知名的发明家，也是一位业余律师，但蒙图里奥尔无疑非同一般，他富于创造性，聪颖过人，意志坚定。不过，历史学家们对他在潜艇研发方面的重要贡献却视而不见。这主要出于两个非常另类的原因。第一，他反对当时的政府，政治上是个极端主义者，由于其社会主义倾向，曾经被流放到海外一段时期。建造潜艇理所当然需要资金和支持，这些对他可谓困难重重。虽然他造的潜艇各方面都非常出色，由于前述原因，一直到后来，政府也没有把他的潜艇当回事。

关于蒙图里奥尔一直未能得到重视，最重要的是第二个原因，即他一直不希望将他的发明用于军事目的。《海底两万里》成书于蒙图里奥尔第一次下潜试验十年后。几乎可以肯定，他就是那位愤世嫉俗的、反对现政权的"鹦鹉螺号"（Nautilus）指挥官尼摩船长的原型。蒙图里奥尔是理想主义者、和平主义者，或多或少还是心地善良的梦想家。1857年，在西班牙南部小镇卡达凯斯（Cadaques），他目睹了一位受雇采摘珊瑚者的溺亡，他设计潜艇的初衷正是为了这些人。他的本意是，使用由机器驱动的潜艇采摘珊瑚，工作就不会那么危险。同时他也相信，对探险家和科学家而言，这种装置肯定会派上大用场。

1859年，蒙图里奥尔自费建造的第一艘潜水艇"艾提尼奥Ⅰ号"

（*Ictineo* I）顺利下水。五年后，他设计和建造了一艘远远超过其前身的"艾提尼奥Ⅱ号"（*Ictineo* II）。这艘潜艇是利用西班牙全境的狂热支持者和志同道合的古巴人筹集的30万西班牙比塞塔（peseta，西班牙银币）建造的。

蒙图里奥尔从未得到过西班牙政府或其他政府机构一分钱。不过，他的潜艇无论怎么说都是工程上的奇迹。如果当时西班牙政府认真看待它，潜艇技术的成熟肯定会提前数十年。用来驱动"艾提尼奥Ⅱ号"的发动机不用氧气（不需要空气）。它的燃料是过氧化镁、锌、氯酸钾等的混合物，通过化学方式生成热，以产生蒸汽。这一化学反应的副产品是氧。当潜艇下潜时，可以把氧搜集起来，供船员们呼吸，同时还可以为潜艇提供外部照明。

蒙图里奥尔的设计思想无疑太超前了。他去世后，差不多过了七十年，人们才再次用上他的设计。美国海军1954年下水的第一艘核动力潜艇"鹦鹉螺SSN-571号"（*Nautilus SSN 571*）采用的也是不用氧气的推进系统。

美国内战期间，北方和南方的海军分别动用了潜水艇。通过国际上对这场冲突的广泛报道，人们对潜水艇的前景表现出越来越大的兴趣。在这场战争中，人类还首次使用了鱼雷，这让全世界的海军指挥官们立即欢欣鼓舞起来。人们有理由认为，看不见的水下舰艇，外加从水下发射弹药，用以打击水面舰只，这种组合打击能力潜力无穷，这种武器组合可能会颠覆性地改变全球海军力量的平衡。时任英国海军军务大臣的海军上将约翰·杰维斯（John Jervis）爵士第一次亲眼见识所谓的"电子鱼雷"（实为一种原始的潜艇）时，曾经很有预见性地说过："别去看它。如果我们接受它，其他国家也会紧随其后。可以预见，那对我们的海上霸权将是最沉重的打击。"

潜水艇已经向人们充分展示出其潜力。19世纪中叶，从潜水艇正式面世以来，它已经成功地扮演了战争的主角。最典型的例子是，第一次世界大战中，德国海军曾经毫无节制地使用潜艇攻击商船。

1915年前后,英国海军的封锁非常成功,以致大多数德国人开始挨饿。德国人的反应是,尽可能多地击沉敌对国家的民用船只。这导致当年5月英国邮轮"路西塔尼亚号"(*Lusitania*)沉没,平民死伤惨重。这一事件促使美国公众突然改变态度,决定参战。十八个月后,美国加入了英国和法国阵营,共同打击德国。

第二次世界大战中,潜水艇扮演了更为重要的角色。潜水艇在整个美国海军军力中仅占2%的份额,而日本海军被击沉的舰艇和商船50%与潜艇有关。交战双方不仅利用潜艇袭击对方的军舰,同时也袭击对方的商船。美英政府为保障自己的利益,发起了护航行动,所有横穿大西洋的盟国商船,都会受到军舰保护。

如今,世界各主要海军国家部署的潜艇全都是极为尖端的远洋舰艇。由于船员们呼吸的氧气全都由潜艇自备的化学装置产生,发动机由核装置驱动,它们几乎可以无限制地潜伏在水中,可以到达世界任何地区,甚至可以前往极地冰帽以下。它们还携带威力巨大的武器:自20世纪60年代以来,潜水艇已经成为移动的核武器发射平台,在看似平静的海面之下,蛰伏着可以完全摧毁敌对国家的巨大潜能。

长期以来,设计潜艇的团队一直是创新的大本营。这样说的理由再简单不过了:建造能够承载大量人员和实战武器系统的机器,使之能在大洋深处安全地远航,必须依托独创性和精湛的技术,这与开发太空飞船并无二致,绝非一件简单事。像深层空间一样,对人类而言,大洋也是极为陌生的领域,在这种极为恶劣的环境里,人类得以生存的唯一途径是,将独创性和创造力发挥到极限。

人们从开发这些高精尖武器过程中学到的东西同样回馈给了科学界。如今,对探险家和科学家而言,潜水艇是个无价之宝。人们利用机器人潜艇来探测诸如"泰坦尼克号"那样横卧在潜水员能力极限以外的深海沉船。深海探测为人类的知识宝库增色添彩,让人们更多地了解海洋生命,更多地认识深海地质和板块构造,因此,近年来人类对火山学和地震学的认识深入了许多，还帮助科学家更好地理解了地震的成因，以及如何预报地震。通过开发潜艇，海军设计师掌握的技术对铺设海底油气管线和海底电缆的工程师帮助极大。潜水艇和潜水机器人可用于检测和修理海底缆线和海底管线，不然，人类还真会束手无策。

军事创新在民间科学领域硕果累累，另一个例子则是声呐。作为军事侦察设备，人们发明了声呐，后来它成了海洋生物学家不可或缺的工具。自20世纪60年代伊始，美国海军和英国海军先后资助了几批研究深海声呐的科研小组成员。两个国家的军方都认识到，如果能区分数千种鱼类发出的声呐信号，就能让搜索敌方潜艇目标的声呐操作员们排除来自自然界的干扰。坚决支持这种研究的海军人士给出了理由，海军少将约翰·莱登（John K. Leydon）的原话如下："在海洋学基础研究领域，海军必须继续扮演主要支持者的角色，这样做是因为：第一，便于海军从国家向这些科学领域的投入中得到最大份额的回报；第二，便于海军严控研究团队的科研方向，因为他们总有偏离目标的倾向。"

那些首先梦想出潜艇的人如果具备某种程度的预见性，如今他们应该不至于像当年那么担心了。他们曾经担心，某些人会利用潜艇实现不轨意图。那些早期水下舰船的设计人——值得一提的包括达·芬奇、16世纪70年代设计出压舱物的英国人威廉·伯恩（William Borne），尤其是西班牙发明家纳尔奇斯·蒙图里奥尔——当年进行实验，绘制设计图等，全都是为了给科学家、工程师、探险家、冒险家发明一种潜水机器。他们每个人都明确表示过，不希望自己的发明用于军事目的。幸运的是，虽然潜艇如今成了威力无比的武器，成了海军军事计划规划者和战略家手中无可估量的工具，对那些仅仅想拿它做事情而非杀戮的人而言，潜艇也有许多其他用途。

第七章
从部落信息鼓到因特网

人类的信息交流从极简单的形式，发展到全世界到处充斥着各种思想、图形、文字，其间经历了怎样的发展历程，三言两语很难说清楚。它是沿着两条明显不同的道路或线索发展的。直到后来，也就是20世纪，才真正合二为一。人类的交流主要出于两种难解难分的需要——了解的需要和表达的需要。

军队传达命令的过程，可同时满足上述两种需要，并且将两者合而为一。军队在其中的作用，无论怎样评价都不过分。不言而喻，人类打仗时需要交流信息，策划战役时需要交流信息。在历史发展的长河中，探索更新更好的联络方式的发明家所取得的成就，历来会受到军队里掌握财政大权者和政府官员的重视，鲜有例外。人类最迫切需要了解的领域莫过于军事领域。在这一领域中，知识就是力量，而力量是制胜的关键，也是生存的关键。

战争按照其经典方式左右着人类通信联络手段的发展，本书对此自始至终都有描述。也就是说，在这一领域，许多标志着创新发展进程的线索，起点总是在商业领域，它们由于用途不明而濒临绝境，由于面向大众而无人喝彩，然而战争使它们找回了自我，它们甚至也会导致战争。然后，随着军事计划制订者们给予巨额投入和热烈追捧，这一领域的创新便会载誉而归，光鲜亮丽地回归民用领域。因此，人类便有了手机、微波炉、收音机、电视机、芯片、导航系统、个人计算机、纳米机器人……

1　烟火和镜子

在长达数世纪时间里，由于距离的阻隔，人们之间的通信联络受到极大的限制。"眼不见，心不烦"这一说法可谓极其精辟。

遥想当年，人类面对的是如下现实，最快的通信联络的速度，是按照人类移动速度的极限计算的。人们对这一点几乎没有疑义。委托信使从一处地方往另一处地方送信，是为数不多的几种选择之一。而信使的选择无非是跑步送信或骑马送信。如果两地之间要花数天到数周抵达，那也就是跨越两地通信联络所需要的时间。

古代中国人的驿马非常出名。驿站遍布中国广袤的平原及蜿蜒的群山中。采取接力的方式，通过驿站送信，今天的我们或许不应当感到奇怪。有记录表明，驿马信使的速度可以达到一天300公里。

古埃及人和古巴比伦人也利用信使送信。不过，最著名的一段有关信使的描述出自古希腊历史学家希罗多德所著《历史》一书。他在书里描述了一个雅典人非同一般的绝技。故事内容如下：公元前490年，一个名叫斐里庇得斯（Phidippides）的人一夜之间跑了240公里，为的是请求斯巴达人在马拉松之战中帮着抵抗波斯人。"最重要的是，将军们仍坚守城中，他们向斯巴达派出信使，是个名叫斐里庇得斯的雅典人，善长跑，可整日奔跑不停。"希罗多德接着写道："受将军们重托，斐里庇得斯离开雅典，当天即到斯巴达。他对斯巴达首领们说：'斯巴达人啊，雅典人请求你们施以援手，不要让希腊最古老的城市沦陷，受野蛮人奴役。'"

无论上述故事的真实性是否可信，利用信使或驿马传递信息，显然不是最有效的方式。用横向思维方式想想，其实人和动物的奔跑速度极限是可以打破的。事实上，古时候，人们也开发出许多其他通信联络方式。虽然它们离完美相当遥远，它们确实让人们在传递重要信息时多了一些选择，传递范围也扩大了许多。

最富于创造性的一种方法是利用信鸽传递文字信息。这种方式并不牢靠，因为鸟类常常会落入敌人之手。尽管如此，这种方式却一直为军方采用，甚至第一次世界大战期间仍在使用。

在相距遥远的两地之间传递信息，最主要的方法或许是使用声音和亮光。远古时期的人们利用点火做信号，传达重要事项，召集军队，或者报告首领的死讯。在一群人和另一群人之间传递消息，有时候也会用大鼓和号角。不过这些方法都有三个明显的弱点：第一，所传达的信息，其内容必须特别简单；第二，火光和声音自身受距离限制，消息不可能传得很远；第三，传递的消息根本无法保密。

上述第一个弱点使传递信息的方法长期以来受到限制。用横向思维方式想想第二个弱点，却可以找到出路。火光的可视距离和号声的传播距离，均可通过接力的方式延伸，以便将信息传递到人们预期的较远地点。从理论上说，一环环向下传递信息，其跨度最远可穿越整个大陆。如何保密却是个让人如坐针毡的问题。人类喜欢保密的自然倾向则导致了密码和暗语（请参考第三章）的发明。

在保密方面，最大的飞跃是，人们想出了利用旗子、镜子、符号等传递信息。用这些东西传递信息，最大的优势是可以加密。希腊人可能是最早采用加密技术的人。希腊历史学家色诺芬（Xenophon）在其所著《希腊史》（*Hellenica*）里完整地记述了希腊水军如何使用这种方法进行联络，其记述如下：

> 第五日，希腊战船出现。斯巴达将军莱山德（Lysander）密令他的船悄悄跟进，看见希腊人离船登岸，散布到切索尼（Chersonese）周边后，即回撤至海峡中部，用盾牌发信号。命令得以严格执行。信号即出，莱山德令水军全速出击，索莱克斯（Thorax）随水军出击。希腊将军康诺（Conon）见敌人来袭，即

发信号,召集雅典人尽速返回船上。然为时已晚,希腊人太过分散了。

这显然是利用盾牌反射阳光的功能向远方传递简单信号的范例。然而,历经数世纪改良后,人们利用反光时间的长短可控,以及不同的聚光方法,使这种原始的反光通信变成了能够传达较为复杂信息的重要方法。事实上,直到19世纪50年代,驻守印度次大陆的英国军队仍在使用一种精心设计的反光通信方法传递加密信息。

旗子和旗语可用来传递更多信息。从远古时期到19世纪,人们常常将这种通信联络方法和反光通信法合在一起使用。公元前约80年,古罗马历史学家普卢塔克(Plutarch)在其所著的《希腊罗马名人传》(Lives of the Noble Grecians and Romans)中详细记述了旗语的使用情况。据说,大约一千年后,拜占庭帝国的海军指挥官们仍在使用旗子和文字符号向遥远的距离外传送信息。历史学家弗兰西斯·德沃尔尼克(Francis Dvornik)对此记述如下:

> 在海军作战行动中,各舰舰长要注意观察将军的旗语。将军可利用各色旗帜,或利用火光和烟雾,从中央旗舰两侧或不同高度发布信号,下达作战命令。各级指挥官及全体船员必须熟悉整套信号加密法。皇帝利奥六世下令编纂的战役条例第19章对信号种类及处理信号的办法均有大量明文规定。遗憾的是,出于保密需要,作者不便解释当年采用的各种信号之含义。

以上所述通信联络技术对海员来说尤为重要,因为他们无法利用任何陆路传递方式。这导致各个历史时期的各国政府不断投入时间和金钱,改进旗语,改进其他发送信号的方法,同时还必须开发密码,以便指挥官们能够利用它们安全地传递重要的、保密的信息。事实上,在14世纪时,上述方式已经深深地融入海军的规划和训练里，以至一批功勋卓著的英国水手出版了一部《英国海事黑皮书》（*Black Book of the Admiralty*），内含一份信号列表，以及对应的释义。随后数个世纪，机械电信技术慢慢发展起来，许多工程师和科学家投入了大量辛勤劳动。他们个个都认为，自己的通信联络方法比对手的好。

罗伯特·胡克（Robert Hooke）是17世纪下半叶最重要的科学家之一。他与艾萨克·牛顿差不多生活在同一个时代，也是后者的主要竞争对手。他是知识界最善于取别人之长补自己之短的人。他聪明至极，精力过人，常常借他人的创新火花，将其发扬光大。他非常熟悉时代精神，也深谙巧借简单主题大做深入文章之道。

17世纪80年代，胡克对电信技术着了迷，达到了痴迷的程度。与他竞争的欧洲科学家们个个如此。在研究某种电信通信方法数个月后，1684年5月21日，胡克在其任会长的英国皇家学会做了报告，标题为"将思想传输到极远处的方法之研究"。他的开场白如下：

> 现在的演讲，数年前我一直在做，后来放下不再做了。由于去年奥斯曼土耳其人围攻维也纳，让我又想起了它，即远程授课。其方法是通过视觉，而不是听觉。因此可以这样说，在足够显眼的地方和一定的高度，完全有可能将思想从一个地点传输到50公里、60公里开外视觉极限内的另一个地点，书写完毕即可发送，远端的人收到信息后，也可即时回复，或立即书写在纸上。不仅如此，如果更多前述显眼的地点能够达到三四个，或者更多，只要每两点之间能互相看见对方，将各点排列成一线，就有可能将思想立即传送到两倍、三倍，甚至倍数更高的距离之外，内容之准确，分毫不差。

说得真漂亮。不过，胡克的方法有赖于通过刚发明的望远镜（他将其称为"管状眼镜"）进行观察，利用一系列标志物，以及编码的字母和数字等传输信息，其原理与之前数世纪以来采用的一些通信手法并无太大区别。虽然胡克制订了非常详尽的计划,包括在全欧洲布设一系列信号传输站,另外,他无疑曾梦想通过这一发明获取丰厚的回报,但那些方法从未成为现实,他的想法最终凋零了。

与现实不相容的是,上述所有通信联络方法均不可靠,同时也过于复杂。坏天气即可使信号难以辨认。另外,编码信息容易被他人截获和破译。即便采用最复杂的信号系统,信息越复杂,可靠性越容易打折扣。随着望远镜的发明,情况已经大为改观。即使天气条件不理想,人们也可以看清距离更远的信息。不过,19世纪中叶,一种全新的传输和接收信息的方法已经初现曙光。这一飞跃同样得益于战争。

2　电报和电话

如今,每当人们提起电报,头脑中想到的一定是电子电报。早在17世纪,人们已经无数次尝试利用机械电报方式创造高效的和高速的通信联络方法。有些方法当时已经相当受欢迎。

与大多数人的遭遇一模一样,罗伯特·胡克的设计基本上被多数人置诸脑后了。然而,在法国,一个名叫克洛德·沙普(Claude Chappe)的人却矢志不渝地坚持了一生,因此建成了一个泛欧洲的电报网络。从本质上说,这一网络与胡克设想的网络没有根本性的区别。克洛德·沙普成了世界上第一位使用"电报"一词的人,另外还有一个词汇,叫作"远程书写"。

1763年,沙普出生在法国小城布吕隆(Brulon)。最初,他在教堂里奉职,三十年后,法国革命爆发,他丢了工作。他哥哥伊尼亚斯(Ignace)在政府里供职,于是兄弟俩说服了新政权为一系列实验性的信号站投资。1794年,他们的设备第一次使用即大获成功,为此俩人还庆祝了一番。借助机械电报系统,他们将法国和奥地利战争的战况从前线传了回来。有关从奥地利人手里攻占埃斯科河畔孔代（Condé-sur-l'Escaut）的消息，巴黎人在事后不到半小时就知道了。沙普的系统实际上是古代旗语的翻版，只不过更为复杂一些，发信号用的是类似钟表指针的系统。信号员拨动不同的指针，表示数字、字母、单词，接收员则利用望远镜观察，将看到的信号译成文字。

接下来十年，沙普兄弟的命运恰如当时的法国革命，跌宕起伏。有一次，某团伙怀疑沙普是奸细，因此砸毁了兄弟俩的设备。不过，转眼到了1799年，拿破仑·波拿巴掌握了政权。拿破仑对沙普兄弟的发明赞赏有加，资助他们在法国全境建网，同时在巴黎、阿姆斯特丹、米兰之间建立直通电报网。

在相当长一段时期内，这一机械电报方式成为一种时尚。而且，拿破仑对兄弟二人一直给予鼎力支持。不过，竞争对手的批评却让极为敏感的克洛德·沙普丧失了自信。1805年，他患了抑郁症，尔后跳井自杀。

19世纪40年代到50年代，伴随电子电报的发明，在前辈们设想的各种通信联络方法之上，人类的通信联络方法第一次实现了真正意义上的创新。这得益于人们对"电"和"磁"的本质，以及相互关系的全新认识。

19世纪初，丹麦科学家汉斯·克里斯蒂安·厄斯泰兹（Hans Christian Orsted）发现，将指南针放在电流附近，指南针的指针会发生偏离。虽然如此，直到19世纪后期，人们才认识到这一现象背后的理论。受上述现象启发，一些人很快发现了对电和磁的相互作用加以利用的方法。第一个基于这一相互作用的重要进展是电子电报的发明。

其实，电报的工作原理非常简单，只要有个像打字机那样的按钮或按键，即可用其接通和切断电流。发射电流以及每两次发射之间特定的间歇长度，可用来表示字母或文字。对接收方来说，电磁装置会根据发射方的电脉冲自动接收，收到的信息可以被译成原来的字母或文字。

在最早的发报方式中，发报员仅仅一下下地按动按钮，利用电脉冲发送信号，经过训练的收报员负责将信号译成电文。后来，收发报设备变得复杂了些，且增加了发声装置。因此，接收方立即就能知道有电报进来，还可利用声音放大器收听信号。另一项革新是，接收装置可以连接一台打印机，利用电脉冲的开合，将信号自动记录下来。

美国人塞缪尔·莫尔斯（Samuel Morse）发明电报一事得到世界公认。莫尔斯的家人原本希望把他培养成艺术家，因发明享誉天下时，他已经成为很有成就的肖像画画家。莫尔斯的发明并非从零开始，他借用了前人的想法，在他人的基础上做出了自己的发明。

利用"电"传送信息，这一概念自19世纪初就已在科学界讨论过。至少在莫尔斯发明电报机数年前，一个由德国研究人员组成的团队已经造出一套收发报机。然而，他们的装置需要26根导线连接收报机和发报机，每根导线代表字母表上的一个字母。莫尔斯采纳了这一基本理念（1832年，莫尔斯在横跨大西洋的邮轮上偶然听见两位科学家谈论这一基本设想），将其简化，发明了配套的实用电码——莫尔斯电码——用"点"和"线"表示，这最终成了全世界公认的标准。

莫尔斯不仅具有创造性思维和实用性眼光，同时还是个精明的生意人。很快，他就带着自己的发明，前往军事领域寻找前途，例如，用他的发明可以在战地指挥官和总部指挥官之间传递信息。他刚刚造出这套系统的样机，就带上它向政府要资助了。1842年，莫尔斯得到3万美元拨款，以便用他的电报机将广袤的国土连接起来。两年后，1844年5月，他成了世界上第一个在华盛顿和巴尔的摩两个城市间传递信息的人。利用电报发送的第一条信息是他家的世交安妮·埃尔沃斯（Annie Ellworth）提议的，是从《圣经》里引用的一句话："我主创造何等奇迹？"

尽管人们都喜欢事后诸葛亮，而且电子电报的好处显而易见，但普通民众并没有很快喜欢上它。莫尔斯试验电报成功后，最初几年，电报公司和喜欢冒险的企业家都在全力以赴利用这项新发明赚钱。不过，只是到后来，随着19世纪50年代到60年代克里米亚战争和美国内战的出现，电报才成为19世纪最具影响力的技术之一。

在战争中用电子电报传送信息始于这两场冲突。前线的将军们首先将信息编码，然后发送给指挥部。文字记者们则在战斗现场编辑新闻，然后将其发送给后方大城市里的主编。这是跨越大陆的电信系统在其中起主导作用的头两场战争。

在克里米亚战争后的欧洲，以及1865年后的美国，人们对军事领域的创新采取了冷漠态度，为什么会如此，其实不难理解。不过，在商业领域，上述通信装置却兴旺发达起来。1865年底，仅在美国，已经铺设的电报线路已经超过13万公里。在欧洲，以西联公司（Western Union）为主，至少有十多家经营商开始对这一发明进行商业开发。

最早参与其中的公司之一是伦敦地方电报公司（London District Telegraph Company）。事实上，美国内战开始前两年，这家公司才创立。公司成立初期，在英格兰，工程师们已经试着将缆线埋入地下。早在1844年，在美国，莫尔斯一开始也在沿用这一规矩。据报道，他将3万美元拨款的三分之二用于将电缆埋入地下。这一方法的理想之处是，可以将难看的电缆放到看不见的地方，此外，还可保证电缆安全，避开坏人和破坏分子破坏。不过，在伦敦和巴黎这样的城市，这一方法很快被证明昂贵得实在太离谱。

1859年，这一问题由一位名叫西德尼·沃特洛（Sidney Waterlow）的英国工程师解决了。他最先提出将电报线架设在空中，在房顶上安装接线盒，在没有房子的地方架设线杆。在电报基础设施投入方面，这一重大举措确实能节约成本，使电报在商业方面能够自负盈亏。几年内，人们已经在利用这一系统传输新闻和股票价格,甚至还有人利用其传输私人讯息。也是在这一时期,《每日电信报》创刊了。最初,它纯粹是一份刊登电讯服务信息的报纸。

美国内战结束后不久,许多国家在军队里组建了电报部队。1884年,英国组建了"电报营"(Telegraph Battalion),随后发展成了"通信部队"(Signals Corp),再往后又演变成了"皇家通信军团"(Royal Signals),时至今日,后者仍然是英国军事力量的重要组成部分。19世纪末,世界上随处可见密如蛛网的电报线路,包括穿越大西洋的缆线。从历史上说,越洋缆线第一次让人类在美国和欧洲之间实现了即时通信。这些创新让今天的我们认识到,当时的电报网就是"如今的因特网"。

某种程度上,这一论断可以得到证实。但是,尽管电报给人类带来了种种进步,它最多不过是一种相当有限的通信联络方式。从一开始,文字即可通过电码形式发送和接收(后来发展到通过打印机,或电传打印机,后者可自动记录文字),然而,人类的声音该如何传输呢?工程师们一直在琢磨,能否设计一种系统,人们通过它互相交流时,会感觉像是在同一间屋子里?

毫无疑问,答案是肯定的。由于在电话领域的早期开拓,人们将美誉赋予了苏格兰后裔、美国人亚历山大·格拉汉姆·贝尔(Alexander Graham Bell)。贝尔出生在一个学术氛围浓厚的家庭里,爷爷和爸爸对研究声音兴趣浓厚,还在孩提时代,贝尔已经制作出一系列接收和传送声波的装置。除了家庭因素,贝尔进入声音研究领域,还有另外两个原因。第一个原因是,他对音乐的兴趣与生俱来(他是个有天赋的钢琴家);第二个原因是,他母亲伊莱扎(Eliza)的听力几乎失聪,他急于找到一种能够帮助母亲识别说话声波振动的方法。

1876年2月14日,贝尔递交了电话专利申请书。这比一位名叫伊莱沙·格雷(Elisha Gray)的竞争对手早了仅仅两小时。后者几乎是独立开发出了一种类似的机器。接下来几年,为取得电话专利权,贝尔和他的律师数次走上法庭。在涉及电话的案子里，格雷的案子最为重要，官司甚至打到了最高法院。最高法院裁决贝尔胜出，不过，最终结果却是庭外调解的。

令人诧异的是，事实上，在电话的早期发展阶段，军队几乎没有介入，既没有军人在其中出主意，也没有军人参与其中，更没有军人涉及其中。实话实说，军队一点都没有想到：最具特色的、用途最广的设备，恐怕非电话莫属。两个原因可以解释为什么军队没有参与其中：第一，19世纪70年代，军队的工程师们根本不相信，像电话这样的设备在科学上居然会取得成功，直到贝尔在公开场合展示其设备，他们仍然像民间的冷眼旁观者一样，对电话敬而远之；第二，贝尔本人一向不喜欢和军人打交道。贝尔从一开始就认为，他的设备是生意场上的专用工具。事实上，他一向执着地认为，他最恨的就是人们对着他的机器说"喂……"。在这件事上，他的想法极其狭隘。他绝对没想到，电话居然会有非常广泛的用途。应当如何使用电话，贝尔终其一生始终对此坚持特别清高的观点。在某一场合，他曾经说过："电话……不可能，也不会成为社会上大多数人喜欢的新玩意儿。"

考虑到人们冠之以"电话发明者"的人竟然持有上述看法，电话在公开场合演示成功后，许多人仍然对其抱有极端怀疑的态度，也就不足为奇了。当年，某位英国政治家曾经在英国上院宣称，英国不需要电话，因为"我们的信使已经够多了"。在电话发展初期阶段，西联公司曾经宣称，电话永远无法取代电报。该公司的一份内部文件是这样表述的："电话这东西毛病太多，作为通信手段，根本不值得认真考虑。"然而，一向对新生事物持怀疑态度的开尔文勋爵（此后不久，他又说过"收音机根本没有前途"）却宣称，电话"是科学历史长河中最有意思的发明之一"，同时也是"来自美国的最新奇的玩意儿"。

有些人认为，电话不过是魔术师手里那类障眼用的小玩意，虽然令人惊叹，顶多不过是奇技淫巧。美国著名作家马克·吐温（Mark Twain）在多数情况下颇具远见卓识，但他也没有看出电话的潜力。19世纪70年代中期，贝尔开发电话时，曾向马克·吐温提出5000美元投资邀约，后者竟然回绝了。能够预见电话这一通信手段将迅速而彻底地改变世界的那些人，则被自己所预见到的景象吓坏了。然而，在世人都忙于接纳这一新发明时，由于贝尔令人惊奇的迅速成功，人们完全忽略了一个事实：贝尔根本不是电话的真正发明人。

一个多世纪以来，历史书籍总是在重复相同的故事：谁最先发明了电话？这一命题尽管一直存在诸多争议，贝尔和他的合伙人也因此多次走进法院，但最后的结论依然是，贝尔完全拥有首先发明电话和首先申请电话专利的权利。形成这一错误的历史解读事出有因，部分原因在于，贝尔具有表演天赋。发明专利获得批准后没过几周，贝尔就在纽约举办了面向公众的大型设备演示活动。在演示现场，他把电话机连接到巨型扩音器上，以便现场观众能听到数公里之外的说话人的声音。这些展示影响巨大，它们使发明家的名声一下子红得发紫。与此同时，这种大红大紫也吸引了投资者的支持，因此便有了后来的贝尔实验室和贝尔公司，还让电话发明家变得非常富有。电话的成功，主要应归因于美国政治家和商人的推动，他们几乎立刻就喜欢上了电话。很快，欧洲人也看出了电话的潜力。另外，由于电报的大规模普及，长途通信的基础设施早已存在，电话因而迅速融入现有的系统。

当然，贝尔的成名和发财完全出于偶然。只是到近年，人们才接受了如下事实，文字登记和档案材料显示，在贝尔的样机出现前至少五年，一个几乎名不见经传的意大利发明家安东尼奥·梅乌奇（Antonio Meucci）（他死于贫困）已经制造出一些电话机。

梅乌奇生于1808年，曾在佛罗伦萨美术学院学习工程和设计。青壮年时期的大部分时间，他一直在世界各地游历，无论游历到哪里，他总会想方设法施展自己的工程天赋。同时，他还花费大量精力，利用业余时间发明了一些可以发送和接收声音的装置，而不是发送和接收电文。

1850年，梅乌奇定居到了纽约，他的目的是参与刚刚掀起的"创新与技术"大潮，美国正因此而受到全世界的瞩目。不幸的是，对梅乌奇来说，他不具备商业头脑，他和夫人因而变得一贫如洗。为换取几个星期的生活费，他只好将几款最原始的电话样机以不到6美元的价格卖掉。

1871年，梅乌奇听从某位朋友的劝说，凑了一笔钱，为他的电话申请专利，并向美国军方提出，可以向其演示他的设计。梅乌奇确实做过一场演示，不过，前来观看演示的军官们提交的报告称，梅乌奇的机器一文不值，不过是个骗钱的玩意儿。

对可怜的梅乌奇来说，这不过是他遭遇的许多挫折之一。这次失败过后不久，他的财务状况迅速恶化，向专利管理部门缴足1871—1875年的保护费后，他已经无力继续保护其电话专利。1876年初，他完全放弃了。

这一时期，梅乌奇正致力于完善一些电子设备，他跟好几位发明家、业余科学家合伙租下一个价格低廉的实验室。与他合用其中一间实验室的一个人对所有传输声波的设备极感兴趣，此人当年28岁，是个无名之辈。此人姓甚名谁？他不是别人，正是亚历山大·格拉汉姆·贝尔。

当时贝尔是否清楚梅乌奇经济上拮据，以及他已经放弃专利保护，除了存在合理疑点，如今什么都无法证实。不过，围绕梅乌奇丧失权利发生的一些事确实疑雾重重。更让人匪夷所思的是，1874年，这位意大利发明家曾经邮寄给西联公司一部电话样机，同时寄去的还有前景规划和设计图。不过，他没有收到任何回复。梅乌奇对贝尔采取法律行动后，调查人员曾前往西联公司办公室取证。他们被告知，与安东尼奥·梅乌奇以及与他的设计有关的材料早已丢失。

令梅乌奇极为愤怒的是，他认为，这种说法显然是在掩盖事实。

梅乌奇向贝尔提起诉讼，原本是为了夺回第一发明人的权利，现在则改为诉讼对方造假。让梅乌奇信心十足的是，这件事的来龙去脉明显存在令人疑窦丛生的事实：贝尔声称"从未听说过安东尼奥·梅乌奇的电话"；不过数周前，西联公司刚刚与贝尔做成一笔交易，所有参与这笔交易的人都会因此成为巨富。

当然，梅乌奇也有一些支持者。他从当时的国务卿那里得到过书面认可，原文如下："有足够的证据表明，我们应当认可梅乌奇是电话的第一发明人。"不过，这一鲜明的表态已然于事无补。由于官场陋习和官僚作风造成的耽搁，造假诉讼案一拖再拖，直到1888年，才最终确定了开庭日期：来年春季开庭审理。然而，1889年初，贝尔作为被告一案即将开庭之际，剩余时间不过数周而已，梅乌奇却死了，享年80岁。享誉世界的贝尔因造假被提起诉讼一案随之烟消云散。

然而，争议并没有因梅乌奇之死而偃旗息鼓。他去世后，人们已经为他争取到一定程度的胜利。一个多世纪以来，为了给梅乌奇的名字镀金，让他的贡献得到承认，一些意大利支持者和某些历史学家一直在不停地奋斗。结果证实，这是一次异常艰辛的征程，因为亚历山大·格拉汉姆·贝尔的名字太响亮了，而且与此有关的历史太过沉重。然而，世事难料，这些试图修正历史的人最终获得了胜利。经过大量游说活动，2002年6月，美国议员维托·伏塞拉（Vito Fossella）成功地使国会通过了众议院第269号议案，内容为："众议院议决：向19世纪的意大利裔美国发明家安东尼奥·梅乌奇的一生及其成就致以崇高的敬意。"这一决定意味着，从官方角度说，亚历山大·格拉汉姆·贝尔不再享有发明电话的荣誉，自此以后，这一殊荣应当授予一个名叫安东尼奥·梅乌奇的名不见经传的意大利发明家。

不过，令人扼腕的是，这一决定无法改变现实，贝尔和他的合伙人完全控制了电话的诞生和早期发展。当年研究过梅乌奇的设备的军官们如果慧眼识金，后来的结果或许和我们今天看到的完全不一样。不过，贝尔始终坚持电话只能用于纯商业目的，并且在最初十年坚守住了电话的发展不受军方影响。其结果是，直到1899年，第二次布尔战争爆发，军方才开始认真看待电话。

野战电话（这一军用词汇渐为大家所熟悉）研究领域的先驱之一是拉斯·马格纳斯·爱立信（Lars Magnus Ericsson）。19世纪90年代，爱立信开发出野战电话。随后，他把几部样机卖给了瑞典军方，再后来，他与英国政府签订了一笔大合同。不过，由于传统电话需要电线相连，无论距离远近，都必须如此，爱立信的兴趣很快掉转了方向，转到了"无绳"或"无线电"通信领域。所以，他成了如今人们熟知的移动电话的先驱。

爱立信是第一个提出将电话系统安装到汽车上的人。那时候，若想实现这一点，开车人必须把汽车停在电线杆跟前，将车载电线连接到电话线上。爱立信公司的历史文献显示，他和夫人喜欢在国内自驾游，因此他发明了一种车载电话，以便随时和生意伙伴联系。公司的档案是这样表述的："用如今的话来说，他使用的系统属于'公用无绳电话'（telepoint）服务项目：驾车人可坐在汽车里打电话。当然，连接并非通过无线电，而是利用两根像钓鱼竿样的长棍，由其夫人操作。她当然会寻找两根不必花钱的连线，将两根长杆搭到两条电话线上……找到信号后，爱立信会转动电话机上的摇柄，发出呼叫信号，接通离他们最近的接线员。"

这听起来十分离奇。不过，1901年那会儿，爱立信想出这一方法时，想出第二种方法的人还没有出现。又过了将近半个世纪，世界上才有了第一部真正意义上的车载电话。事情发生在1946年，瑞典警方在一辆警车上安装了试验用的样机。那个样机每通话六次，电池的电力就会耗尽。直到出现可连接卫星的电话，地面网络覆盖了足够广阔的区域，真正的移动电话才横空出世。

如今的移动电话是英国国防鉴定与研究局（DERA）为军事目的

于20世纪60年代开发的。1979年,第一个商用网络在日本开通。人类如今使用的遍布全球的、高度复杂的系统即是它们的后代。如今,75%的西方人拥有移动电话。虽然美国人对这类设备的兴趣最小,美国人口中也有66%的人在使用他们称之为"蜂窝电话"(cell phone)的移动通信装置。在移动通信技术领域,全球领先的公司之一为"爱立信公司",它正是拉斯·马格纳斯·爱立信一手创立的。

在对电话的接受方面,军队各部门无疑显得动作迟缓。这也足以说明,梅乌奇经历的失败决非偶然。在一定程度上,人们稍微动一下脑筋就能明白,军队为什么对电话的某些功能突然来了兴趣,然而,其热衷程度远远落后于公众。不容忽视的是,电话必须利用导线传输信号。也就是说,第一次世界大战前好些年,军队已经可以应用电话技术,而电话很少在战场上使用,因为它们太不切实际了。无绳电话和对讲机出现前,常规电话在军事领域的基本应用,仅限于总部和远离前线的通信基站之间进行联络。不仅如此,早期的野战电话既笨重又不牢靠,无法促使军人放弃久经考验和百试不爽的通信联络方法,例如,电报、信鸽、火光、旗子、通信兵等。

由于上述诸多限制,传统电话从未真正成为军队的基本通信手段。不过,军事当局对另一种发明却情有独钟。它出现的时间是在爱立信成为家喻户晓的名字二十年以后。

3 无线电技术

对"优先权"的争夺从来都是非常激烈的。无线电究竟是谁发明的,后来又怎样普及到了全球,成了另一个争夺"优先权"的范例。然而,对于哪位科学家首先奠定了无线电理论基础,世间却不存在争议。1865年,伟大的英国科学家詹姆斯·克拉克·麦克斯韦(James Clerk Maxwell)曾经预言,无线电波像光波一样,存在于自然中,只是频率不同而已。他解释到,无线电波存在于电磁领域的某一频段，其速度与光一致，并且像可见光的辐射一样，可以反射、折射、发射、接收。

麦克斯韦的发现公之于世后不到二十年，德国人海因里希·赫兹在实验室条件下证实了无线电波的存在。他在实验室里制造出了无线电波和其他波束，并研究了它们的特性。这些研究导致他于1892年出版了具有里程碑意义的著作《电能传播的研究》(*Investigations on the Propagation of Electrical Energy*)。在工程师群体以及对新兴科学感兴趣的人群里，赫兹的著作拥有众多读者。这本书出版没几年，在世界范围内，研究电磁辐射的实际应用——尤其是研究无线电波的实际应用——的发明家和研究人员就达到数十人。

除了某一基本特性有所不同，无线电的工作原理和电话完全一致。依此类推，和电子电报也完全一致。在上述三大系统里，振动被转变成一种可以传播的形态，在远端被接收后，信号又被还原成原始的振动。电报信号包括点和线，通过导线传播。电话系统更进一步，对声音，特别是人类的语音进行编码，通过导线进行传播，由接收端进行解码。无线电与它们相同，只不过信号是在空中传播，而不是通过导线。无线电发射机将声音转换成无线电频率范围内某一频段的电磁脉冲，从空中传播到接收端，然后被还原成声音，还可经由几种最基本的电子元器件进行放大。

据传，19世纪60年代到90年代，采用无线电波进行远距离通信的系统，有专利登记的就达到数十种。申报过无线电装置设计方案的发明家甚至包括学识超群的尼古拉·特斯拉（Nikola Tesla）。另一位狂热的追捧者是工程师马伦·卢米斯（Mahlon Loomis）。后者甚至宣称，早在美国内战时期，他已经成功地进行过好几次无线电的传输试验，这比赫兹在实验室条件下进行试验早了十年。卢米斯用他的设计思想申请了专利，然而，由于缺少资金支持，他的发明最终香消玉殒了。

由于参与制造实用无线电发射机和接收机的人实在太多，更由于专利泛滥,新闻报道混乱,几乎不大可能说清楚,到底是谁首先造出了实用的无线电系统。当然,这一领域最突出的人物非古列尔莫·马可尼莫属。1895年,21岁的马可尼已经在其家乡意大利博洛尼亚正式试验无线电设备。是年,马可尼将他的成果提交给了意大利政府,并提出为政府官员进行演示。然而,他遇到的却是冷漠和怀疑。他并没有因此气馁,反而下定决心,带着发明去了英国,为海军部做了一次演示。

对马可尼来说,显而易见的是,无线电在海军领域可以派上大用场。19世纪90年代,有钱人使用电话已经成为非常流行的时尚。虽然电话在战场的潜在用途极其有限,但在世界各国武装力量中,路基通信领域已有小规模的电话应用。然而,电话在海上根本派不上用场。与此同时,各国海军都急于找到一种快速、高效、安全的通信方法,因为,当时海军所使用的各种机械电报联络方式极其有限。

马可尼是幸运的。对新生事物,英国海军部的少数几个关键人物比意大利人开明许多。当时,英国海军仍然是世界上最强大的军事力量,并且在维护大英帝国庞大的军力中担当着领衔角色。正如我们此前看到的,面对新技术时,上年纪的将军和高层管理者们总会畏畏缩缩。不过,用无线电装置吸引眼球时,马可尼幸运地找对了人,他的装置很快被人们冠名为"马可尼魔盒"。

1896年2月,马可尼到了英国。他在英国旋即有了许多支持者,他们都愿意资助他对无线电装置进行深入研究和开发。事实上,他的发明吸引了过多的眼球,他的公司在英国成立刚满一年,至少有五六家公司希望买断其经营权,其中有美国海军,一些欧洲商业公司,英国邮政局等,他迫不得已将他们全都拒之门外。

哪个国家的军队首先装备了实用的无线电装置,至今仍存在争议。英国邮政局首席工程师威廉·普里斯(William Preece)长期以来也在进行相关试验,也在寻找某种实用性无线电系统。听说马可尼的研究成果后,他为同伴们以及上司们安排了一次演示。在1897年

5月的演示中，马可尼成功地将信号传输到5公里之外。如今人们认为，这次演示是人类第一次有文字记录的、成功的无线电通信案例。当时在场的还有一位名叫阿道弗斯·西尔比（Adolphus Silby）的德国教授。他对看到的结果不喜反忧。他立即返回德国，向其政府汇报他所见到的令人惊奇的新装置。

19世纪90年代，德国军力的加强已经对大英帝国昭示出非常现实的威胁。不久后，英国政府获悉，亲眼看过马可尼的演示后，西尔比已经在尝试复制试验过程，德国政府正在资助他和另外一些人，目标是尽快创造出可与之匹敌的无线电系统。时间不等人，1897年夏，英国海军和马可尼签订了合同，为其舰队装备无线电通信联络装置。

由无线电引发的通信革命怎样渲染都不过分。尽管英国政府试图对马可尼的研究细节保密，结果证明，这是几乎不可能完成的任务。19世纪末，全世界各主要国家的海军都已装备无线电舰对舰和舰对岸通信联络系统。

最令人不可思议的是，包括马可尼和一些有分量的人物在内，几乎所有参与无线电早期开发的人都没有意识到，无线电巨大的潜能是，它可以作为传播大众娱乐的媒介。除了军事信息、海难呼救、政府信息披露，他们当中没有任何人想到过，无线电还可以用于广播。如此缺乏想象力，主要是基于如下事实，长期以来，没有任何人利用无线电传输过语音。另外，所有早期的通信都采用莫尔斯电码完成。对于应用这一技术的先驱们来说，无线电的独到之处是，它是无绳的。

无线电的存在被大众熟悉后，一些企业家很快想到了它巨大的商业潜力。世界上第一次用其传输语音是1906年的事，是在美国马萨诸塞州布兰特岩（Brant Rock）的一个基站和停泊在大西洋的一艘大船之间进行的，两者相距18公里之遥。这次试验吸引了即将在商业领域应用无线电的人们。人们几乎立刻就想到可以利用无线电广播新闻、演说、音乐、谈话节目等。

事实上，媒体人立刻就喜欢上了无线电的巨大潜力。各国政府被迫对无线电传输采取严格的管理措施。因为，在空间传播的无线电信号相互干扰。广播产业还未真正兴起，就有可能被扼杀在摇篮里。

对无线电广播不加限制所呈现的危险，通过1912年4月"泰坦尼克号"沉没，向人们展示了恐怖的一面。那艘船当时正在驶往纽约的途中，估计有1500人当场遇难。那艘船装备了无线电设备，但是它发出的信号和乱哄哄前去救援的船只形成了相互干扰，反而在现实中阻碍了救援行动，也增加了悲剧的复杂性。

无线电在1899—1901年的第二次布尔战争中仅仅派上了极其有限的用场。事实上，记者们觉得，它实在太不靠谱了，在南非完成写作的记者拒绝用这种方式将新闻稿发回总部。不过，十五年后，第一次世界大战时期，对军事计划的制订者和战略家们来说，无线电已经成为不可或缺的技术。在这次冲突中，包括英国政府、美国政府，以及他们的德国对手在内，各国政府均对无线电采取了政府垄断管理，并且对无线电传输采取了严格控制。这些限制扼杀了无线电在民间的应用，并且一直延续到1918年。不过，随着敌对状态的结束，战争期间在无线电领域工作的技工、工程师和信号员们纷纷返回民间，意欲在无线电商业化的领域大展宏图。

无线电的大规模发展时期是1921—1925年。其间，收音机产量特别高，普通家庭也能接受其价格，因此收音机赢得了"水晶盒"以及"话匣子"的美名。制作广播节目的公司如雨后春笋般冒了出来，空气里到处都是广播信号，收音机成了人们日常生活的核心内容。第一次世界大战结束后不久，英美两国政府对广播公司出台了相对宽松的许可证管理办法。不过，人们对获得广播许可证表现出极大的兴趣。由于担心会有太多的人使用水晶盒，无线电传输可能会干扰军队的通信，英美两国政府尽快修改了管理规则。两国政府出台了管理措施，根据用户特定的使用目的对无线电频段进行分配。军队使用专门的无线电频段，民间广播公司使用其他频段，可以做到互不干扰。1922年，一些公司，其中包括高速发展的马可尼公司，以及诸如威格士公司（Vickers）、英国通用电气公司（GEC）、西电公司（Western Electric）之类军品供应商，他们一起创立了英国广播公司（BBC），并于同年11月14号开始广播。

很快，收音机和电话机形成了互利互补的关系。第二次世界大战到来时，野战无线电话已经成为军队的日常装备。此前，第二次布尔战争和第一次世界大战中，人们不愿意使用早期的装置，与之相比，如今的装置体积小得多，电池寿命则更符合需要。最重要的是，发射机和接收机之间不再有导线相连，因为它们使用的是无线电频率。如今使用的野外电话种类繁多，而对讲机最受欢迎，因此军队和应急单位装备的对讲机最多。

迄今为止，在所有通信联络系统中，无线电仍然起着中流砥柱的作用。移动电话是对讲机和双通道收音机的近亲，用更形象的话来说，它是电话机和收音机的嫡传后代。近些年来，尽管电视机已经成为娱乐领域和广播领域的超强生力军，收音机仍然是广受欢迎和极为重要的媒介，它具备的一些独有的特征，电视机仍然无法取而代之。

4 死光和微波

通过电视，人们即可明白一个道理，无线电波并非唯一能在空间传播的电磁辐射形式。这也是20世纪中叶最实用的军事创新之基础。

由于缺少支持，一些极具价值的思想火花或将熄灭之际，正好赶上战争来临，因而军事管理部门又让它们起死回生。雷达的开发过程就是非常鲜明的实例，雷达侥幸功成名就了。不过，通常情况下，军事管理部门肯定会坐失良机，将这一新技术的成功延误好几年。因为，那一时期，行动的压力、窘迫的压力、冒险的压力并非特别强烈。人们意识到雷达的潜力之前好些年，它的设计原理早已在不同国度的军人手里兜了五个大圈子，而最终结果都一样，它总是被拒之门外。

雷达（radar）是海军用语"无线电定向和测距"（Radio Detection And Range-finding）的缩写。雷达的工作原理出奇地简单。它源自詹姆斯·克拉克·麦克斯韦的想法，以及海因里希·赫兹在实验过程中的发现。赫兹在这方面进行过一些试验，他在实验室远端特定位置摆好某一物体，然后向其发射电磁波，观察其反射情况。赫兹清楚光的速度，因此，只要记录下波束发射到该物体的往返时间，即可计算出从发射端到该物体的距离。这就是雷达当初的第一个用途，也是雷达最原始的试验过程。正由于这一简单的试验，应当说，如果非要在世界上找出发明雷达的人，赫兹当之无愧。

海因里希·赫兹很快意识到这一发现的巨大潜力。然而，其他人却不这么认为。他向一个海军战略家小组演示了他的试验过程，并且说，这一系统可用于侦测海面船只，可用作航海辅助设备，可在船只遇难时作为求生手段。然而，没有人重视他，这次演示无果而终。数年后，同样的故事重复出现了好几次。德国研究员克里斯蒂安·赫尔斯麦耶（Christian Hulsmeyer）提出，可利用无线电回波技术避免海面船只相撞，他曾经将他的设想分别提交给一个海军小组的许多专家。

"泰坦尼克号"的命运使科学家们确信，有必要找出某种侦测海面船只、冰山、大陆板块等的方法，尤其是，在天气转坏，视线严重受阻时进行侦测的方法。从理论上说，假如"泰坦尼克号"安装有这种设备，它永远也不会沉没，那1500余人的生命也会得以保全。

科学家们都能理解其中的利害关系，可惜掌管财政大权的人们却不这么认为。即使在1922年，"泰坦尼克号"悲剧发生十年后，两位在华盛顿美国海军研究实验室工作的著名军事研究员阿尔伯特·霍伊特-泰勒（Albert Hoyt-Taylor）和利奥·杨（Leo Young）演示过一种原始雷达系统后，美国海军仍然不为所动。八年后，这两位科学家再次尝试用他们的实验吸引军事管理当局的眼球，结果再次碰了壁。机会留给了英国人，他们让雷达走向了成功。另外，来自希特勒德国的威胁也起到了强力催化剂的作用。

第一次世界大战爆发初期，飞机问世不过十年，当时它仅能作为一种军事侦察工具使用。偶然用作空中打击力量，也只能从临近前线的简易机场起飞。然而，20世纪30年代中期，轰炸机从数百公里开外奔袭到敌对国家城市上空进行轰炸的潜力，让政治家们切实感到了来自敌对国家空军力量的威胁。问题被摆上了英国议会和德国议会的桌面。1932年，英国首相在下院做过一次具有预言性的陈述如下：轰炸机来袭不可避免，也无法阻止，唯一符合逻辑的回应是，以其人之道还治其人之身。在不过两年时间里，军演结果显示，如果爆发战争，皇家空军的轰炸机完全可以飞抵德国境内的目标区域。

飞机究竟有多强大，1936年拍摄的照片和电影片段显示，在西班牙内战期间，纳粹轰炸机造成的惨重生命损失和大面积破坏可谓触目惊心。对格尔尼卡（Guernica）的大规模轰炸让大不列颠军事当局的官员们不寒而栗。另外，虽然许多官员对国家面临的危险过目即忘，确实有一些官员清楚地认识到，英国空军的抵抗力量实在乏善可陈，英国的空域对敌人的来袭毫无防备可言。

政府随后成立了一个讨论和规划小组，其名称为防空科学调查委员会，由当年最著名的科学家之一亨利·蒂泽德（Henry Tizard）爵士担任领导。不过，当时的防务管理当局另外还领导着一些已经建立起来的秘密小组，正在研究能否利用无线电波和其他放射源制造某种从未披露过的防御性和进攻性武器。

或许空军科技侦测委员会不知道上述秘密小组的存在，因此它提出的第一个方案是制造一种波束武器，用以击落敌方轰炸机。这一想法导致当年很快出现一种说法,叫作"死光"。

如今看来,当年发生的事确实相当离谱,特别类似伊林喜剧(Ealing Comedy)里的某一情节。20世纪30年代后期,对于"死光",人们宁愿信其有,当时还设立了一个1000英镑奖项,无论发明家是什么人,只要能利用类似的光线将200米开外的羊当众杀死,即可获得该奖项。此前至少花费十年时间坚持不懈地做这件事的人,是一个行为怪异的"牛皮发明家"哈里·格林德尔·马修斯(Harry Grindell Matthews)。马修斯在20世纪20年代和30年代初成了远近闻名的人物,当年的媒体捧红了他,还为他起了个响当当的绰号"死光马修斯"。

可以说,哈里·马修斯的经历是个悲喜剧。剧中的英雄几乎一辈子都游离于法律盲区,他总是以骗子形象存在,而且每次都在众人将他的骗局揭穿前金蝉脱壳。由于骗术超高,他甚至成功地蒙蔽了少数几位大人物,使之落入他的圈套——其中包括建造一套"死光"武器的计划。不过,他的种种努力除了获得(最终仍然失去)一些钱财,从未真正制造出利用某种电磁辐射击落敌机的实用性武器。他的经历在公众眼里成了杂耍表演。

真正有作为的是英国国防部1935年雇用的一批正统科学家。如本书此前所说,20世纪20年代中期以来,一些秘密小组已经在研究将无线电波或其他电磁辐射用于军事目的的可行性。有证据表明,当年一些研究人员曾经有过制造某种电磁武器的想法,不过,最终他们放弃了沿着这一特定思路做进一步研究的打算。

这一领域最超前的研究小组之一的成员包括后来被冠以"电视发明者"的约翰·洛吉·贝尔德(John Logie Baird)。1926年1月,贝尔德在伦敦苏活区(Soho)的一个实验室第一次向世人演示了实用的电视系统。不过接下来两年,在继续完善电视系统的同时,他还参与了英国国防部保密级别最高的研究项目,即在非特定军事领域应用无线电信号和其他电磁辐射的若干计划。这些想法的最终成果鲜为人知。只是到后来，国防部接触了另一位在这一领域造诣颇深的苏格兰物理学家罗伯特·沃森－瓦特，情况才有了变化，因为，他比别人更清楚，任何形式的"死光"都没有出路。他三下五除二即向国防部阐明了其中的道理：这种事根本不可能。另外他还说，在防务领域应用电磁辐射，最实用的是建立某种早期预警系统。

沃森－瓦特的雷达原理与此前一些人提出的原理几乎别无二致，这些人包括赫兹、赫尔斯麦耶、霍伊特－泰勒、利奥·杨。不过，沃森－瓦特是第一个制造出实用设备的科学家。正因为如此，人们将他当作军队的救星。正是此人在不列颠保卫战中给英国空军带来了战术优势。1940年，他为英国做出的贡献比任何人都大。

其实，沃森－瓦特的想法很简单，不过是利用集束电磁辐射对广阔的天空进行扫描。如果电磁束碰上物体，会被反射回来，然后被接收器捕获。从理论上说，这是一件很简单的事。麦克斯韦曾经描述过这一方法的理论基础；海因里希·赫兹在实验室条件下曾经证实了它的可行性；在随后而来的20世纪30年代，无线电技术几乎成了家常便饭。然而，将理论和实验室里的成果转换成现实世界的实际成果完全是另一码事。确定应该往哪个空域扫描，如何区分远距离外的敌机和其他物体，开发出足够的能量加载到电磁束里，以便产生足够的扫描幅度和精度，所有这些都是很难解决的基础性问题。

制造一套试验用的样机差不多用了一年时间。主要功劳还要归于一小拨狂热的支持者，是他们找到了足够的资金，用以建造一个能给人留下印象的雷达系统。所有这一切的背后，离不开一个关键人物的支持，他就是空军中将休·道丁（Hugh Dowding）爵士，他是军事当局里少有的幻想家。道丁喜欢标新立异，是个固执己见、说一不二的家伙。正因为如此，许多上层人物对他恨之入骨，可以说恨到了无以复加的程度。不过，幸运的是，温斯顿·丘吉尔首相特别欣赏他的才华。第二次世界大战即将爆发之际，首相鼎力支持，对他所建立的研究机构在拨款上几乎不加限制，并且一切都给予优先考虑。

1939年9月,"二战"爆发,一年前,由于上述铺垫,英国成了世界上唯一拥有实用雷达系统的国家。这一防御系统包括:在最易遭受欧洲大陆进攻的东南沿海排列的地面站,每个地面站负责一片空域。1940年,英国的雷达第一次在不列颠保卫战中投入使用时,德国和美国的雷达系统虽然不那么先进,也已经开工建设。那时,英国海军也已经用上了雷达系统。

早期的雷达系统简单至极,其名称为"连续振荡波雷达"。它的工作原理是,发射持续不断的电磁信号,跟踪固态物体反射的回波。这一工作原理在实际应用中会出现下列问题,雷达波在遇到飞行器的同时,也会遇到远方的其他物体,因此会导致雷达操作员出现判断失误。早期设备难以准确分辨地面建筑和其他物体的反射信号。不仅如此,遇到坏天气,设备的可靠性会大打折扣。

自从有了脉冲波束雷达,情况有了巨大的改观。这种雷达的工作原理是,发射的波束为窄束脉冲电磁辐射波。与连续振荡波相同的是,这种波束遇到物体也会被反射回来。与连续振荡波雷达不同的是,这一系统采用间歇性辐射,系统不受无规律回波的干扰,敌方飞行器的成像可清晰地显示出来。

这种较为先进的系统依托于一种革命性的装置,其名称为谐振腔磁控管(resonant-cavity magnetron)。1939年,另两位英国科学家首先制造出了这种电子管,他们是亨利·布特(Henry Boot)和约翰·兰德尔(John Randall)。这种装置使制造新型雷达成为可能,它使用更高频率的无线电脉冲,其名称为"微波",因而雷达侦测更为精确,扫描空域更为广阔。

1940年,布特和兰德尔已经提高了雷达的设计性能(当时已经获得"魔眼"绰号),它产生的脉冲功率,已经百倍于当时最大的传统连续振荡波发射器产生的功率。不过,当时战争已经进行到英国为生存而无暇旁顾的阶段。英国已经花费巨大代价,建设好了连续振荡波雷达系统。即使新系统比现成的老系统好许多，英国已经没有资源再建设一个新雷达网。

布特和兰德尔并没有因此心灰意冷，他们和亨利·蒂泽德爵士以及一个科学家小组带着设计一起飞到了华盛顿。他们用美国人的钱，建起了一个研究和生产基地，以便建造新的雷达系统。工作进展顺利，1941年底，新系统已经在夏威夷投入运行。虽然脉冲雷达当时没帮上大忙，但日本飞机飞临珍珠港之前1小时，它成功地侦测到了它们的行踪。

第二次世界大战中，盟军获胜，雷达在其中起到了至关重要的作用。就此大作文章的著述颇多，它们充斥于市面，更有一些狂热爱好者将这一技术捧上了天。一个鲜明的实例为，就发明雷达的前前后后，罗伯特·巴德里（Robert Buderi）写了一本书（若不是因为太夸张，它原本应当是一本好书），书名为《改变世界的发明：一拨研究雷达的先驱们如何赢得了第二次世界大战并启动了一场技术革命》(*The Invention That Changed the World: How a Small Group of Radar Pioneers Won the Second World War and Launched a Technological Revolution*)。如上所述，不可否认的是，雷达在战争进程中起到了非常重要的作用。在开发雷达技术方面，盟军比轴心国领先了好几年，而且，这一领先优势从未改变。雷达被安装到飞机上和舰船上，从这项技术衍生的技术被用于开发安装在潜艇和猎潜舰上的声呐系统。战争结束前夕，英国利用新安装的脉冲雷达帮助侦测飞往伦敦和英国南部人口聚集区的V-1和V-2型火箭。

"二战"后，雷达技术发展突飞猛进，在飞机和舰船的导航方面扮演了极为重要的角色。只是到了20世纪末，卫星导航系统和GPS进入了日常应用，新技术才部分地取代了雷达功用。但在早期预警系统、商船航道监控、商用飞机空中管制等领域，雷达仍然扮演着关键角色。

微波炉高攀不上雷达，却是雷达的另一个副产品。1945年，一位名叫珀西·斯潘塞（Percy Spencer）的研究员正忙于提升电子管的性能，他极其偶然地站到了靠近发射机的光束里。他自己没受伤，不过他发现，揣在衬衣口袋里的一块巧克力却有点融化。他来了兴致，派人买来用于爆米花的玉米粒，将它们放在光束里。玉米粒爆裂了，整个实验室到处都是崩开的米花。接着，他又往光束里放了个生鸡蛋。鸡蛋也爆炸了，因为鸡蛋内部先热起来，而且膨胀异常迅速。这些实验激发了他的想象力，他开始认真思索这一偶然发现的应用前景。

斯潘塞供职于美国波士顿市郊的雷神公司（Raytheon Company）。该公司是借助雷达技术收获颇丰的少数几家公司之一，其主要收入来自向军队提供装备。战后，市场对雷达的需求一落千丈，一直到雷达的商业应用成为家常便饭，公司才起死回生。

或许，由于斯潘塞跟微波打交道的起因是加热食品，他很快想到，这种"波"可以应用到厨房里。雷神公司的管理层为这种富于想象力的观念所折服，着手开发出第一款微波炉，并于1953年申请了专利。

雷神公司的微波炉体形硕大，耗电惊人，价格非常昂贵（1953年，零售价为3000美元）。然而，当初的微波炉并非家用，目标客户为餐厅、航班轮船、洲际火车。制造体形小巧、价格便宜的家用版微波炉成了日本人的天地，1955年，他们向市场推出了一款家用微波炉。微波家用电器市场升温很慢，直到20世纪60年代中期，公众才接受了它们。如今，80%西方家庭拥有微波炉。

5 数字和计算

为什么军队一向对数字敏感？不妨想想历史上那么多让人铭记在心的战争，其中总会涉及调动和集结军队，在特定的地点聚集起数量庞大的人群，也就不难理解了。

对军事计划制订者们来说，数字同样至关重要。他们必须掌握战争进程中每个地点的人员数量、武器装备的统计情况。还有，如果人们对数学毫无概念，也就无法确定某一目标的方位和距离。

应用数学是以多重面貌出现的。它以多种形式，并且常常以非直接方式为军事提供帮助。一个最好的实例为：数学在气象科学领域中的应用。气象学已经成为重要的民用学科，与此同时，它也是军事战略领域无可估量的组成部分。

天气预报是18世纪孕育的，是与热气球探空同时发展起来的。在热气球的早期应用阶段，除了将其用于侦察敌方兵力，它的另一个用途就是探索天气变化模式。很多世纪以来，海上常常会发生沉船事件。由于无法预测大自然的变幻无常，军事行动计划者常常被迫放弃原定行动计划。由于热气球的出现，人们才有可能作出长期预报，并且利用天气形势找出发动进攻的最佳时机。

这是一种极其可贵的进步。不过，在气象学形成初期，什么样的自然"力"会影响天气的形成，人们还知之甚少。如今，人们将气象学当作最复杂的科学看待，唯有依靠计算机，研究和预报天气的人们才能做出预报。许多原因会导致天气发生变化，这是混沌理论在实践中的经典例子。

不过，或许数学模型可以用来表示天气形态。数学家搜集到的信息越多，所做预报的效果就会越好。第一次世界大战期间，路易斯·理查德森（Lewis Richardson）是教友派经营的"好友急救中心"的急救车司机，他非常清楚这些。在执行任务的间隙，他总是拿着本子和笔，借助各种公式，尝试解析与天气本源有关的数不胜数的因素。他计算过太阳加热土壤的方法，还把风速和各个地区不同的压强作为考量因素，还研究温度的构成。

花费将近一年时间，在一年行将结束时，理查德森已经非常详尽地记录下一系列计算方法。他相信，用他的方法，可以精确地预报未来48小时的天气。然而，1917年4月，正当他要把成果上交指挥官时，法国香槟城之战的混乱场面致使他的手稿丢失，深埋到一堆煤底下。

令人不可思议的是，一年后，他的手稿失而复得。1918年春，理查德森将手稿交给了英国最高统帅部。最初经手这件事的军官们对他的手稿嗤之以鼻，并且声称："英国军队可以全天候作战。"不过，怀疑态度消失后，最高统帅部组织了一个专门小组来测试他的方法。不幸的是，经过验证，他那些公式错误百出。军事气象学家因而丧失了信心，拒绝进行深入研究，他们仍然回归了传统的预报方法。第二次世界大战甫一结束，由于计算机的出现，科学家们重新审视了理查德森三十八年前的方法。他们小心翼翼地套用了那些公式，利用当时大为改进的计算机的数字解析能力，科学家们得出的结论是，当初放弃进一步研究是个错误。直到如今，利用世界上最强大的一些计算机进行气象运算，其基础仍然是理查德森的公式。

很久以前，中国就拥有一批学识渊博的数学家，他们深信能找到简易的计算方法。据认为，算盘出自一个中国数学家之手，由于历史久远，人们已经无从考证他的姓名。据说，正是那个人五千多年前发明了这一装置。自那时以来，直到现代科技时代，许多思想家、哲学家和工程师曾经毕其一生开发数学工具和计算方法，他们梦寐以求的是，造出省心的计算工具，使计算更快捷和更精确。

9世纪的阿拉伯数学家花拉子密（Khwarizmi）出生在今天的乌兹别克斯坦，不过，他的主要职业生涯是在巴格达度过的。他在那里的一个名为"智慧宫"（House of Wisdom）的研究机构里教书。世界公认，花拉子密首创了"算法"（algorithm），即一种数学技巧，可为解析数学问题提供固定的途径。他一共流传下来两部著作，其中《花拉子模算术》只存拉丁文译本，"算法"一词即源自该书书名。他的另一部著作《代数学》成为欧洲各大学的教科书，一直沿用到17世纪。事实上，英文名词"代数学"（algebra）即源自花拉子密的上述著作。

花拉子密极有可能试验过某种形式的计算器，但如今人们找不到任何相关记录。幸运的是，他后继有人。特别值得一提的是，文艺复兴时期，一些数学家阅读了他著作的拉丁文译本，他们在开发节省时间的计算器方面非常积极，其中一位是16世纪的数学家卢卡·帕乔利（Luca Pacioli），有时候，人们将他称为"会计学之父"。他曾经设计过一款快速处理复杂的账目往来的装置。

17世纪，由于拥有一批非凡的数学家，世界的知识得到了提升。可以说，牛顿或许是他们中的佼佼者。不过，牛顿的对手莱布尼茨在各方面都跟他不相上下，此人非常厉害，而且在很大程度上比牛顿更善于表达。莱布尼茨曾经说："出类拔萃的人完全没必要像奴隶一样把时间过多地花费在计算上。如果有机器，他们就可以放心地将这样的事委托他人去完成。"后来，他真的投身于设计二进制计算系统，如今，所有的机器算法都是以二进制为基础的。他设计并制造了一台机械计数机，因而成就了那个时代科学界的一段佳话，他的名声在整个欧洲迅速蹿红。

19世纪前，科学往往由具备天赋的个人牵头。科学成就往往也是通过少数几个人或某些团队成员锲而不舍的努力才得以实现。而资金来源若不是贵族赞助就是自掏腰包，人们从未听说有过任何国家形式的支持。工业革命的蓬勃发展让政治家们渐渐悟出了一个道理，向知识分子群里的发明家、科学家、工程师、医生等稍稍提供一些资助，可以获得丰厚的回报。

后来，以经营方式对待科学形成了一个高潮，最典型的实例为查尔斯·巴比奇（Charles Babbage）所从事的工作。巴比奇是英国剑桥大学担任卢卡斯教席的数学家。艾萨克·牛顿曾经拥有这一教席，如今斯蒂芬·霍金拥有这一教席。巴比奇对计算器着了迷，他把自己人生事业的鼎盛时期全都花费在完善一台他称作"差分机"的装置上。巴比奇是一个富人，他自掏腰包，花费6000英镑建造了这一装置。不过，随着英国政府理解了其发明的重要性，他又从政府方面额外获得了 1.7 万英镑。

这笔资助是 1829 年得到的，当年，大英帝国仍在继续扩张。其时，拿破仑发动的一系列战争已经成为历史，但英国军事当局认为，继续扩张和增强实力是他们的第一要务。能够进行精确和高速的计算的机器对他们极具吸引力。另外，好主意来自巴比奇这样一个社会关系牢固、德高望重的人，他当然会得到所需的资助。

不幸的是，那台机器的性能从未达到其主人设想的程度。事实上，无论巴比奇花费多少金钱，20 万英镑也好，200 万英镑也罢——它永远都不会成为一台实用的通用型计算机。现在回想起来，我们可以清楚地看出，他那台牛哄哄的"差分机"甚至还赶不上如今最简陋的计算器。

某种程度上说，巴比奇面临的问题与卢卡·帕乔利以及诸如莱布尼茨那样富于创造性的人物在各自所处的年代遇到的问题一模一样。他们每个人的想法都过分超越各自的时代：支持他们发明创造的基础设施当年还没出现。巴比奇尝试制造计算机器的时候，意大利人伏特刚刚发明第一代电池，有关电的应用还仅仅是知识阶层研究的边缘课题。因而不难想象，由于巴比奇的机器采用的是机械系统，他受到了何等的限制。他那 2.3 万英镑（相当于如今的数百万英镑）中的大部分都花费在制造数以万计能够运转的零部件上，而那些零部件的精度从设计上就超出了前人的想象，并且需要与其他零部件同步。要制造出巴比奇梦想的能够以特别高的速度和精度进行计算的装置，人类需要等候技术赶上来，需要继续等候一个多世纪的时间。

6　微芯片时代

电子管或真空管是早期收音机、雷达、电视机、计算机的关键零部件。早在 1882 年，托马斯·爱迪生就发现了真空管的工作原理。然而，他并没有意识到他观察到的事情有多重要。直到 1904 年，一位特别熟悉最新原子理论的英国科学家约翰·弗莱明（John Fleming）才制作出世界上第一只实用真空管。两年后，1906年，美国人李·迪·弗里斯特（Lee De Forest）改善了弗莱明的装置，造出了三极管。三极管可以精确有效地控制线路板上电流的流动。

大多数历史文献称，1943年，宾夕法尼亚大学的约翰·埃克特（John Eckert）和约翰·默迟利（John Mauchly）制造了世界上第一台电子计算机"埃尼阿克"（ENIAC）。他们从军方得到一份50万美元的合同，用于开发该机。1945年，"埃尼阿克"已经在为洛斯阿拉莫斯国家实验室的物理学家们开发世界上第一颗原子弹。它的重量为30吨，耗电量惊人，占地面积达197平方米。

事实上，"将计算机带给世界"这一殊荣如果无法更多地给予某一个人，至少也应当均分给四个小组或个人。1930年，美国人万尼瓦尔·布什——在稍后的1942年，此人在洛斯阿拉莫斯国家实验室建立原子能研究中心的过程中起到了重要作用——曾在麻省理工学院造出一台非常原始的电子计算机。另外，1937年，爱荷华大学物理学和数学教授约翰·阿塔纳绍夫（John Atanasoff）曾致力于建造一台实用型电子计算机，他的机器可以做简单的计算。

与此同时，在英国，才华横溢的数学家阿兰·图灵（Alan Turing）率领一个研究小组造出一台名为"巨人"（Colossus）的大型计算机。1943年，该计算机已经交付白金汉郡的布雷奇莱庄园（"二战"时期英国破译德军密码的秘密中心）使用，成为破译德军密码的关键。图灵的成就在"二战"结束多年后才披露于世。1954年，有消息披露，多年以来，他一直是个同性恋。由于面临起诉和荣誉，他含恨自杀了。

不过，真正应当被冠以"计算机之父"的是德国人康拉德·楚泽（Konrad Zuse）。楚泽生于1910年，所学专业为工程设计。他对两个半世纪前莱布尼茨的名言"出类拔萃的人完全没必要像奴隶一样把时间过多地花费在计算上"感触良深。事实上，他每天都必须花费大量时间与数字打交道。无休止的计算常常使他思想麻木。因此，早在20世纪30年代，他已经决意建造一台计算机。

楚泽的第一台装置Z-1型计算机是机械计算机，与查尔斯·巴比奇的机器大同小异。Z-1型计算机的亮点是，它的工作机理为二进制，在运算过程中，利用开关的闭合决定运算结果。1940年，楚泽已经造出Z-2型计算机，这是世界上第一台全电子的实用型计算机。他带着这台装置找到德国军方，他的计算机不仅引起后者的重视，后者还同意资助他的研究。

在"二战"余下的五年时间里，楚泽完善了他的计算机。空气动力研究院采用了他的机器。当时正在建造早期远程V-1和V-2型火箭的冯·布劳恩研究团队与空气动力研究院的关系非同一般。具有讽刺意味的是，随着战争的继续，对于楚泽的研究，德国军方的兴趣不升反降。老式计算机利用电磁累进方式进行运算，楚泽提出放弃老式机器，改用电子管制造一台新机器，他的拨款申请竟然遭到了拒绝。当时德国军方认为，战争即将以德国的胜利告终，因此重新制造一台计算机变得没有必要了。

可是，谁曾想到，德国人流年不利，1945年春季，盟军推进到了欧洲腹地。楚泽嗅出了自己的危险处境：纳粹宁肯杀了他，毁掉他的成果，也绝不会让他的发明落入敌人之手。楚泽带着最新型号的机器Z-4型计算机逃出了柏林，逃往北方位于波罗的海佩纳明德岛的火箭研制基地。盟军部队挺进到佩纳明德岛时，计算机落入了美国人之手。

战后，楚泽继续奋战在计算机研究前沿。1958年，最先使用晶体管（一种超越电子管的电子元件）的几台计算机之一就是他的手笔，同时，他还设计了早期的现代计算机语言——用于操控计算机的代码。事实上，其他人的成功比他晚了许多年。他在德国早已成名，然而，其他科学家独立完成的工作和更为亮丽的成果让他的成就黯然失色。1947年，美国人埃克特和默迟利被授予计算机专利。

"二战"行将结束时，人类从使用第一批计算机的过程中学到了许多东西。另外，1939年到1945年间，由于军事需求刺激了电子学的并行发展，计算科学开始以更快的速度发展，超出了人们先前的预料。

如何提高计算机的运算速度，随着越来越精密的印刷线路相继出现，这一问题才得以解决。真空管体大易碎，第一台"埃尼阿克"使用了不下1.8万只真空管，整个机器占了整整一个大房间。尽管它使用了1.8万只真空管，它的计算能力最多也就等于能够奏出生日快乐曲调的电子贺卡。

从"埃尼阿克"飞跃到21世纪最新型号的计算机，有赖于一系列计算技术的发展，包括程序语言的出现、信息输入输出方法的提升、种类繁多的软件的开发，以及必须制造越来越尖端的硬件，以满足对电子产品高速增长的大量需求。

迄今为止，计算机领域最重大的进展恐怕是电子产品小型化。英国皇家航空研究院（Royal Aircraft Establishment）坐落于汉普郡法恩伯勒（Farnborough）。第二次世界大战期间，工程师们在那里设计所谓的"近炸引信"（proximity fuse）装置。电子产品小型化就是从设计这一装置开始的。研究小组由塞缪尔·柯伦（Samuel Curran）领导，他曾经是罗伯特·沃森－瓦特雷达开发小组的重要成员。雷达网建成后，柯伦组建了一个团队，寻找对磁控管进行小型化的方法。磁控管是下一代雷达系统的核心零件。

从空中投掷带有计时装置的炸弹，是从空中攻击地面目标的传统方法之一。而炸弹需要事先设定起爆时间，这就要求计时必须精准，因而极受限制。炸弹能否命中目标，靠的是人的判断力，而人的判断力常常会出错。看来，解决这一问题的出路是，设计一种能够自动引导炸弹的装置。

为达到目的，法恩伯勒团队想出一个绝妙的主意。他们设计了一个自成体系的小型雷达部件，一个能装进炸弹头部的无线电发射和接收器。正如雷达可用来侦测敌人的飞机和舰艇,这一部件可通过接收无线电回波发现目标。然而,新问题出现了,如何将块头这么大的装置塞进炸弹的锥头呢?找到解决这一问题的出路,是个巨大的挑战。不过,通过沿用将真空管和其他电子元件小型化的做法,1944年,法恩伯勒团队终于成功地制造出第一批电子引导炸弹。这批炸弹赶在战争结束前用到了战斗前线。

虽然柯伦以及他的团队的所作所为都是在秘密状态下进行的,近炸引信装置仍在战后鼓舞了企业家和民间设计师,他们深知,电子产业的未来寄托在能否制造出体积更小和性能更高的机器上。所有计算机都安装有大量逻辑电路以及具备"闭"与"合"功能的开关,因此,真空管至关重要,因为它能够接通和阻断电流。所以,计算机大量应用了真空管。不过,由于真空管体积大,笨重(平均长度和圆周为十几厘米),制造成本高,计算机设计师们很快得出了结论:如果发展计算机,必须找到个头更小、价格更便宜的装置以取代真空管。

第二次世界大战后,取代电子管的晶体管很快便开发出来了。它是由威廉·肖克莱(William Shockley)领导的一个团队在贝尔实验室开发的。20世纪30年代中期,肖克莱已经开始思考设计这类装置的相关理论。晶体管的性能和电子管完全一致,它可以控制电的流动。不过,与电子管相比,它的体积小了很多,制造成本也低得多。与此前大规模排列的真空管和导线相比,采用晶体管有可能制造出小个头的线路板。所以,通过大规模制造线路板,便足以颠覆电子学。

因为有了这一新发明,电子产业迎来了大跃进。1951年,一个新兴工业体系在加利福尼亚州成长起来。斯坦福大学将其拥有的8000英亩土地租给了一个由阿里安联合公司(Arian Associates)领衔的、由新兴电子公司组成的联合体。20世纪50年代末,这片土地已经成为最重要的美国工业研究中心,吸引了诸如伊士曼柯达胶片公司、通用电气公司、洛克希德公司、惠普公司这样的企业在此落户。不出几年的工夫，这里已经成为远近闻名的"硅谷"，它得名于制造晶体管的核心半导体原料"硅"。

硅谷不断地向电子工业输送最超前的创新成果，与此同时，它也成了（并将继续保持）向美国军方提供新技术的源泉。通过向入驻该地区的公司提供补贴，美国政府为这一核心区域的发展注入了大量资金。20世纪60年代中期，美国军队购买了硅谷超过70%的产品。

晶体管（亦称半导体）成为军工产品不过两年工夫，即开始进入商业领域。最早用它打入市场的公司是得州仪器公司（Texas Instruments），该公司正确地意识到，它具有超强的商业潜力。为吸引公众的注意力，他们于1954年向市场投放了晶体管收音机，其时摇滚乐刚刚兴起，年轻人的文化活动正如日中天。他们的成功导致其他公司向电子产品小型化方向进行投资。同年，一家名为"东京通信工业株式会社"（Tokyo Tsushin Kogyo Ltd.）的公司使出浑身解数，拼命要打入美国和英国市场。起初，他们进展缓慢。不过，1955年，他们终于醒悟到，他们无法打开市场的原因是公司名称在英语里不上口。他们立刻将公司名称改为"东通工"（Totsuko），这一名称仍然无法激发西方人的想象力。于是他们再次沐浴焚香，将公司更名为"索尼"（Sony）。

硅谷为社会做的核心贡献有三：一是晶体管；二是对电子产品的不断完善；三是使线路板变得更小，更便宜，能效更高。硅谷的主要产品包括伴随我们一起长大的一些日常用品，例如，晶体管收音机、台式电视机，然后则是个人电脑。

与真空管相比，晶体管已经是一大进步了。可是，与今天普遍采用的印刷线路板上的元器件相比，晶体管仍属大型元件。计算机设计师们不断地追求更强的计算能力，导致他们意识到，他们始终面临着元器件体积过大问题。追求更大的储存能力和更强的计算能力，必须采用更多晶体管。这一机制并不适用于大多数其他电气装置，因为它们的运行不需要这么多晶体管。其他元器件（例如，电视机里的电子管，录音机或磁带录像机里的机械部件）则需要依靠体积制胜。

1961年，随着大规模生产微芯片的开端，这一问题得到了解决。这一革命性的发明同样激起了一场关于"优先权"的争论。1958年，同在硅谷工作的两位科学家各自独立开发出了微芯片的关键零部件。一位是得州仪器公司的杰克·基尔比（Jack Kilby），另一位是仙童半导体公司（Fairchild Semiconductors）的罗伯特·诺伊斯（Robert Noyce）。得州仪器和仙童半导体两家公司均因与军方签有大合同而接受军方的大额资助。关于发明人之争，经过法庭激辩，双方最终得到的是分享专利权的结果，在不同的微芯片设计领域，双方同时拥有各自的专利权。而芯片则被军方控制，将其用于不同领域的进一步创新。随后，又过了至少两年，普通民众才得以接触到微芯片。从那以后，投入微芯片研发的资金，大约60%来自军方。

对电子学来说，微芯片的发明是个全新的领域。微芯片并非将大型元器件和导线布局在线路板上。微芯片不过是个平台，有8层半导体硅晶和绝缘体，所有元器件和线路都隐含在硅晶层中。这意味着，精细的线路可以做得小而又小。虽然这一新技术初期投资很高，自微芯片出现在商业市场以来，它的生产费用一直不停地急速下跌。1964年，一块微芯片的生产成本是32美元（相当于如今的600美元），到1974年，它已经降低到1.27美元（相当于如今的15美元）。与1974年的前辈相比，如今的微芯片已经强大无数倍，而制造成本不过是一美分的几分之一。

最早使用微芯片的两个大项目为美苏的太空竞赛项目。首先将人类送上月球的"阿波罗11号"使用了不下100万块集成线路，其中大多数是太空船计算机里的微芯片。仅就"阿波罗计划"使用的微芯片而言，人们从中得到的经验教训足以证明，投入500亿美元将人类送上月球是值得的：它们催生了计算机产业和因特网产业，而这两个产业目前的年收入已经达到 1 万亿美元。另据估计，这两个产业仅在美国一地就提供了 600 万个就业机会。除了这一实惠，受太空竞赛项目促进的微芯片发展已经深刻地改变了人类社会。

自微芯片出现以来，制造技术已经得到极大提升。每代新设计的芯片，体积都会更小，计算能力也会更强。在微芯片早期发展阶段，有人曾用文字表达过这一趋势。仙童半导体公司创始人之一高登·摩尔（Gordon Moore）曾经做出如下论断：计算机的发展可以用指数表示，所谓指数即每台计算机里晶体管的数量。他还断言，计算机的计算能力（或者说每台计算机里晶体管的数量）每 18 个月会翻一番。新闻界将他的断言称为"摩尔定律"。四十多年来，这一定律一直相当精确。

摩尔定律出台时，大公司使用的计算机里的晶体管不过百十来个；如今，普通家庭使用的个人计算机里的晶体管数量至少有上亿个。不仅如此，这一趋势仍将保持下去，直到芯片的体积小到接近物理极限。当设计师们的设计接近临界点，芯片缩小到分子级，它们会转而受量子运动规律的限制，即所谓的"海森堡不确定性原理"的限制。也就是说，当物质小到原子级别，就会受不确定性支配，芯片事实上不会按照人们设计的功能运行。假如摩尔定律继续照常运行下去，2020 年左右，它就会到达极限。

微芯片是计算机的核心，有些人甚至说，它是 20 世纪最重要的发明。当然，人们对这一说法已经毫无新鲜感。相比于美化其他发明，如此美誉微芯片，并没有太多夸张成分。其他许多创新和发明都可以被称为一个世纪以来最为重要。不过，如果将微芯片列入一百年来最重要的五项发明之一，极少有人会表示反对。微芯片属于那种不仅是对技术，更是对许多广阔的社会领域产生深刻影响的少有的发明和发现之一，而且，此种影响必将延续到下个世纪。

如今，整个人类社会已经深陷于计算机时代。人类已经变得如此彻底地依赖这些机器,以及它们之间的相互关联。离开计算机,很难想象社会将怎样运作。事实上,如果生活里缺少诸如计算机这样的东西,21世纪初期的年轻人几乎无法想象生活会变成什么样子。

晚饭后闲聊时,我常常向聚在一起的人们提问,问题之一是:"如果世界上所有计算机明天全都罢工,你认为会出什么事?"一些人会说:"哦,不会怎么着。不会有多大变化。"大多数人则会说,人类社会将倒退回20世纪60年代的样子,也可能是20世纪70年代的样子。然而,事实会更富于戏剧性。如果世界上所有计算机明天都停止运行,或者世界上大多数计算机明天都关掉,世界文明将会很快终止。

若想了解这一说法的真实性,我们不妨想一想,人类依赖计算机已经到了何种程度。如果全世界的计算机网络都瘫痪掉,国家防御系统瞬时就无法运作了,全世界所有发达国家的军事部门立刻会陷入恐慌。另外,由于通信联络全都会瘫痪,没有人能确信,这种瘫痪是否仅限于他们自己的军事力量。有些人会认为,敌人可能会在下一刻发起一轮清道夫式的攻击。更深层次的还有,社会结构会肢解,用不了几天工夫,社会将变得支离破碎。

想一想我们西方人是如何获取食物、燃料和采购用的货币。银行会停止营业。由于订货系统会瘫痪,汽油就送不到加油站,商店里的食物很快会售罄,而送货人不会再来。中小学和大学也无法继续运作,医院也会瘫痪。通向家庭、工厂、学校、办公室、医院等的电和气都会断掉。很快,社会的躁动就无可避免了,社会暴力会爆发,数千万人会挨饿,上亿人口会灭绝。不出几周,21世纪的人类就会倒退回石器时代。

令上述情景变得如此骇人的是如下事实,人类依赖计算机的势头来得过于迅猛,超出了人们的意料,因而没有多少人意识到它的副作用。我可不是在说计算机是个坏东西——正相反,我是个高科技和新产品迷。不过,由于人类在这一领域的进展过于迅速过于深入，当人们想象着人类已经达到文明的顶峰，现实中的人类有史以来第一次让自己变得如此不堪一击。这样的满足带给人类的危险是显而易见的，其可怕程度不亚于一场核梦魇。

具有讽刺意味的是，计算机领域最大的进步起始于我在本章开始时提到的一个节点：在这一节点上，了解和表达的需要交会在了一起；在这一节点上，计算和通信融合到了一起。那一时刻起始于1969年，那一年，互联网诞生了。

7　互联网时代

专门满足军事需求的发明为数不多，互联网是其中之一。它是国科署实验室的科研人员发明的。究其原因，发明它是出于忧虑和实实在在的恐惧，一旦敌对双方用核武器互相攻击，通信和计算机网络的安全就会出问题。

国科署创建于冷战处于胶着时期的1958年。一场核武器相互攻击，可能会将人类文明彻底葬送，这种恐怖景象是真实存在的。所以，军事战略家们开始考虑保护通信的方法，以及保护计算机信息的方法。授予国科署的任务是："……像国防部经常摊派单一项目和目录项目那样，在研究和开发领域指导和实施一些最尖端的项目。"

上述担忧基于这样的假设：如果爆发一场战争，美国遭遇核武器攻击，所有通信系统都会瘫痪，无法替代的信息也会被摧毁，因为信息往往储存在容易遭受攻击的特定地点。不久后，研究人员产生了建立计算机网络的想法。即便一部分网络在核战争中遭到摧毁，余下的部分仍然可以继续交换信息和正常运作。

国科署和兰德公司的逻辑学家保罗·巴兰（Paul Baran）进行了接触，向其讨教满足上述需求的防务保护系统。巴兰提出，建立一种模板，他的提议渐渐成就了如今的互联网。这一系统的运作依赖于一种所谓的"分组交换"（packet switching）概念。巴兰是这样描述的："……将信息切分成'数据包'或'组'，每组信息均附上始发地标签和目的地标签，以接力方式通过计算机传递，直到数据包抵达终极目的地计算机。"他的提议对开发网络至关重要，因为，数据包如果在某一节点丢失，始发地的计算机会补发相同的数据包。

巴兰是个大大超越他那个时代的思想家。正如他精确预言的那样，他的模板发展成了互联网。最近，他在一个访谈节目中回忆道："大约在1966年12月，我向美国市场营销协会提交了一篇题为'2000年市场营销'的论文。我在文中描述了'按键'通信，以及人们通过电视购物和亲自前往商场购物的异同。如果你想购买电钻，只需按一下硬件，它就会显示出工具栏，你需要做的就是一步一步往下操作。"

1968年，国科署的研究人员已经准备好进行第一次互联网连接，当时他们分别在四个地点安排了四台计算机进行互联：第一台机器在加州大学洛杉矶分校，第二台机器在斯坦福研究院，第三台机器在加州大学圣巴巴拉分校，另一台机器在犹他州立大学。

试验很成功。不过，如今在世界上遍地开花，有数亿人使用的互联网，当初却发展得非常缓慢。第一份电子邮件是1973年发出的。随后又过了十一年，网络的"节点"和用户数才发展到四位数。正是这一年，长期以来一直被国科署（实际上是被国防部）控制的"网络"被拆分成两个独立的网络。

军用部分称作"美国军用网络"（MILNET），它纯粹是为军事目的而存在的。这一部门的研究人员继续沿着该项目的初始目标进行更深入的研发，即建立一个能够在星罗棋布的计算机空间保存军事信息的系统，以躲避核武器毁灭性的打击。源自同一技术的另外一部分称作"阿帕民用网络"（ARPANET），这一部分是专门为非军事组织使用网络而设立的民用系统。

平平静静又过了将近十年。对于院校人士、工程师、研究员、计算机狂而言，阿帕民用网络是个便捷的工具。它的发展相当平缓。

1991年，全世界约有60万人使用该网络。然而，那时，互联网这一概念仍然不为公众熟知。精通此项技术的人、在计算机行业工作的人、成千上万大专院校的雇员，以及民间研究领域的雇员，这些人分别用三种方式称呼阿帕民用网络：其一为"电子邮件"（electronic mail），其二为"网络"（net），其三为"信息高速公路"（information superhighway）。三种称谓之一的"网络"如今成了最大众化的词汇；另一种称谓"电子邮件"，如今已简化为"电邮"（e-mail）；而"信息高速公路"显然是个时代错误，因此这一说法已不复存在。

普通民众喜欢上互联网，大约是在1995年到1996年。那时候，蒂姆·伯纳斯-李（Tim Berners-Lee）已经创立"万维网"（world wide web）。他是个英国科学家，当年在日内瓦欧洲粒子物理研究所工作。万维网使用"超文本"（hypertext）格式，帮助信息在网络上进行传输。人们由此学到了许多新概念，诸如网址、服务器、搜索引擎、超文本网页标记语言（HTML）、统一资源定位标记（URL）、Java编程语言，以及如今我们所熟知的构成全球通信的种种新概念。

互联网深深地融入了社会，它有别于以前的所有技术创新。它比电话和电视更为重要。像15世纪印刷的报纸一样，它是社会变革的载体。它规模之大，超过了太空产业，甚至超过了汽车生产。在现代文明中，它的重要性如同飞机。互联网的触角深入到了社会的每个层面，它向人类提供的相互关联，是人类以前从未想到的。

对军方来说，互联网依然是个重要工具。不过，就人们看得最清楚的这部分而言，对拥有计算机，拥有电话线的人来说，它不过是个通信联络工具而已。人们越来越清楚地认识到，通过计算机空间进行通信联络，无论是好是坏，它都是影响人类社会发展的一种无与伦比的手段。近年来，最具讽刺意味的是如下事实：创建这一系统原本是为了保护军队，然而，在2004年，救活毒蛇的农夫反被毒蛇咬了一口。美国士兵在巴格达的阿布·格莱布监狱（Abu Ghraib Prison）虐囚的照片首先通过互联网曝光，然后传遍了全世界。

尾 声
不得不说的话

有个古老的谚语是这样说的："预言难呀难于上青天，预测未来比登天还难。"像许多老话一样，这个谚语更像一段废话。不过，它确实是一句实话。从本质上说，它是一条醒世箴言。对于拼搏在各领域的人们来说，尤其是引领未来军工设计和军事创新领域的人们，它是长鸣的警钟。

另外，虽然我们无法准确设想未来的战争究竟会采取什么形式，新式武器在和平时期会如何影响人们的生活方式，但有一点是肯定的：在相当长的一段时期内，战争和冲突不可避免。军事和民间会一如既往互为补充，整个人类的生活将会从中受益。进一步说，即使我们无法清晰地想象特别远期的趋势究竟如何，我们却可以清楚地看到如今破土而出的一些东西，并由此勾勒出一幅近期的未来场景。

毫无疑问的是，可以这样说，首先，人类自身直接卷入战争的概率会越来越小。如今我们已经可以看出这一趋势，这从两个层面得以清晰地体现出来。第一，技术使现代军事力量有能力从远端发动战争。在最近的两次海湾战争中，西方军事力量使用了巡航导弹、卫星侦察系统、无人间谍飞机，以便发现和打击敌方目标，随后又使用了高空炸弹。未来，这样的方式会越来越普遍。随着更为先进的侦察设施和秘密武器投入使用,外加纳米技术生产的微型机器战士,进攻方在不损失一兵一卒的情况下,便可以使敌方遭受重创。

除此而外,军事设计师和计算机专家均认为,未来大规模战争很可能根本没有人类战士直接参与其中。与其使用毁灭性杀人武器发动战争,不如袭击敌人的计算机系统,这样做反而更简约,更有效。对第三世界国家自立门户的领导人来说,甚至对"基地组织"那样的国际恐怖主义者来说,这种发动战争的方式特别有吸引力。因为,在使用传统武器的冲突中,他们无法与西方军事力量相抗衡。西方国家完全仰赖计算机网络,对这一基础设施进行袭击,一旦成功,对西方国家的破坏作用绝不亚于一次核袭击。

由于此种原因,西方大国动用了相当的资源,以保护自身免受网络攻击。不过,恐惧依然如故。因为,从某种意义上说,但凡网络都容易遭受攻击。当人类越来越依赖计算机管理日常的一切,人类面临的危险则越发可怕。在黑云压城时,人类能看见的唯一希望是,科学和技术有春华也有秋实,总会找到某种方法更好地保护网络,战胜黑客。

由于西方世界生活在恐怖主义袭击的阴影里,西方国家会专心致志地发动一场可以和冷战时期相媲美的宣传战。最近,美国总统宣布,他的政府有意在21世纪上半叶推动一个探索火星的项目。正如20世纪60年代初肯尼迪总统承诺在60年代结束前将人类送上月球时的姿态一模一样,美国现任总统摆出这一姿态,不过是为了从政治上捞取分数。大多数科学家对这样的表态嗤之以鼻,或许他们的理由非常充分。因为,像这样的项目成本太高,技术上也会遭遇艰难险阻。不过,如果美国被迫采取强硬姿态,并履行诺言,在直面"野蛮的恐怖主义"袭击的情况下展示强大的技术实力,全人类都会因此受益。

人类不愿意直接卷入肮脏的战争,另一个层面是这样体现的,西方民主国家越来越不愿意拿自己人的生命去冒险。有人断言,如果一场战争中送回国的裹尸袋太多,西方国家就无法维持战争,这样说几乎是一语中的。对战争的恐怖,在一代人之间,普通民众的态度彻底改变了。

鹰派人士会说,遇到危险就躲避,是一种人生悲剧。对西方国家来说,这不啻于一种可怕的危险。因为,21世纪,新生代敌人不会采取同样的姿态。极端主义者和恐怖主义者枪杀无辜孩童时,眼睛都不会眨一下,对拿枪的士兵就可想而知了。与此同时,鸽派人士则会说,更为收敛和更为谨慎的处事方法值得提倡,因为它隐含着平和地颠覆人类进攻性冲动的方法,同时,这也是通向美好世界的方法。

在本书里,我已经提供了非常有说服力的论据,以支持我的中心论点——许多伴随人类日常生活的东西,是开发武器和发动战争的创新产物。不过,必须特别强调,这并非创新的唯一出处。当然,许多发明也来自人类的日常活动和雄心壮志,与人类的好战性,以及创造更好和更致命的武器毫无关系。我的推论是建立在如下基础上的:军事需求对技术创新的影响"力量最强也最多样化";如果没有这样的影响,当今世界绝不会是现在这个样子。

当然也存在这样的可能,本书描写的许多因战争而来的技术创新,可以通过其他途径来到人间。通过和平发展,如今人类也会有汽车、飞机、微创手术、电信等。不过,难以否认的是,如果不是因为战争,这些创新不会像今天这样先进。如果没有战争,如今人类出远门乘坐的或许还是螺旋桨飞机和蒸汽火车,人们对新奇的青霉素会惊叹不已,人们会通过黑白电视观看人类第一次在月球表面行走——时间是2005年。

最后还需要说明,本书的推论理所当然涉及道德层面。我宁愿直言不讳地承认,这是个棘手的问题,任何人都不可能在这一问题上自以为是。在这一问题上,没有人能做到完美。说实在的,道德是个沼泽地带,仅仅小心翼翼是无法穿越的。因此,请允许我小心翼翼地指出一到两个穿越沼泽地带的通道，余下的就由读者你自己做主了。

当然，不可否认的是，从本质上说，人类是好战的。事实上，大多数生物学家会说，所有生物必须天生具备自卫本能。由此及彼推而广之，大凡有感情的物种或具备某种感知的族群往往会认为，最佳的自卫方式（自卫本能）就是主动进攻。此外，人类还具备一些天生的动因，譬如说，贪财、妒忌、贪欲，扩张领地的欲望，永不满足于现状的心态，这样看来，人类不可避免总会发动战争。

许多人宁愿相信这不是真的。人类都希望和平相处，我们都希望孩子们生活在安全的环境中。不过，对全人类而言，这样的期待真的很不现实。即便情况不至于永远如此，至少在相当长时期内会如此。我之所以这样说，主要原因是，我坚信人类的进攻性是一种必要。若是没有进攻性的推动，人类就不会有所成就。只有梦想家和满脑子空想的思想家才会认为，人类离开了与生俱来的进攻性，仍然会有所成就。人类对成功的渴求，以及人类的创造天赋，无可避免地与人类心理最深层次的"竞争心态"紧密相连，这也出于生存的需求、繁荣发展的需求，因而在追求过程中，人类是不惜发动战争的。

当你面对如下争议时，例如，坏事可以变好事，尽管战争会带来痛苦、死亡、磨难，技术上的获得仍然是一线可以接受的曙光，等等，如果你同意我前边阐述的系列推论，你就不会陷入道德的纠缠。不过，如果你执着地认为，战争不仅丑陋，更是人类的一种失常，无论人类从战争中得到多少收获，谁都无法摆平你的心态。

但凡涉及道德命题的争论，几乎总是剪不断理还乱。论及战争的利与弊，我们不得不承认，我们不能做两边倒的墙头草，因为，这不是一个简单的非黑即白的争论。希望本书已经将我的观点传达清楚了，我个人的立场是：不能因为战争能够带来技术层面的收获，就认为战争是公正的。我的本意是，希望大家通过争论明白如下道理：战争是不可避免的,它一直以来就是伴随人类存在的一个核心命题。在可以预见的未来,情况仍会如此。因而不妨这样推论:既然它是人类生存中不可避免的悲剧,至少人类还可以从中有所收获,至少从瓦砾中还可以捡回一些小小的补偿,对此我们应当心存感激才是。

参考书目

Adler, Robert, *Medical Firsts: From Hippocrates to the Human Genome*, John Wiley, New York, 2004

Auerbach, Jeffrey A., *The Great Exhibition of 1851: A Nation on Display*, Yale University Press, London, 1999

Aykroyd, W.R., *Three Philosophers: Lavoisier, Priestley and Cavendish*, Heinemann, London, 1935

Berry, Adrian(ed.), *Harrap's Book of Scientific Anecdotes*, Harrap, London, 1989

Black, Edwin, *IMB and the Holocaust: The Strategic Alliance Between Germany and America's Most Powerful Corporation*, Little, Brown, London, 2001

Black, Jeremy, *Warfare: Renaissance to Revolution*, Cambridge University Press, Cambridge, 1996

Bolles, Edmund Blair(ed.), *Galileo's Commandment: An Anthology of Great Science Writing*, Little, Brown, London, 1997

Boorstin, Daniel J., *The Discoverers: A History of Man's Search to Know His World and Himself*, Phoenix Press, London, 1983

Bowen, Daniel, *Encyclopaedia of War Machines*, Octopus Books, London, 1977

Bragg, Melvyn(with Ruth Gardiner), *On Giants' Shoulders: Great Scientists and their Discoveries from Archimedes to DNA*, Hodder & Stoughton, London, 1997

Brennan, Richard P., *Heisenberg Probably Slept Here: The Lives and Ideas of the Great Physicists of the 20th Century*, John Wiley, New York, 1997

Brockman, John(ed.), *The Greatest Inventions of the Past 2000 Years*, Weidenfeld & Nicolson, London, 2000

Bronowski, Jacob, *Science and Human Values*, Harper & Row, New York, 1956

——, *The Ascent of Man*, BBC Books, London, 1973

Brown, Louis, *A Radar History of the Second World War: Technical and Military Imperatives*, Institute of Physics Publishing, Bristol, 1999

Brownstone, David, and Franck, Irene, *Timelines of War: A Chronology of Warfare from 100000 B. C. to the Present*, Little, Brown, London, 1996

Burke, James, *Connections*, MacMillan, London, 1978

Burney, Fanny, *The Journals and Letters of Fanny Burney*(Madame d'Arblay), Vols I-IX(J.Hemlow et al., eds), Clarendon Press, Oxford, 1975

Carey, John(ed.), *The Faber Book of Science*, Faber & Faber, London, 1995

Cathcart, Brian, *The Fly in the Cathedral: How a Small Group of Cambridge Scientists Won the Race to Split the Atom*, Viking, London, 2004

Chant, Christopher, *The History of the World's Warships*, Regency House Publishing, London, 2000

Cheney, Margaret, *Tesla: Man Out of Time*, Dorset, New York, 1989

Churchill, Winston, *The World Crisis, abridged and revised edition*, London, 1931

Clark, Ronald, Einstein, Avon, New York, 1971

Clarke, Arthur C.(ed.), *The Coming of the Space Age*, Meredith Press, New York, 1968

Clarke, Robin, *The Science of War and Peace*, Jonathan Cape, London, 1971

Collins, Michael, *Flying to the Moon and Other Strange Places*, Piccolo, London, 1979

Conn, G., and Turner, H., *The Evolution of the Nuclear Atom*, American Elsevier, New York, 1965

Cook, Chris, and Stevenson, John, *Weapons of War*, Artus Book, London, 1980

Crick, Francis, *What Mad Pursuit: A Personal View of Scientific Discovery*, Penguin, London, 1990

Dampier, W.C., *A History of Science and its Relations with Philosophy and Religion*, Cambridge University Press, Cambridge, 1984

Davies, Kevin, *The Sequence: Inside the Race for the Human Genome*, Weidenfeld & Nicolson, London, 2001

Davis, Nuel Pharr, *Lawrence and Oppenheimer*, Simon & Schuster, New York, 1968

Davis Hanson, Victor, *Why the West Has Won: Carnage and Culture from Salamis to Vietnam*, Faber & Faber, London, 2001

De Souza, Philip, *Seafaring and Civilisation: Maritime Perspectives on World History*, Profile, London, 2001

Diamond, Jared, *Guns, Germs and Steel: A Short History of Everybody for the Last 13000 Years*, Jonathan Cape, London, 1997

Dornbergar, Walter, *V-z*, Viking Press, New York, 1954

Dunnigan, James F., *How to Make War*, HarperCollins, New York, 1993

Dvornik, Francis, *Origins of Intelligence Services: The Ancient Near East, Persia, Greece, Rome, Byzantium, the Arab Muslim Empires, China, Muscovy*, Rutgers University Press, Piscataway, 1974

Dyson, Esther, *Release 2.0: A Design for Living in the Digital Age*, Viking, London, 1997

Eamon, William, *Science and the Secrets of Nature: Books of Secrets in Medieval and Early Modern Culture*, Princeton University Press, Princeton, 1994

Einstein, Albert, *Ideas and Opinions*, Bonanza Books, New York, 1954

Fenichell, Stephen, *Plastic: The Making of a Synthetic Century*, Harper Business, New York, 1996

Ferguson, Charles, and Morris, Charles, *Computer Wars: The Fall of IBM and the Future of Global Technology*, Times Books, New York, 1993

Ferguson, Niall, *The Cash Nexus: Money and Power in the Modern World 1700-2000*, Allen Lane, London, 2001

Fisher, Richard B., *Joseph Lister, 1827-1912*, Macdonald and Jane's, London, 1977

Fontana, David, *The Secret Language of Symbols: A Visual Key to Symbols and Their Meaning*, Pavilion, London, 1993

Friedman, Meyer, and Friedland, Gerald, *Medicine's 10 Greatest Discoveries*, Yale University Press, London, 1998

Fromm, Erich, *The Anatomy of Human Destructiveness*, Pimlico, London, 1997

Galison, Peter, *Einstein's Clock*, Poincaré's Maps, Headline, London, 2003

Gartman, Heinz, *Science as History: The Story of Man's Technological Progress from Steam Engine to Satellite*, Hodder & Stoughton, London, 1961

Gates, Bill, *The Road Ahead*, Viking, New York, 1995

——, *Business @ the Speed of Thought: Using a Digital Nervous System*, Penguin, London, 1999

Gjertsen, Derek, *Science and Philosophy: Past and Present*, Penguin, London, 1989

Goodchild, Peter, *J. Robert Oppenheimer: Shatterer of Worlds*, Houghton Mifflin, Boston, 1980

Gratzer, Walter(ed.), *The Longman Companion to Science*, Longman, London, 1989

Gray, Mike, *Angle of Attack: Harrison Storms and the Race to the Moon*, W. W. Norton, New York, 1992

Greenstein, George, Portraits of Discovery: Profiles in Scientific Genius, John Wiley, New York, 1998

Groves, Leslie R., *Now It Can be Told*, Harper & Row, New York, 1962

Harford, James, *Korolev: How One Man Masterminded the Soviet Drive to Beat

America to the Moon, John Wiley, New York, 1997

Harre, Rom, *Great Scientific Experiments: Twenty Experiments that Changed Our View of the World*, Phaidon, Oxford, 1981

Harris, John, *The Recollections of Rifleman Harris as Told to Henry Curling*, Century Publishing, London, 1970

Heisbourg, Francois, *The Future of Warfare*, Phoenix, London, 1997

Heisenberg, Werner, *Physics and Beyond*, Harper & Row, New York, 1971

Hellman, Hal, *Great Feuds in Technology*, John Wiley, New York, 2004

Henshall, Philip, *The Nuclear Axis: Germany, Japan and the Atom Bomb 1930-1945*, Sutton, Stroud, 2000

Herodotus, *The History*, David Grene, trans, University of Chicago Press, Chicago, 1987

Hersey, John, *Hiroshima*, Penguin, London, 1946

Herzstein, Robert Edwin, *The War That Hitler Won: The Most Infamous Propaganda Campaign in History*, Abacus, London, 1980

Hibbert, Christopher, *The French Revolution*, Penguin, London, 1980

Hogg, O. F. G., *Clubs to Cannon*, Duckworth, London, 1968

Hodges, Andrew, *Turing*, Phoenix, London, 1997

Hoffman, Joseph E., *Leibniz in Paris, 1672-1676. His Growth to Mathematical Maturity*, Cambridge University Press, Cambridge, 1974

Hughes, Jeff, *The Manhattan Project: Big Science and the Atom Bomb*, Icon Books, Thriplow, 2002

Hyde, Charles, *Technological Change and the British Iron Industry(1700-1870)*, Princeton University Press, Princeton, 1977

Irving, David, *The German Atomic Bomb*, Simon & Schuster, London, 1967

Israel, Paul, Edison: *A Life of Invention*, John Wiley, New York, 1998

Josephson, Matthew, *Edison: A Biography*, McGraw-Hill, New York, 1959

Judson, Horace Freeland, *The Eighth Day of Creation: Makers of the Revolution in Biology*, Cold Spring Harbor Laboratory Press, New York, 1996

Kaku, Michio, *Visions: How Science Will Revolutionize the Twenty-First Century*, Oxford University Press, Oxford, 1998

Keegan, John, *The Second World War*, Arrow, London, 1989

——, A History of Warfare, Pimlico, London, 1994

Kern, Stephen, *The Culture of Time and Space, 1880-1918*, Weidenfeld & Nicolson, London, 1983

Kevles, Daniel J., *The Physicists: The History of a Scientific Community in Modern*

America, Harvard University Press, Cambridge, 1987

Khrushchev, Sergei, *Khrushchev on Khrushchev*, Little, Brown, Boston, 1990

Kline, Morris, *Mathematics and the Physical World*, Thomas Y. Crowell, New York, 1981

Koestler, Arthur, *The Sleepwalkers: A History of Man's Changing Vision of the Universe*, Penguin, London, 1964

Koppes, Clayton, *JPL and the American Space Program*, Yale University Press, New Haven, 1982

Krige, John, and Pestre, Dominique(eds), *Science in the Twentieth Century*, Harwood Academic Publishers, Amsterdam, 1997

Laffin, John, *Combat Surgeons*, Sutton, Stroud, 1999

Lanouette, William(with Szilard, Bela), *Genius in the Shadows: A Biography of Leo Szilard, the Man Behind the Bomb*, Scribner's, New York, 1993

Lattimer, Dick(ed.), *All We Did Was Fly To The Moon*, The Whispering Eagle Press, Gainesville, 1992

Lavoisier, Antoine-Laurent, *The Elements of Chemistry*, Paris, 1789

Lax, Eric, *The Mould in Dr. Florey's Coat: The Remarkable True Story of the Penicillin Miracle*, Little, Brown, London, 2004

Lehman, Milton, *This High Man: The Life of Robert H. Goddard*, Farrar, Strauss & Co., New York, 1963

Lewis, Michael, *The History of the British Navy*, Baltimore Press, 1957

Liddell Hart, B. H., *Thoughts on War*, Spellmount, Staplehurst, 1999

Logsdon, John M., *The Decision to Go to the Moon*, MIT Press, Cambridge, 1970

Lomas, Robert, *The Man Who Invented the Twentieth Century: Nikola Tesla, Forgotten Genius of Electricity*, Headline, London, 1999

Lorimer, David(ed.), *The Spirit of Science: From Experiment to Experience*, Floris Books, London, 1998

MacDonald Ross, G., *Leibniz*, Oxford University Press, Oxford, 1984

Machiavelli, Niccolò, *The Art of War*, Da Capo Press, New York, 1965

Macksey, Kenneth, and Woodhouse, William, *The Penguin Encyclopaedia of Modern Warfare*, Viking, London, 1991

Macinnis, Peter, *Rockets: Sulphur, Sputnik and Scramjets*, Allen & Unwin(Australia), St. Leonard's, 2003

Margary, Ivan D., *Roman Roads in Britain*, John Baxter, London, 1973

Marvin, Carolyn, *When Old Technologies Were New*, Oxford University Press, Oxford, 1990

Mayor, Adrienne, *Greek Fire, Poison Arrows and Scorpion Bombs: Biological and Chemical Warfare in the Ancient World*, Overlook Press, New York, 2003

McArthur, Tom and Waddell, Peter, *The Secret Life of John Logie Baird*, Orkney Press, Kirkwall, 1990

McKie, Douglas, *Antoine Lavoisier*, Da Capo Press, New York, 1952

McNeill, William, *The Pursuit of Power*, University of Chicago Press, Chicago, 1984

Magee, Bryan, *Popper*, Fontana, London, 1992

Manchester, William, *A World Lit Only By Fire: The Medieval Mind and the Renaissance*, MacMillan, London, 1996

Meadows, Jack(ed.), *The History of Scientific Discovery: The Story of Science Told Through the Lives of Twelve Great Scientists*, Phaidon, Oxford, 1987

Morris, Chris(ed.), *The Illustrated Journeys of Celia Fiennes*, Holt, Reinhart & Winston, 1982

Munson, Kenneth, *Helicopters and Other Rotorcraft Since 1907*, Blandford Press, London, 1968

Naughton, John, *A Brief History of the Future: The Origins of the Internet*, Weidenfeld & Nicolson, London, 1999

Oberg, James E., *Red Star in Orbit*, Random House, New York, 1981

Olby, R. C., et al. (eds), *Companion to the History of Modern Science*, Routledge, London, 1990

Ordway, Frederick I., and Sharpe, Mitchell R., *The Rocket Team*, Thomas Y.Crowell, New York, 1979

Pais, Abraham, *The Genius of Science: A Portrait Gallery of Twentieth-century Physicists*, Oxford University Press, Oxford, 2000

Pendray, Ester C., and Goddard, G. Edward(eds), *The Papers of Robert H. Goddard*, 3 vols, McGraw-Hill, New York, 1970

Pepys, Samuel, *The Shorter Pepys*, Penguin, London, 1985

Porter, Roy, *Man Masters Nature: 25 Centuries of Science*, BBC Books, London, 1987

——, *The Greatest Benefit to Mankind: A Medical History of Humanity from Antiquity to the Present*, HarperCollins, London, 1997

Powers, Thomas, *Heisenberg's War: The Secret History of the German Bomb*, Jonathan Cape, London, 1993

Pratt, E. A, *The Rise of Rail Power in War and Conquest 1833-1914*, Louisiana State University Press, Baton Rouge, 1965

Read, John, *Explosives*, Penguin, London, 1943

Regis, Ed, *Who Got Einstein's Office?: Eccentricity and Genius at the Princeton

Institute for Advanced Study, Penguin, London, 1989

Rhodes, Richard, *Dark Sun: The Making of the Hydrogen Bomb*, Penguin, London, 1988

——, *The Making of the Atomic Bomb*, Simon & Schuster, New York, 1995

Richter, Jean Paul(ed.), *The Notebooks of Leonardo da Vinci: Compiled and Edited from the Original Manuscripts*, Volumes I and II, Dover, New York, 1970

Ridley, Anthony, *An Illustrated History of Transport*, Heinemann, London, 1976

Rolt, L. T. R. C., *Thomas Newcomen: Prehistory of the Steam Engine*, David & Charles, Newton Abbot, 1963

Rothman, Tony, *Everything's Relative and Other Fables from Science and Technology*, John Wiley, New York, 2003

Sagan, Carl, *Pale Blue Dot: A Vision of the Human Future in Space*, Random House, New York, 1984

Serjeant, Richard, *Louis Pasteur: The Fight Against Disease*, Carousel Books, London, 1973

Shaapiro, Bruce, "*Lugging the Guts into the Next Room*", Salon Media Circus, 2004

Shefter, James, *The Race*, Doubleday, New York, 1999

Shepard, Al, and Slayton, Deke, *Moon Shot*, Turner Publishing Inc., Atlanta, 1994

Sherwin, Martin, *A World Destroyed*, Knopf, New York, 1975

Shroyer, Jo Ann, *Secret Mesa: Inside Los Alamos National Laboratory*, John Wiley, New York, 1998

Silver, Brian L., *The Ascent of Science*, Oxford University Press, Oxford, 1998

Simmons, John, *The 100 Most Influential Scientists: A Ranking of the 100 Greatest Scientists Past and Present*, Robinson, London, 1997

Singh, Simon, *The Code Book: A Secret History of Codes and Code-breaking*, Fourth Estate, London, 2000

Smiles, Samuel, *The Life of George Stephenson: Railway Engineer, Follett*, Foster and Company, Columbus, 1859

——, *The Life of Thomas Telford*, World Wide School Library, Seattle, 1997

Sohlman, Ragnar, *The Legacy of Alfred Nobel*, Bodley Head, London, 1983

Spangenburg, Ray and Moser, Diane K., *Wernher von Braun: Space Visionary and Rocket Engineer*, Facts On File, New York, 1995

Stewart, Matthew, *Monturiol's Dream: The Extraordinary Story of the Submarine Inventor Who Wanted to Save the World*, Profile Books, London, 2003

Tarr, László, *The History of the Carriage*, Vision, London, 1969

Taylor, A. J. P., *The First World War: An Illustrated History*, Penguin, Harmondsworth, 1966

Terkel, Studs, *The Good War*, Pantheon, New York, 1984

Tiratsoo, Nick(ed.), *From Blitz to Blair: A New History of Britain since 1939*, Weidenfeld & Nicolson, London, 1997

Tobin, James, *First to Fly*, John Murray, London, 2003

Townsend White, Lynn, *Medieval Technology and Social Change*, Oxford University Press, Oxford, 1966

Turkle, Sherry, *Life on the Screen*, Phoenix, London, 1996

Van Creveld, Martin, *Technology and War: From 2000 B.C. to the Present*, The Free Press, New York, 1991

Van Doren, Charles, *A History of Knowledge: The Pivotal Events, People, and Achievements of World History*, Ballantine Books, New York, 1991

Van Dulken, Stephen, *Inventing the 20th Century: 100 Inventions That Shaped the World*, British Library Press, London, 2000

Warner, Oliver, *The Navy*, Penguin, Harmondsworth, 1968

Warwick, Kevin, *March of the Machines: Why the New Race of Robots Will Rule the World*, Century, London, 1997

Weightman, Gavin, *Signor Marconi's Magic Box: How an Amateur Inventor Defied Scientists and Began the Radio Revolution*, HarperCollins, London, 2003

White, Michael, *Leonardo: The First Scientist*, Little, Brown, London, 2000

——, *Rivals: Conflict as the Fuel of Science*, Secker & Warburg, London, 2001

——and Gribbin, John, *Einstein: A Life in Science*, Simon & Schuster, London, 1993

Whitfield, Peter, *Landmarks in Western Science: From Prehistory to the Atomic Age*, British Library, 1999

Wilkinson, Frederick, *Guns*, Hamlyn, London, 1970

Wolpert, Lewis, and Richards, Alison, *A Passion For Science: Renowned Scientists Offer Vivid Personal Portraits of their Lives in Science*, Oxford University Press, Oxford, 1988

Wright, Peter, *Tank: The Progress of a Monstrous War Machine*, Faber & Faber, London, 2000

Wrixon, Fred. B., *Harrap's Book of Codes, Ciphers and Secret Languages: A Comprehensive Guide to their History and Use*, Harrap, London, 1989

Xenophon, *Hellenica or A History of My Times*, Rex Warner, trans, Penguin, Harmondsworth, 1978

Zuckerman, Sir Solly, *Scientists and War: The Impact of Science on Military and Civil Affairs*, Hamish Hamilton, London, 1966

修订版译后记

对三联书店修订本书，我由衷地感到高兴。

高兴的原因是，我对第一版的译文并不满意。实话实说，这不是我如今才有的感悟，当年翻译本书时，尚未进行到对译文感到满意的阶段，我就把译稿交给了出版社。我当时的想法是：如果将来有机会修订本书，我会好好把译稿多润色几遍。如今，终于有机会实现这一愿望了。这一次，我很用心地将译稿润色了好几遍。

我以为，修订本书的重要原因是，它"确实是一本好书"——这是我十年前翻译本书的动机，而市场用事实证明了这一点。本书面世已近十年，这期间，它见证了如下现实：越来越多教育机构和中高等院校将本书纳入"课外阅读"推荐书目，例如，《中国高中生基础阅读书目》。本书出版不久，互联网上就出现了多个版本的有声读物和扫描读物（有些还注明拥有授权，其实全都未经授权），而且，至今它们仍然挂在网上，可见本书挺受欢迎。

借本书修订之际，我谨向南希·欧文思（Nancy Owens）女士和詹姆斯·梅（James May）先生再次表示衷心的感谢。在本书的翻译过程中，他们曾经给予我许多帮助。

译者
2018 年 3 月

新知文库

01 《证据：历史上最具争议的法医学案例》[美]科林·埃文斯 著　毕小青 译
02 《香料传奇：一部由诱惑衍生的历史》[澳]杰克·特纳 著　周子平 译
03 《查理曼大帝的桌布：一部开胃的宴会史》[英]尼科拉·弗莱彻 著　李响 译
04 《改变西方世界的26个字母》[英]约翰·曼　江正文 译
05 《破解古埃及：一场激烈的智力竞争》[英]莱斯利·罗伊·亚京斯 著　黄中宪 译
06 《狗智慧：它们在想什么》[加]斯坦利·科伦 著　江天帆、马云霏 译
07 《狗故事：人类历史上狗的爪印》[加]斯坦利·科伦 著　江天帆 译
08 《血液的故事》[美]比尔·海斯 著　郎可华 译　张铁梅 校
09 《君主制的历史》[美]布伦达·拉尔夫·刘易斯 著　荣予、方力维 译
10 《人类基因的历史地图》[美]史蒂夫·奥尔森 著　霍达文 译
11 《隐疾：名人与人格障碍》[德]博尔温·班德洛 著　麦湛雄 译
12 《逼近的瘟疫》[美]劳里·加勒特 著　杨岐鸣、杨宁 译
13 《颜色的故事》[英]维多利亚·芬利 著　姚芸竹 译
14 《我不是杀人犯》[法]弗雷德里克·肖索依 著　孟晖 译
15 《说谎：揭穿商业、政治与婚姻中的骗局》[美]保罗·埃克曼 著　邓伯宸 译　徐国强 校
16 《蛛丝马迹：犯罪现场专家讲述的故事》[美]康妮·弗莱彻 著　毕小青 译
17 《战争的果实：军事冲突如何加速科技创新》[美]迈克尔·怀特 著　卢欣渝 译
18 《最早发现北美洲的中国移民》[加]保罗·夏亚松 著　暴永宁 译
19 《私密的神话：梦之解析》[英]安东尼·史蒂文斯 著　薛绚 译
20 《生物武器：从国家赞助的研制计划到当代生物恐怖活动》[美]珍妮·吉耶曼 著　周子平 译
21 《疯狂实验史》[瑞士]雷托·U.施奈德 著　许阳 译
22 《智商测试：一段闪光的历史，一个失色的点子》[美]斯蒂芬·默多克 著　卢欣渝 译
23 《第三帝国的艺术博物馆：希特勒与"林茨特别任务"》[德]哈恩斯-克里斯蒂安·罗尔 著　孙书柱、刘英兰 译

24 《茶：嗜好、开拓与帝国》[英]罗伊·莫克塞姆 著　毕小青 译
25 《路西法效应：好人是如何变成恶魔的》[美]菲利普·津巴多 著　孙佩妏、陈雅馨 译
26 《阿司匹林传奇》[英]迪尔米德·杰弗里斯 著　暴永宁、王惠 译
27 《美味欺诈：食品造假与打假的历史》[英]比·威尔逊 著　周继岚 译
28 《英国人的言行潜规则》[英]凯特·福克斯 著　姚芸竹 译
29 《战争的文化》[以]马丁·范克勒韦尔德 著　李阳 译
30 《大背叛：科学中的欺诈》[美]霍勒斯·弗里兰·贾德森 著　张铁梅、徐国强 译
31 《多重宇宙：一个世界太少了？》[德]托比阿斯·胡阿特、马克斯·劳讷 著　车云 译
32 《现代医学的偶然发现》[美]默顿·迈耶斯 著　周子平 译
33 《咖啡机中的间谍：个人隐私的终结》[英]吉隆·奥哈拉、奈杰尔·沙德博尔特 著　毕小青 译
34 《洞穴奇案》[美]彼得·萨伯 著　陈福勇、张世泰 译
35 《权力的餐桌：从古希腊宴会到爱丽舍宫》[法]让-马克·阿尔贝 著　刘可有、刘惠杰 译
36 《致命元素：毒药的历史》[英]约翰·埃姆斯利 著　毕小青 译
37 《神祇、陵墓与学者：考古学传奇》[德]C. W. 策拉姆 著　张芸、孟薇 译
38 《谋杀手段：用刑侦科学破解致命罪案》[德]马克·贝内克 著　李响 译
39 《为什么不杀光？种族大屠杀的反思》[美]丹尼尔·希罗、克拉克·麦考利 著　薛绚 译
40 《伊索尔德的魔汤：春药的文化史》[德]克劳迪娅·米勒-埃贝林、克里斯蒂安·拉奇 著　王泰智、沈惠珠 译
41 《错引耶稣：〈圣经〉传抄、更改的内幕》[美]巴特·埃尔曼 著　黄恩邻 译
42 《百变小红帽：一则童话中的性、道德及演变》[美]凯瑟琳·奥兰丝汀 著　杨淑智 译
43 《穆斯林发现欧洲：天下大国的视野转换》[英]伯纳德·刘易斯 著　李中文 译
44 《烟火撩人：香烟的历史》[法]迪迪埃·努里松 著　陈睿、李欣 译
45 《菜单中的秘密：爱丽舍宫的飨宴》[日]西川惠 著　尤可欣 译
46 《气候创造历史》[瑞士]许靖华 著　甘锡安 译
47 《特权：哈佛与统治阶层的教育》[美]罗斯·格雷戈里·多塞特 著　珍栎 译
48 《死亡晚餐派对：真实医学探案故事集》[美]乔纳森·埃德罗 著　江孟蓉 译
49 《重返人类演化现场》[美]奇普·沃尔特 著　蔡承志 译

50	《破窗效应：失序世界的关键影响力》[美]乔治·凯林、凯瑟琳·科尔斯 著　陈智文 译	
51	《违童之愿：冷战时期美国儿童医学实验秘史》[美]艾伦·M.霍恩布鲁姆、朱迪斯·L.纽曼、格雷戈里·J.多贝尔 著　丁立松 译	
52	《活着有多久：关于死亡的科学和哲学》[加]理查德·贝利沃、丹尼斯·金格拉斯 著　白紫阳 译	
53	《疯狂实验史Ⅱ》[瑞士]雷托·U.施奈德 著　郭鑫、姚敏多 译	
54	《猿形毕露：从猩猩看人类的权力、暴力、爱与性》[美]弗朗斯·德瓦尔 著　陈信宏 译	
55	《正常的另一面：美貌、信任与养育的生物学》[美]乔丹·斯莫勒 著　郑嬿 译	
56	《奇妙的尘埃》[美]汉娜·霍姆斯 著　陈芝仪 译	
57	《卡路里与束身衣：跨越两千年的节食史》[英]路易丝·福克斯克罗夫特 著　王以勤 译	
58	《哈希的故事：世界上最具暴利的毒品业内幕》[英]温斯利·克拉克森 著　珍栎 译	
59	《黑色盛宴：嗜血动物的奇异生活》[美]比尔·舒特 著　帕特里曼·J.温 绘图　赵越 译	
60	《城市的故事》[美]约翰·里德 著　郝笑丛 译	
61	《树荫的温柔：亘古人类激情之源》[法]阿兰·科尔班 著　苣蓓 译	
62	《水果猎人：关于自然、冒险、商业与痴迷的故事》[加]亚当·李斯·格尔纳 著　于是 译	
63	《囚徒、情人与间谍：古今隐形墨水的故事》[美]克里斯蒂·马克拉奇斯 著　张哲、师小涵 译	
64	《欧洲王室另类史》[美]迈克尔·法夸尔 著　康怡 译	
65	《致命药瘾：让人沉迷的食品和药物》[美]辛西娅·库恩等 著　林慧珍、关莹 译	
66	《拉丁文帝国》[法]弗朗索瓦·瓦克 著　陈绮文 译	
67	《欲望之石：权力、谎言与爱情交织的钻石梦》[美]汤姆·佐尔纳 著　麦慧芬 译	
68	《女人的起源》[英]伊莲·摩根 著　刘筠 译	
69	《蒙娜丽莎传奇：新发现破解终极谜团》[美]让－皮埃尔·伊斯鲍茨、克里斯托弗·希斯·布朗 著　陈薇薇 译	
70	《无人读过的书：哥白尼〈天体运行论〉追寻记》[美]欧文·金格里奇 著　王今、徐国强 译	
71	《人类时代：被我们改变的世界》[美]黛安娜·阿克曼 著　伍秋玉、澄影、王丹 译	
72	《大气：万物的起源》[英]加布里埃尔·沃克 著　蔡承志 译	
73	《碳时代：文明与毁灭》[美]埃里克·罗斯顿 著　吴妍仪 译	

74　《一念之差：关于风险的故事与数字》[英]迈克尔·布拉斯兰德、戴维·施皮格哈尔特 著　威治 译

75　《脂肪：文化与物质性》[美]克里斯托弗·E.福思、艾莉森·利奇 编著　李黎、丁立松 译

76　《笑的科学：解开笑与幽默感背后的大脑谜团》[美]斯科特·威姆斯 著　刘书维 译

77　《黑丝路：从里海到伦敦的石油溯源之旅》[英]詹姆斯·马里奥特、米卡·米尼奥 – 帕卢埃洛 著　黄煜文 译

78　《通向世界尽头：跨西伯利亚大铁路的故事》[英]克里斯蒂安·沃尔玛 著　李阳 译

79　《生命的关键决定：从医生做主到患者赋权》[美]彼得·于贝尔 著　张琼懿 译

80　《艺术侦探：找寻失踪艺术瑰宝的故事》[英]菲利普·莫尔德 著　李欣 译

81　《共病时代：动物疾病与人类健康的惊人联系》[美]芭芭拉·纳特森 – 霍洛威茨、凯瑟琳·鲍尔斯 著　陈筱婉 译

82　《巴黎浪漫吗？——关于法国人的传闻与真相》[英]皮乌·玛丽·伊特韦尔 著　李阳 译

83　《时尚与恋物主义：紧身褡、束腰术及其他体形塑造法》[美]戴维·孔兹 著　珍栎 译

84　《上穷碧落：热气球的故事》[英]理查德·霍姆斯 著　暴永宁 译

85　《贵族：历史与传承》[法]埃里克·芒雄 – 里高 著　彭禄娴 译

86　《纸影寻踪：旷世发明的传奇之旅》[英]亚历山大·门罗 著　史先涛 译

87　《吃的大冒险：烹饪猎人笔记》[美]罗布·沃乐什 著　薛绚 译

88　《南极洲：一片神秘的大陆》[英]加布里埃尔·沃克 著　蒋功艳、岳玉庆 译

89　《民间传说与日本人的心灵》[日]河合隼雄 著　范作申 译

90　《象牙维京人：刘易斯棋中的北欧历史与神话》[美]南希·玛丽·布朗 著　赵越 译

91　《食物的心机：过敏的历史》[美]马修·史密斯 著　伊玉岩 译

92　《当世界又老又穷：全球老龄化大冲击》[美]泰德·菲什曼 著　黄煜文 译

93　《神话与日本人的心灵》[日]河合隼雄 著　王华 译

94　《度量世界：探索绝对度量衡体系的历史》[美]罗伯特·P.克里斯 著　卢欣渝 译

95　《绿色宝藏：英国皇家植物园史话》[英]凯茜·威利斯、卡罗琳·弗里 著　珍栎 译

96　《牛顿与伪币制造者：科学巨匠鲜为人知的侦探生涯》[美]托马斯·利文森 著　周子平 译

97　《音乐如何可能？》[法]弗朗西斯·沃尔夫 著　白紫阳 译

98　《改变世界的七种花》[英]詹妮弗·波特 著　赵丽洁、刘佳 译

99 《伦敦的崛起：五个人重塑一座城》[英]利奥·霍利斯 著　宋美莹 译
100 《来自中国的礼物：大熊猫与人类相遇的一百年》[英]亨利·尼科尔斯 著　黄建强 译